配电网规划设计

Planning Design of Distribution Network

舒印彪 / 主编

中国电力出版社
CHINA ELECTRIC POWER PRESS

内 容 提 要

本书系统地介绍了配电网规划设计的内容和方法。主要内容包括总论、配电网负荷预测、配电网供电区域划分、高压配电网规划、中压配电网规划、低压配电网规划、配电网无功规划、二次系统规划、电源接入、电力用户接入、电能质量、潮流计算、短路电流计算、供电可靠性计算、技术经济评价、配电网设备设施、农村电网改造升级、主动配电网、交直流混合配电网、网格化规划。书中还给出了规划设计常用的技术方法、计算公式、数据资料、图表曲线，可供查用、参考。

本书是配电网规划设计人员必备的专业技术指导用书，也可供从事配电网建设、运维、调度、营销等工作的专业人员学习参考，还可作为高等院校电气工程及其自动化和相关专业的教学用书。

图书在版编目（CIP）数据

配电网规划设计／舒印彪主编．—北京：中国电力出版社，2018.10（2022.4 重印）
ISBN 978-7-5123-8401-9

Ⅰ．①配…　Ⅱ．①舒…　Ⅲ．①配电系统–电力系统规划–系统设计　Ⅳ．①TM715

中国版本图书馆 CIP 数据核字（2018）第 252618 号

出版发行：中国电力出版社
地　　址：北京市东城区北京站西街 19 号（邮政编码 100005）
网　　址：http://www.cepp.sgcc.com.cn
责任编辑：岳　璐　邓慧都　穆智勇
责任校对：黄　蓓　常燕昆
装帧设计：王英磊　左　铭
责任印制：石　雷

印　　刷：三河市百盛印装有限公司
版　　次：2018 年 11 月第一版
印　　次：2022 年 4 月北京第五次印刷
开　　本：787 毫米×1092 毫米　16 开本
印　　张：20.5
字　　数：468 千字
定　　价：98.00 元

编 委 会

主　编　舒印彪

编写组　刘开俊　冯　凯　吕　健　韩　丰　黄　震

　　　　谷　毅　吴志力　杨卫红　刘思革　宋　毅

　　　　薛振宇　王　哲　李红军　雷　勇　左向红

　　　　何红斌　王云飞　王旭阳　郑　燕　徐　晶

　　　　张巧霞　李亦农　赵景涛　原　凯　孙充勃

　　　　靳夏宁　金　强　胡成恩　钱　康　徐荆州

　　　　蔡　超　崔艳妍　韦　涛　金广祥　辛培哲

前　言

党的十九大报告指出，我国经济已由高速增长阶段转向高质量发展阶段，能源电力肩负的绿色、清洁、安全、高效供应保障使命更加艰巨。作为连接千家万户的"最后一公里"电网，配电网在服务人民美好生活需要、支撑能源生产消费革命、推动城乡经济社会发展、构建国家总体安全等战略布局中具有十分重要的作用。国家电网有限公司高度重视配电网建设与发展，把构建安全可靠、经济高效、灵活先进、绿色低碳、环境友好的智能配电网作为企业发展重要任务，不断加大建设改造力度。经过多年努力，配电网供电能力、供电质量、安全保障水平显著提高，实现了由整体薄弱向全面提高的重大转变，一系列先进理念、先进模式、先进经验得到充分的理论证明和实践检验。配电网规划设计在推动配电网转型升级这一历史进程中，发挥了举足轻重的作用。

为进一步加强统一规划，全面提升规划设计理念，实现新时代配电网高质量发展，国家电网有限公司组织规划设计骨干力量，紧密结合我国国情、网情，充分借鉴国内外先进成果经验，编制完成《配电网规划设计》。本书详细介绍了配电网规划设计的流程、原理、方法以及参数等，共分为总论、配电网负荷预测、配电网供电区域划分、高压配电网规划、中压配电网规划、低压配电网规划、配电网无功规划、二次系统规划、电源接入、电力用户接入、电能质量、潮流计算、短路电流计算、供电可靠性计算、技术经济评价、配电网设备设施、农村电网改造升级、主动配电网、交直流混合配电网、网格化规划二十个篇章，覆盖了规划设计的各个领域、方方面面。

本书着眼思想引领、技术指导和实践操作，力求完整、准确。一是聚焦先进理念，紧扣供电可靠性、供电安全性，运用差异化规划、标准化设计、资产全寿命周期管理等体系成果，体现输配协调、城乡协调、网源协调、配用协调、一二次协调，既详细阐明配电网规划设计的工作思路、具体流程和重点要点，又突出理论推导、方法解读和算例推演。二是实用性和前瞻性并重，秉持立足实际、适度超前的编纂思路，既全面总结近年来省、市、县、乡配电网规划设计的工作经验，兼顾运行、维护、营销等业务环节和沿海、严寒、高原等特殊环境需要，又拓宽视野、放远目光，对接国际一流标准，吸收融合主动配电网、交直流配电网等现有成熟技术和前沿成果。三是贴近读者需要，全书点面结合、内容丰富、深浅相宜，既能作为配电网规划设计的工具书，也可以作为生产运行、营销服务、科学研究的参考书，亦可为高等院校、教育培训等提供借鉴帮助。

本书在编写过程中，得到国家电网有限公司各相关单位的大力支持和各级领导的悉心指导，凝聚了全体编著人员的辛勤汗水和努力。希望通过本书，能够为广大读者提供更加有效的技术指引和工作帮助，为现代配电网建设提供更加科学的理论支撑。书中不足之处，敬请广大同行和读者提出宝贵意见和建议。

编　者

2018 年 7 月

目　录

附录 282

参考文献 316

1 总 论

1.1 配 电 网 概 述

配电网是指从输电网和各类发电设施接受电能,通过配电设施就地或逐级分配给各类电力用户的 110kV 及以下电力网络。配电网是电网的重要组成部分,与城乡规划建设密切相关,是服务民生的重要基础设施,直接面向终端用户,需要快速响应用户需求,具有外界影响因素复杂、地区差异性大、设备数量多、工程规模小且建设周期短等特点。随着新能源、分布式电源和多元化负荷的大量接入,配电网的功能和形态发生深刻变化,由"无源"变为"有源",潮流由单向变为多向,呈现变化大、多样化的新趋势。

配电网根据电压等级分为高压配电网、中压配电网和低压配电网。在我国,高压配电网的电压等级一般采用 110kV 和 35kV,东北地区主要采用 66kV;中压配电网的电压等级一般采用 10kV,个别区域采用 20kV 或 6kV;低压配电网的电压等级采用 380/220V。

配电网包括一次设备和二次设备。一次设备直接配送电能,主要包括变压器、开关设备、架空线路、电力电缆等;二次设备对配电网进行测量、保护与控制,主要包括继电保护装置、安全自动装置、计量装置、配电自动化终端、相关通信设备等。

1.2 配电网规划设计的重要性

配电网规划是电网规划的重要组成部分,是指导配电网发展的纲领性文件,是配电网建设、改造的依据。开展配电网规划设计,制定科学合理的规划方案,对提高配电网供电能力、供电可靠性和供电质量,满足负荷增长,适应电源及用户灵活接入,实现系统经济高效运行,切实提升配电网发展质量和效益具有重要意义。

由于历史原因,我国配电网发展不平衡,建设总体滞后,欠账较多,与国际先进水平还有明显差距。长期以来缺乏先进发展理念,网架建设被动跟随用户工程,发展随意性大,建设标准不统一,设备质量参差不齐,制约了电网整体功能发挥。

党的十九大提出从决胜全面建成小康社会到全面建成社会主义现代化强国的"两个一百年奋斗目标",随着新型城镇化、农业现代化步伐加快,配电网建设和改造任务日益紧迫。城市供电可靠性要求不断提高，高新技术、高附加值产业、高精度制造企业等重要电力用户负荷越来越多，居民生活品质提升要求和电气化程度越来越高，停电造成的经济损失和社会影响越来越大；农村生产生活用电需求快速增长，局部地区农村电网建设滞后，仍存在"低电压"、县域电网与主网联系薄弱等问题，随着美丽乡村全面建设、农村再电气化和农村扶贫开发大力开展，需要尽快缩小城乡电网差距，实现电力普遍服务；分布式电源和电动汽车、储能装置等多元化负荷快速发展，配电网呈现愈加复杂的"多源性"特征，需要从传统的被动控制网络向先进的主动控制、主动管理系统转型升级。

我国配电网规划起步较晚，工作基础相对薄弱。当前配电网发展的老问题和新需求相互交织，规划问题日趋复杂，迫切需要提高配电网规划设计人员的业务水平和综合能力，运用全新的规划理念、工具和方法，加强统一规划，提高规划精益化、标准化水平，实现规划引领，促进配电网科学发展。

1.3 配电网规划设计的原则和方法

1.3.1 配电网规划设计的基本原则

配电网规划设计应依据统一技术标准要求，紧扣供电可靠性，贯彻电网本质安全、资产全寿命周期管理等先进理念，按照统一、结合、衔接的总体要求和差异化的建设标准，统筹配电网建设和改造，遵循经济性、可靠性、差异性、灵活性、协调性的原则。

（1）经济性。遵循全寿命周期的管理理念，统筹考虑电网发展需求、建设改造总体投资、运行维护成本等因素，按照饱和负荷需求，导线截面一次选定、廊道一次到位、变电站土建一次建成，坚持新建与改造相结合，注重节约和梯次利用，避免随意拆除、大拆大建、重复建设和超标准改造等浪费现象，保证规划的科学性；对项目实施方案进行多方案比选，分析投入产出，选取技术指标和经济指标较优的规划方案；规划建设规模和投资方案以供电企业为基本单位进行财务评价，确定企业的贷款偿还能力和经济效益，保证可持续发展。

（2）可靠性。满足电力用户对供电可靠性要求和供电安全标准。可靠性一般通过供电可靠率 RS-3（Reliability on Service-3）判定配电网向电力用户持续供电的能力，通常是根据某一时期内电力用户的停电时间进行核算，计及故障停电和预安排停电（不计系统电源不足导致的限电）；供电安全标准一般通过某种停运条件下的供电恢复容量和供电恢复时间等要求进行评判，停运条件包括 $N-1$ 停运和 $N-1-1$ 停运，前者是指故障或计划停运，后者是指计划停运的情况下发生故障停运。配电网规划应兼顾可靠性与经济性，可靠性目标值过低，不能满足用户的用电要求；目标值过高，将造成过度的资金投入，投资效益下降。

（3）差异性。满足不同电力用户的差异性用电要求，适应不同地区的地理及环境差异，划分供电区域进行差异化规划。一般按照负荷密度、用户重要程度等，参考地区行政级别，按照统一的标准和原则，将配电网划分为若干类不同的区域，根据区域经济发展水平和可靠性需求，制定相应的建设标准和发展重点。

（4）灵活性。配电网发展面临很多不确定因素，规划方案应具有一定的灵活性，能够适应规划实施过程中上级电源、负荷、站址通道资源等变化。同时，规划方案应充分考虑运行需求，提升智能化水平，能够在各种正常运行、检修等情况下灵活调度，确保配电网对运行条件变化的适应性，满足新能源、分布式电源和多元化负荷灵活接入，实现与用户友好互动。

（5）协调性。配电网是电力系统发、输、配、用的中间环节，因此配电网规划设计应体现输配协调、城乡协调、网源协调、配用协调、一二次协调。同时，配电网规划应与城市发展规划紧密结合，统筹用户和公共资源，应用节能环保设备设施，促进配电网与周边景观协调一致，实现资源节约和环境友好。

1.3.2　配电网规划设计的方法

配电网规划设计要对一个地区、一个省，甚至全国配电网发展的全局性问题进行宏观指导，方法上着重于综合分析，结论主要体现对配电网技术原则、建设规模、发展重点、电网投资等的宏观判断。在重大原则明确的前提下，配电网规划设计还要研究规划水平年的目标网架和逐年过渡网架，研究具体建设项目的建设规模、建设时序、电网拓扑以及与其他项目的协调一致，通常可借助成熟的软件进行量化计算和综合分析。

配电网规划设计的方法主要包括：

（1）基本条件分析。配电网发展的基本条件是满足电力负荷需要，分析内容包括电力负荷增长、空间负荷分布和负荷特性分析三个部分。

电力负荷增长直接反映国民经济发展和居民生产生活的用电需要，侧重于对电量、负荷总量和增速的分析。根据规划期内各阶段的负荷需求，即可确定配电网各电压等级的变配电容量需求及发展速度，为方案制定提供依据。

空间负荷分布是指电力负荷在不同地块上的分布数量与发展时序。空间负荷分布的研究需要借助城乡总体规划、土地利用总体规划、控制性详细规划、修建性详细规划中的地块信息，包括用地性质、建筑面积、容积率等，研究结果为变配电设施的选址、选线和定容提供参考。

负荷特性分析主要研究多样化的负荷组合后，随温度、季节等条件变化的用电规律（如空调、取暖、农村季节性用电负荷等），为确定配电网最大负荷、容量需求、网架结构、设备选择、运行方式等提供参考。

（2）基本功能分析。在基本条件分析的基础上，配电网规划设计应针对供电区域划分、电压等级序列选择、变电站供电范围划分等基本功能进行分析。

供电区域划分应主要考虑负荷密度、用户可靠性需求等因素，并与行政区划相结合，尽量避免划分后造成经济社会、电网设备等相关数据的统计困难。

电压等级序列选择应遵照 GB 156《标准电压》的规定，简化变压层级，避免重复降压，并满足供电能力、供电半径和电能质量的需求。目前，我国城市配电网较为常用的电压等级序列有：110/10/0.38kV、66/10/0.38kV 和 35/10/0.38kV；农村配电网常用的电压等级序列有：110/35/10/0.38kV 和 66/10/0.38kV，少数偏远地区也有采用 110/35/0.38kV 电压等级序列。对于部分城市内存在的 220/35kV 电压等级，需结合实际情况和未来发展需求，论证 35kV 电压等级发展方向。

变电站供电范围划分应确保每一个变电站都要有明确的供电范围和合理的供电半径。规划新增变电站时，须重新梳理已有变电站的供电范围，考虑电压质量等约束，实现变电站所带负荷的合理分配。

（3）基本形态分析。基本形态分析的目的是确定配电网的电网结构与变电站接入方式。高压配电网结构主要有链式、环网和辐射状结构，变电站接入方式主要有 T 接和 π 接；中压配电网结构主要有双环式、单环式、多分段适度联络和辐射状结构；低压配电网宜采用辐射状结构。

高压、中压配电网的网络结构往往是由 2 种或 3 种基本结构组成，主要决定于供电区域类型、上级电源分布、负荷分布、电力通道资源条件等，设计时一般按照"闭环设计、开环运行"的方式考虑：高压配电网结构在同一地区同类供电区域应尽量统一，初期电网结构较弱时，可通过加强中压配电网的联络，提高负荷转移能力；中压配电网应根据变电站位置、负荷密度和运行管理的需要，分成若干个相对独立的供电区，架空线路采用多分段多联络结构时，分段数应根据线路长度和负荷分布情况确定（一般不超过 5 段），并装设分段开关，重要分支线路首端亦可安装分支开关，电缆线路一般可采用环网结构；低压配电网实行分区供电，应结构简单、安全可靠，一般采用辐射状结构。

（4）技术经济分析。技术经济分析用于优选配电网规划设计方案，论证投资合理性，检验规划成效。在规划设计中，通常采用潮流计算、短路电流计算、可靠性计算、财务评价等技术经济分析手段，计算分析 N–1 通过率、电压偏差、短路电流水平、户均停电时间、年费用、内部收益率、投资回收期等主要技术经济指标，对规划方案的技术经济特性进行全面综合评价，提出最佳方案。

配电网数据量大、发展快，基础数据靠人工收集效率低、准确性差，应尽量通过采集终端和信息系统自动获取。随着信息化技术的发展，应用成熟可靠的计算机软、硬件系统，辅助完成各类数据分析和量化计算工作，提高规划设计的工作效率和质量，已成为配电网规划工作的必然趋势。目前国内外已有多个专业的配电网规划设计平台和计算分析软件，如国家电网有限公司组织开发应用的一体化电网规划设计平台和配电网规划计算分析软件：前者能够实现负荷预测、供电区域划分、成果管理等配电网规划基础功能，后者能够实现供电可靠性计算、技术经济比选等量化分析。这些工具和手段可有效降低规划人员工作量，提高规划设计效率和规划方案精益化水平。

1.4　配电网规划设计的任务和内容

1.4.1　配电网规划设计的任务

配电网规划设计要全面落实国家和地方经济社会发展目标要求，深入分析配电网现状、存在问题及面临的形势，研究提出配电网发展的指导思想、发展目标、技术原则、重点任务及保障措施，指导配电网建设和改造。一方面要以经济社会发展为基础，分析配电网发展需求，合理确定总体发展速度、建设和投资规模；另一方面要根据存在的具体问题和负荷需求，研究制定目标网架结构、站点布局、用户和电源接入方案等，明确工程项目以及建设时序和投资。

配电网规划设计年限应与国民经济和社会发展规划的年限保持一致，与城乡发展规划、输电网规划等相互衔接，规划期年限一般为 5 年，主要分析现状及问题，明确发展目标，开展专题研究，制定规划方案，提出 5 年内 35～110kV 电网项目和 3 年内 10kV 及以下电网项目。当城乡总体规划、土地利用总体规划、控制性详细规划等较为详细时，配电网规划可展望至 10～15 年，确定配电网中长期发展方向，编制远景年的目标网架及过渡方案，提出上级电源建设、电力设施布局等方面相关建议。

配电网发展的外部影响因素多，用户报装变更、通道资源约束、市政规划调整等都会影响配电网工程项目建设。为更好地适应各类变化情况，配电网规划设计应建立逐年评估和滚动调整机制，根据需要及时研究并调整规划方案，保证规划的科学性、合理性、适应性。

1.4.2　配电网规划设计的内容

配电网规划设计的流程如图 1-1 所示，主要内容有：

（1）现状诊断分析。逐站、逐变、逐线分析与总量分析、全电压等级协调发展分析相结合，深入剖析配电网现状，从供电能力、网架结构、装备水平、运行效率、智能化等方面，诊断配电网存在的主要问题及原因，结合地区经济社会发展要求，分析面临的形势。

（2）电力需求预测。结合历史用电情况，预测规划期内电量与负荷的发展水平，分析用电负荷的构成及特性，根据电源、大用户规划和接入方案，提出分电压等级网供负荷需求，具备控制性详规的地区应进行饱和负荷预测和空间负荷预测，进一步掌握用户及负荷的分布情况和发展需求。

（3）供电区域划分。依据负荷密度、用户重要程度，参考行政级别、经济发达程度、用电水平、GDP 等因素，合理划分配电网供电区域，分别确定各类供电区域的配电网发展目标，以及相应的规划技术原则和建设标准。

（4）发展目标确定。结合地区经济社会发展需求，提出配电网供电可靠性、电能质量、目标网架和装备水平等规划水平年发展目标和阶段性目标。

（5）变配电容量估算。根据负荷需求预测以及考虑各类电源参与的电力平衡分析结果，依据容载比、负载率等相关技术原则要求，确定规划期内各电压等级变电、配电容量需求。

（6）网络方案制定。制定各电压等级目标网架及过渡方案，科学合理布点、布线，优化各类变配电设施的空间布局，明确站址、线路通道等建设资源需求。

（7）用户和电源接入。根据不同电力用户和电源的可靠性需求，结合目标网架，提出接入方案，包括接入电压等级、接入位置等；对于分布式电源、电动汽车充换电设施、电气化铁路等特殊电力用户，开展谐波分析、短路计算等必要的专题论证。

（8）电气计算分析。开展潮流、短路、可靠性、电压质量、无功平衡等电气计算，分析校验规划方案的合理性，确保方案满足电压质量、安全运行、供电可靠性等技术要求。

（9）二次系统与智能化规划。提出与一次系统相适应的通信网络、配电自动化、继电保护等二次系统相关技术方案；分析分布式电源及多元化负荷高渗透率接入的影响，推广应用先进传感器、自动控制、信息通信、电力电子等新技术、新设备、新工艺，提升智能化水平。

（10）投资估算。根据配电网建设与改造规模，结合典型工程造价水平，估算确定投资需求，以及资金筹措方案。

（11）技术经济分析。综合考虑企业经营情况、电价水平、售电量等因素，计算规划方案的各项技术经济指标，估算规划产生的经济效益和社会效益，分析投入产出和规划成效。

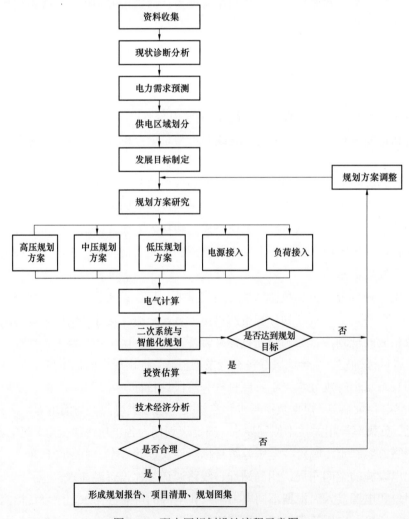

图 1-1　配电网规划设计流程示意图

配电网规划设计成果体系应包括：总报告、专项规划报告、专题研究报告，以及现状电网和规划电网图集、各电压等级规划项目清册等。

1.5　资料收集和整理

配电网发展规模和速度与国民经济、用电需求密切相关，做好配电网规划设计首先应做好调查研究和资料收集。收集内容既应包括电网、发电设施、多元化负荷、电力管廊的现状及规划等电力系统相关的资料，还应包括城乡总体规划、土地利用规划、城乡建设规划等社会经济相关的资料。

1.5.1　资料收集内容

（1）经济社会资料。最近连续 5 年以上经济社会发展的有关数据，应包括但不限于以下内容：

1）经济发展现状及发展规划：国内生产总值及年增长率、三次产业增加值及年增长率、产业结构等，重点行业发展规划及主要规划项目，城乡居民人均可支配收入，行业布局等资料。

2）城乡总体规划及控制性详细规划：各个地块用地性质、用地面积、容积率等资料。

3）人口现状及发展规划：人口数及户数，城乡人口结构、城镇化率。

4）国家重要政策资料（如限制高耗能政策等）及国内外参考地区的上述类似历史资料。

5）地区气象、水文实况资料等影响季节性负荷需求的相关数据。

6）其他地区及国家的有关资料：重点行业（部门）的产品（产值）单位电耗、人均GDP、产业结构比例等。

（2）电源资料。电源现状及规划资料，应包括但不限于以下内容：

1）电源类型（含分布式电源）、台数及容量、接入电压等级、接入点情况、机组参数等基础信息。

2）机组出力、发电量等运行信息。

（3）电网设备资料。规划基准年的电网设备的台账信息、资产属性、健康水平、运行年限等相关数据，应包括但不限于以下内容：

1）变电站资料主要包括变电站名称、电压等级、主变压器台数、容量等。

2）配电变压器资料主要包括配电变压器台数、容量、型号、安装地点及安装方式等。

3）高压配电线路资料主要包括线路起止点、线路走向、型号、截面、长度、敷设方式等。

4）中压配电线路资料主要包括线路起止点、线路走向、型号、截面、长度、敷设方式、配电自动化配置等。

5）低压配电线路资料主要包括导线型号、线路走向、长度、供电制式等。

6）开关设备资料主要包括电压等级、类型、开断容量等。

7）配电站室（配电室、开关站、环网单元等）主要资料包括位置、上级电源、进出线规模等。

8）无功补偿设备资料主要包括设备属性、补偿容量、安装地点及安装方式等。

（4）电网运行资料。规划基准年的电网运行信息，应包括但不限于以下内容：

1）负荷电量信息，包括供电区（省、市、县）时序负荷（8760h 整点数据）及电量，变电站、变压器（主变压器、配电变压器）、配电站室、线路等时序负荷及电量。

2）供电质量信息，包括电压质量数据、可靠性数据。

3）线损信息。

（5）电力用户资料。电力用户现状及规划资料，应包括但不限于以下内容：

1）现状电力用户资料，包括电力用户重要等级、接入电压等级、接入容量、年用电负荷和电量、安装地点等。

2）规划电力用户资料，包括电力用户重要等级、用电性质、接入容量、年用电负荷和电量、投产年限、产品产量、用电单耗、安装地点等。

3）针对高能耗和高污染等用户，还需包括政策支持性文件。

4）针对电动汽车等多元化负荷，还需包括政策支持性文件、产业发展规划、充换电设施布局规划、技术发展趋势等资料。

参考附录 C。

1.5.2　资料收集来源

主要来源一般有以下途径：

（1）地区经济社会类资料主要来自于政府正式发布的统计年鉴、地区城乡发展总体规划（用地规划、产业布局规划、控制性详细规划、修建性详细规划等）。

（2）电源资料从统计数据和政府能源规划获取。

（3）电网设备信息资料从电网企业的生产管理系统中获取。

（4）电网运行资料从电网企业的调度系统、配电自动化系统、营销系统中获取。

（5）电力用户相关资料从电网企业的营销系统中获取。

为了保证数据的准确性、一致性、及时性，电网设备和运行资料应优先通过信息系统自动获取，其他资料应采用政府、研究机构等在公开出版物正式发表或通过官方网站等渠道正式公布的数据。

1.5.3　基础资料整理

资料的来源、统计计算口径和调查方法等不同，都会对资料的可信度产生不同程度的影响，资料的收集工作应注重直接相关性、可靠性和时效性。同时，对调查搜集到的原始资料，要按照以下原则进行认真甄别和整理：

（1）资料的补缺推算。如果中间某一项的资料空缺，则可利用相邻两边资料取平均值近似代替；如果开头或末尾某一项空缺，则可利用比例趋势法计算代替。

（2）资料的核准修正。对不可靠资料要加以核实；对能查明原因的异常值可用适当的方法加以修正；对原因不明而又没有可靠修正根据的资料应剔除。

（3）资料的统一。保证分析数据的口径、单位一致，在范围、时间上有可比性。

2 配电网负荷预测

配电网负荷预测是全社会负荷预测的重要组成部分,是对全社会负荷发展方向和发展趋势逐层级逐区域的细化和分解。全社会负荷预测通过分析国民经济社会发展中的各种相关因素与电力需求之间的关系,运用一定的理论和方法,探求其变化规律,对负荷的总量、分类量、空间分布和时间特性等方面进行预测,按照预测时间长短可分为近、中、远期。配电网负荷预测以全社会负荷预测得出的电力需求发展趋势为整体方向,通过区域经济社会发展和用电特性分析开展主要电力用户负荷预测,确定向用户供电的电压等级,为供电方案制定和电气设备选型提供依据,并结合公用电网电压序列进一步预测各电压等级的网供负荷,以确定各电压等级配电网在规划期内需新增的变(配)电容量需求;通过空间负荷预测,确定远景年的饱和负荷值及其空间位置分布,为配电网的变(配)电站布点和线路走向布局提供依据。

常用的负荷预测方法主要有回归分析法、电力弹性系数法、平均增长率法、产值用电单耗法、综合用电水平法、需用系数法、大用户法、空间负荷预测法、用户最大负荷预测法等。随着分布式电源、电动汽车和储能等多元化负荷大量接入,具有强波动性、不确定的电源和可调/可控特性的负荷持续增加,"源—网—荷"协调运行的电网控制策略逐步试点应用,未来配电网负荷预测还需要充分考虑分布式电源置信容量、负荷可调控程度、电网控制策略等因素带来的影响。

本章从负荷预测的内容与要求、负荷特性分析、负荷预测方法等方面,介绍配电网规划设计中的负荷预测理论和方法,以指导配电网负荷预测。

2.1 负荷预测的内容与要求

2.1.1 负荷预测的内容

配电网负荷预测是根据社会经济发展、人口增长、用地开发建设、配电网的运行特性等诸多因素,在满足一定精度要求的条件下,预测未来一定时期内配电网的负荷、用电量总量及空间分布。

预测的期限一般应与配电网规划设计的期限保持一致,近期(5 年)的预测要列出逐年预测结果，为变配电设备建设改造提供依据；中远期（10年及以上）预测一般侧重饱和负荷预测，为高压变电站站址和高、中压线路通道等配电网设施布局规划提供参考，并为阶段性的网络规划方案提供依据。负荷预测的主要内容应包括：

（1）全社会用电量和最大负荷。预测规划期内某一区域的全社会用电量和全社会最大负荷。预测对象通常为一个县、一个市或一个省，预测结果为全系统的负荷值，不区分电压等级，应与输电网规划、电源规划等负荷预测结果保持衔接。预测结果主要用于判断该地区全社会用电量和最大负荷的宏观走势。

（2）各电压等级网供最大负荷。在全社会最大负荷的基础上，预测由各电压等级公共变压器供给的最大负荷，称为网供负荷预测。配电网网供负荷预测结果包括110（66）kV网供最大负荷、35kV网供最大负荷和10kV网供最大负荷，各电压等级网供负荷一般通过全社会最大负荷扣除更高电压等级变电站向本电压等级以下电网的直供负荷、本电压等级及以上专线负荷，以及更低电压等级的发电出力得到。网供负荷的预测结果主要用于确定该电压等级配电网在规划期内需新增的变压器容量需求。

（3）配电网饱和负荷的空间、时间分布。配电网饱和负荷指在预期可达到的用电技术水平、用电设备情况下所能够达到的最大负荷。饱和负荷的空间分布是确定变电站布点位置和线路出线的重要依据，一般采用基于类比推断的空间负荷预测方法预测，通常做法是结合城市控制性详细规划中用地规划、地块用地性质、建筑面积、建筑物构成等信息将规划区域划分为若干个区块，参考现有用户数量和用地性质一致、负荷已接近"饱和"状态的地块达到的用电水平，对每个区块远景年能够达到的最大负荷（即饱和负荷）进行预测，并根据周边地区发展情况对地块规划期内负荷增长轨迹进行推断。

（4）电力用户最大负荷。电力用户最大负荷是确定用户供电电压等级、选取电气设备和导体的主要依据，电力用户最大负荷的计算对象可以是居民住宅区、厂矿企业、高层建筑等，通常根据用户的电器设备功率、单位用电指标等，再考虑用电同时率计算得到。

2.1.2 负荷预测的要求

配电网负荷变化受到经济、气候、环境等多种因素的影响，预测中根据历史数据推测未来数据往往具有一定的不确定性和条件性，因此配电网负荷预测一般应采用多种方法进行，宜以 2～3 种方法为主，并采用其他方法校验。预测结果应根据外部边界条件制定出高、中、低不同预测方案，并提出推荐方案。开展负荷预测时应注意：

（1）既要做近期预测，也要做中远期预测。近期的预测要给出规划期逐年的预测结果，用以论证工程项目的必要性，确定配电网的建设规模和建设进度。中远期预测用于掌握配电网负荷的发展趋势，确定配电网目标网架，为站址、通道等设施布局提供指导。

（2）既要做电量预测，也要做负荷预测。由于最大负荷受需求侧管理、拉闸限电等外部因素影响，规律性较差，因此通常是根据历史年的用电量水平，采用合适的方法预测规划期内逐年的用电量，再根据最大负荷利用小时数法，确定各年的最大负荷。

（3）既要做总量预测，也要做空间预测。全社会最大负荷及配电网分电压等级网供负荷用于分析配电网负荷的发展形势，指导规划期内配电网变压器新增容量需求计算。同时，还应通过空间负荷预测确定负荷增长点所在的地理位置，细化负荷分布，为明确新增变电站的布局提供依据。

（4）既要做全地区的负荷预测，也要做分区块的负荷预测。配电网负荷预测应包括以县、市、省等行政管理范围为对象的全地区预测，也应包括居民住宅区、工商业区、新开发区等较小区块的预测。分区块的预测结果应能够与全地区的预测结果相互校验，一省或一市的预测结果应能够根据该省或该市下级行政区的预测结果推导得出。

2.2　配电网负荷特性分析

2.2.1　负荷特性指标

负荷特性分析是归纳负荷变化规律、确定预测方案的前提。在实际应用中，通常采用特定指标反映负荷特性。在配电网规划设计中，常用的指标如最大负荷、负荷率、最大利用小时数等，主要指标介绍如下。

（1）日负荷特性指标。一般日负荷曲线有 2 个高峰（即早高峰和晚高峰）和 1 个低谷，分析日负荷曲线主要是找出日最大负荷 P_{d-max}、日平均负荷 P_{d-av} 和日最小负荷 P_{d-min} 三者之间的关系。

1）日负荷率 γ。日负荷率 γ 是反映电力负荷在日内变化特性的参数。通常，将日平均负荷与日最大负荷之比值称为日负荷率，其定义式为

$$\gamma = \frac{P_{d-av}}{P_{d-max}} \tag{2-1}$$

式中　P_{d-av} ——日平均负荷，等于日用电量（或发电量）除以 24h。

2）日最小负荷率 β。日最小负荷率 β 是日最小负荷 P_{d-min} 与同日最大负荷 P_{d-max} 之比，即

$$\beta = \frac{P_{d-min}}{P_{d-max}} \tag{2-2}$$

日负荷率 γ 表明日负荷的平复程度，其值越高，表明负荷的变化越小。日最小负荷率 β 表明日负荷变化的幅度，其值越高，表明负荷的变化越小。

（2）年负荷曲线特性指标。分析年负荷曲线，主要找出年最大及最小负荷发生的月份及变化规律。

1）月不均衡系数 σ。月不均衡系数 σ 是指该月的平均负荷 P_{m-av} 与月内最大负荷

日平均负荷 P_{m-max} 的比值，它表示月内负荷变化的不均衡性，也称月负荷率，可由下式计算

$$\sigma = \frac{P_{m-av}}{P_{m-max}} \qquad (2-3)$$

式中　　P_{m-av}——月平均负荷，等于月用电量或发电量除以月利用小时数；

　　　　P_{m-max}——该月内最大负荷日的日平均负荷。

由于各月的月不均衡系数 σ 不同，1年的平均值可用下式计算

$$\sigma_p = \left(\sum_{i=1}^{12}\sigma_i\right)\bigg/12 \qquad (2-4)$$

式中　　σ_i——各月的月不均衡系数；

　　　　σ_p——一年的月不均衡系数平均值。

月不均衡系数 σ 与月内气温变化、工业企业的生产情况、节假日等诸多因素有关。

2）季不均衡系数 ρ。季不均衡系数 ρ 是指全年各月最大负荷的平均值与年最大负荷的比值（也称年不均衡率）。它表示1年内月最大负荷变化的不均衡性，用下式计算

$$\rho = \frac{\displaystyle\sum_{m=1}^{12}P_{m-max}}{12 \times P_{max}} \qquad (2-5)$$

式中　　P_{m-max}——全年各月的最大负荷值；

　　　　P_{max}——年最大负荷值。

3）负荷（电量）的年平均增长率 α。负荷（电量）的年平均增长率 α 可按下式计算

$$\alpha = \left[\left(\frac{Y_0}{Y_n}\right)^{\frac{1}{n}} - 1\right] \times 100\% \qquad (2-6)$$

式中　　α——负荷（电量）的年平均增长率；

　　　　Y_0——当前年度的负荷（电量）；

　　　　Y_n——当前年度前推 n 年的负荷（电量）；

　　　　n——两个水平年相隔年数。

4）年最大负荷利用小时数 T_{max}。年最大负荷利用小时数 T_{max} 等于年用电量除以年最大负荷，计算公式为

$$T_{max} = \frac{W}{P_{max}} \qquad (2-7)$$

式中　　W——年用电量。

5）年最大负荷利用率 δ。年最大负荷利用率 δ 等于该年最大负荷利用小时数除以全年小时数，计算公式为

$$\delta = \frac{T_{max}}{8760} \quad\quad\quad (2-8)$$

式中　T_{max}——年最大负荷利用小时数。

2.2.2　负荷特性分析

配电网中的负荷受居民作息习惯、工业生产规律、气候变化、季节等因素影响，各行业的负荷特性差异较大。表 2-1 给出了各行业负荷典型特性指标。

表 2-1　　　　　　　　　　　　各行业负荷典型特性指标

行业名称	日负荷率		日最小负荷率		月不均衡系数	年最大负荷利用小时数
	冬	夏	冬	夏		
煤炭工业	0.835	0.796	0.600	0.612	0.860	6000
石油工业	0.945	0.940	0.890	0.890	0.910	7000
黑色金属工业	0.860	0.856	0.700	0.700	0.880	6500
铁合金工业	0.950	0.965	0.890	0.910	0.930	7700
有色金属采选业	0.780	0.795	0.550	0.574	0.860	5800
有色金属冶炼业	0.946	0.943	0.899	0.890	0.910	7500
电解铝	0.990	0.988	0.980	0.980	0.940	8200
机械制造业	0.660	0.675	0.400	0.445	0.900	5000
化学工业	0.940	0.960	0.900	0.895	0.900	7300
建筑材料业	0.860	0.847	0.680	0.680	0.860	6500
造纸业	0.880	0.900	0.680	0.700	0.860	6500
纺织业	0.810	0.830	0.600	0.630	0.860	6000
食品工业	0.628	0.653	0.500	0.266	0.860	4500
其他工业	0.610	0.595	0.200	0.250	0.860	4000
交通运输业	0.387	0.356	0.100	0.100	0.970	3000
电气化铁路	0.700	0.700	0.400	0.400	0.980	6000
城市生活用电	0.382	0.324	0.150	0.143	0.950	2500
农业排灌	0.110	0.925	0.010	0.300	—	2800
农村工业	0.570	0.610	0.150	0.215	0.800	3500
农村照明	0.250	0.225	0.050	0.071	0.900	1500

（1）工业用电。工业用电有两大特点，一是用电量大，在目前我国的用电构成中，工业用电量占全社会用电量的一半以上；二是工业用电比较稳定。在工业用电户中，电解铝工业、有色金属冶炼业、铁合金工业、石油工业及化学工业等是属于连续性用电行业，必须昼夜连续不断地均衡地供电。这类负荷的日负荷率几乎不受任何其他因素的影响，仅与用户本身的用电设备的使用情况有关，因而日负荷率 γ 值较高，均在 0.9 以上。典型工业用电日负荷特性如图 2-1 所示。

工业负荷在月内、季度内的变化是不大的，比较均衡。除少数季节性生产的工厂外，大部分工业的生产用电受季节性变化的影响小。考虑到工业用电的特点，可以采用产值单耗法或大用户法进行预测。

（2）城市生活用电。城市生活用电负荷的大小及其日负荷曲线的特性指标，与城市的大小、人口的稠密程度及人口分布、商业的发达程度及商业网点的布局、城市文化体育娱乐设施的数量和水平以及居民居住建筑面积和收入水平等有关。典型城市生活用电日负荷特性如图 2-2 所示。

城市生活用电的主要是照明用电和电器用电，日变化较大，日负荷率 γ 较低，在 0.4 左右。随着城市居民生活水平的提高，夏季空调用电和冬季电采暖用电比重显著提高，因此负荷预测中需特别关注夏季最高气温日和冬季最低气温日的负荷变化。

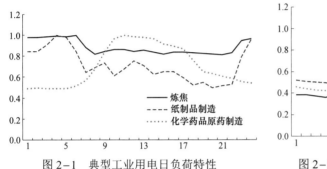

图 2-1　典型工业用电日负荷特性　　　　图 2-2　典型城市生活用电日负荷特性

（3）农业用电。农业用电在全社会电力消耗中的比重不大，但季节性很强。农业用电在日内的变化相对较小，但在月内、年度内，负荷变化很大，呈现出很不均衡的特点。典型农业用电日负荷特性如图 2-3 所示。

特别是对于农业排灌用电，受天然降水量的影响，季节性很强。因此对农村地区进行负荷预测时需要考虑排灌期的用电需求，可按照每亩地排灌平均用电量进行计算。

（4）交通运输。交通运输用电比重一般较小，但随着城市轨道交通的增加，交通运输业的用电水平逐年升高。总体来看，交通用电的日负荷率 γ 一般也比较低，日负荷率 γ 通常为 0.4 左右，冬季和夏季的负荷率指标没有多大差别。典型交通运输用电日负荷特性如图 2-4 所示。

随着大城市轨道交通的快速发展，负荷预测中需要专门考虑轨道交通的用电需求。

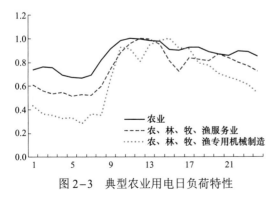

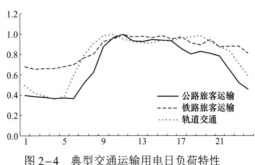

图 2-3　典型农业用电日负荷特性　　　　图 2-4　典型交通运输用电日负荷特性

2.3 配电网负荷预测方法

2.3.1 全社会负荷预测

（1）平均增长率法。平均增长率法通过计算预测对象历史年时间序列数据的平均增长率，假定在规划期的各年中，预测对象仍按该平均增长率向前变化发展，从而得出预测对象各年的预测值。预测步骤如下：

1）使用 t 年历史时间序列数据计算年均增长率 α_t

$$\alpha_t = (Y_t/Y_1)^{\frac{1}{t-1}} - 1 \tag{2-9}$$

2）根据历史规律测算规划期各年的预测值

$$y_i = y_0(1+\alpha_t)^{n_i} \tag{2-10}$$

式中　y_0——预测基准值；

　　　α_t——根据 t 年历史数据计算的年均增长率；

　　　y_i——规划期第 i 年的预测量；

　　　n_i——规划期第 i 年对应的预测年限。

平均增长率法计算简单，应用较为广泛，可以用于预测电量、负荷、用电单耗、人均用电量、弹性系数等，主要用于近期预测。

（2）回归分析法。回归分析法以时间为自变量，以预测对象作为因变量，建立一个相关性较好的数学方程，计算未来的预测量。回归分析法按照回归方程，分为一元线性回归、指数回归、幂回归以及多项式回归等方法。预测时，一般要求使用 10 年或 10 年以上的历史数据，选择最接近历史数据的曲线函数，才能建立较好的变化趋势。

以一元线性回归方程 $y = a + bx$ 为例，其中 x 为自变量，y 为因变量，a、b 为回归系数，介绍预测步骤如下：

1）用最小二乘法估计一元线性回归方程中的回归系数 a 和 b

$$\begin{cases} b = \dfrac{\sum t_i y_i - \bar{y}\sum t_i}{\sum t_i^2 - \bar{t}\sum t_i} \\ a = \bar{y} - b\bar{t} \end{cases} \tag{2-11}$$

式中　t_i——年份计算编号；

　　　$\bar{t}$——各 t_i 之和的平均值；

　　　y_i——历史年第 i 年因变量的值；

　　　$\bar{y}$——历史年因变量的平均数。

2）进行相关系数检验，判定系数 R^2 取值在 0～1 之间，R^2 越接近 1，表明回归方程对历史数据的拟合效果越好

$$R^2 = \frac{\sum_{i=1}^{n}(\hat{y}_i - \overline{y})^2}{\sum_{i=1}^{n}(y_i - \overline{y})^2} \qquad (2-12)$$

式中　$\hat{y}_i$——历史年第 i 年的拟合值。

3）将式（2-11）得到的回归系数代入回归方程，预测规划期各年的值

$$y_i = a + bt_i \qquad (2-13)$$

对于指数回归、幂回归以及多项式回归等方法，需要对预测方程进行取对数或引入中间变量等数学变换后，再按照一元线性回归法的步骤计算回归系数。需要注意的是，任何回归方程一般只限于样本观察值（即历史年份数据）的变化范围内，对样本观察值范围外的数量关系解释往往是不确定的。因此，回归分析法的预测的时间段不能太长，一般用于预测对象变化规律性较强的近期预测。

（3）产值用电单耗法。产值用电单耗法是根据单位产值或产量所需耗用的电量和预测期生产的产品产值或产量来测算预测期用电量的方法，一般用于对有单耗指标的产业负荷进行预测，也可对国民经济三大产业的用电量进行预测。预测步骤如下：

1）根据地区社会经济发展规划，计算规划期逐年的分产业 GDP 产值。

2）根据分产业的历史用电量和 GDP 产值计算历史年的产值用电单耗

$$\kappa_i' = \frac{W_i'}{G_i'} \qquad (2-14)$$

式中　κ_i'——历史年第 i 年某产业产值的用电单耗，其含义为每单位国民经济生产总值所消耗的电量，kWh/万元；

　　G_i'——历史年第 i 年的 GDP 产值，万元；

　　W_i'——历史年第 i 年的用电量，kWh。

3）使用某种方法（平均增长率法、回归分析法等）预测得到规划期逐年分产业的用电单耗 κ_i。

4）分别计算各产业规划期逐年的用电量

$$W_i = \kappa_i G_i \qquad (2-15)$$

式中　W_i——规划期第 i 年的用电量，kWh；

　　G_i——规划期第 i 年的 GDP 产值，万元。

5）分别将一、二、三产业的预测电量相加，得到各年份的三产产业用电量。

产值用电单耗法较为简单，适用于近、中期预测。特别是对于煤炭、石油、冶金、机械、化工、纺织、造纸等工业用电所占比重较大的地区，产值用电单耗法是一种常用的方法。

（4）综合用电水平法。主要根据地区人口和每个人的平均年用电量来推算年用电量，

也称人均电量法。居民生活用电量可按每户或每人的平均用电量来推算，工业和非工业等分类用户的用电量可按每单位设备装接容量的平均用电量来推算。预测步骤为：

1）根据地区历史年常住人口和用电量（或居民生产生活用电量）数据，计算历史年人均用电量水平

$$E_i' = \frac{W_i'}{N_i'} \qquad (2-16)$$

式中　　E_i'——历史年第 i 年人均用电量，kWh/人；

N_i'——历史年第 i 年的常住人口，人；

W_i'——历史年第 i 年的用电量，kWh。

2）使用某种方法（平均增长率法、回归分析法等）预测得到规划期逐年的人均用电量 E_i。

3）计算规划期逐年的用电量（或居民生产生活用电量）

$$W_i = E_i N_i \qquad (2-17)$$

式中　　W_i——规划期第 i 年的用电量，kWh；

N_i——规划期第 i 年的常住人口，人。

综合用电水平法计算简单，易于操作，主要受人口因素影响显著，适用于近、中期负荷预测。在应用中，规划期逐年人均电量 E_i 的计算还可以参照国内外同类型城市，结合经济社会、用电指标、建筑面积等资料类比得到。类比的步骤如下：

1）对比某一地区与比较对象的经济社会和电力发展相关指标，包括 GDP、分产业结构比例、人均 GDP、人均用电量、用电单耗、城市建成区面积等。

2）分析该地区水平年人均 GDP 指标相当于比较对象的哪一年，选定比较对象该年份人均用电量、用电单耗等指标作为水平年参数。

3）计算待预测区规划水平年的用电量、负荷密度等指标。

（5）需用系数法。需用系数是指电力用户的用电负荷最大值与用户安装的设备容量的比值，通常用以预测最高负荷，预测公式如下

$$P = K_d S \qquad (2-18)$$

式中　　P——最高负荷，MW；

K_d——需用系数；

S——设备容量，MW。

表 2-2 给出我国上海地区分行业用户的需用系数统计值作为参考。

表 2-2　　　　　　　　　　　上海地区分行业用户的需用系数

行　业	平均值	下限	上限
农、林、牧、渔业	0.392	0.293	0.491
制造业	0.411	0.405	0.418
批发和零售业	0.426	0.410	0.443

行　业	平均值	下限	上限
房地产业	0.362	0.347	0.377
教育	0.222	0.201	0.245
租赁和商务服务业	0.347	0.324	0.371
交通运输、仓储和邮政业	0.264	0.238	0.291
公共管理、社会保障和社会组织	0.360	0.333	0.396
建筑业	0.308	0.268	0.349
科学研究和技术服务业	0.385	0.347	0.425
水利、环境和公共设施管理业	0.170	0.136	0.206
文化、体育和娱乐业	0.325	0.289	0.362
住宿和餐饮业	0.350	0.315	0.385
电力、热力、燃气及水生产和供应业	0.319	0.283	0.355
卫生和社会工作	0.401	0.361	0.459
信息传输、软件和信息技术服务业	0.300	0.264	0.342
金融业	0.340	0.285	0.396

注　2013 年电网企业相关部门统计整理。

（6）电力弹性系数法。电力弹性系数法是根据历史阶段电力弹性系数的变化规律，预测今后一段时期的电力需求的方法。该方法可以预测全社会用电量，也可以预测分产业的用电量（分产业弹性系数法）。主要步骤如下：

1）以地区历史数据为基础，计算逐年电力弹性系数

$$\eta'_t = \frac{W'_t}{V'_t} \tag{2-19}$$

式中　η'_t——历史年电力弹性系数；

$\quad\quad W'_t$——历史年一定时期内用电量的年均增长速度；

$\quad\quad V'_t$——历史年一定时期内国民生产总值的年均增长速度。

2）根据政府部门未来一段时期的国民生产总值的年均增长率预测值与电力弹性系数，推算出规划期第 n 年的用电量

$$W_n = W_0 \times (1 + V_t\eta'_t)^n \tag{2-20}$$

式中　W_0——规划基准年的用电量，kWh；

$\quad\quad W_n$——规划水平年的用电量，kWh；

$\quad\quad V_t$——规划期内国民生产总值的年均增长速度。

电力工业应适度超前发展。由于电力弹性系数是反映一定时期内电力发展与国民经济发展适应程度的宏观指标，侧重描述一个总的变化趋势，难以反映用电量构成要素的变化情况。因此，该方法主要用于校核中、远期的负荷预测结果。

（7）最大负荷利用小时数法。最大负荷利用小时数法是在规划期电量预测值已确定的

情况下，根据最大负荷利用小时数，预测年最大负荷的方法。预测步骤如下：

1）根据历史年逐年电量及负荷数据，计算历史年最大负荷利用小时数 T_{max}

$$T'_{max-i} = \frac{W'_i}{P'_i} \times 10^{-3} \tag{2-21}$$

式中　　P'_i ——历史年第 i 年的年最大负荷，MW；

　　　　W'_i ——历史年第 i 年的用电量，kWh；

　　　　T'_{max-i} ——历史年第 i 年的年最大负荷利用小时数，h。

2）使用某种方法（平均增长率法、回归分析法等）预测得到规划期逐年年最大负荷利用小时数 T_{max-i}。

3）根据规划期已知的逐年用电量预测值 W_i，计算相应年度的年最大负荷预测值 P_i

$$P_i = \frac{W_i}{T_{max-i}} \tag{2-22}$$

最大负荷利用小时数法计算简单，易于操作，不受规划期年限的限制。不同地区的年最大负荷利用小时数与负荷性质相关，农村地区负荷的利用小时数一般为 1500～2000h，而工业负荷的利用小时数一般为 4000～6000h。

（8）大用户法。大用户法是用电负荷增长与区域负荷自然增长相结合的方法进行预测。预测步骤如下：

1）对于大工业用户（如冶金、建材、化工、纺织等行业）和非大工业用户（如商贸地产、电子通信、机械加工等行业），根据报装容量计算，工业大用户也可按产品产量和产品用电单耗来计算

$$P_{dy-i} = \left[\sum_{n=1}^{n} (S_{j-i} \mu_{j-i} \eta_{j-i}) \right] \times \eta_{dy-i} \tag{2-23}$$

式中　　P_{dy-i} ——规划期第 i 年大用户负荷，MW；

　　　　S_{j-i} ——规划期第 i 年第 j 个行业所有大用户的报装容量，MW；

　　　　μ_{j-i} ——规划期第 i 年第 j 个行业所有大用户所对应的需用系数；

　　　　η_{j-i} ——规划期第 i 年第 j 个行业所有大用户的同时率；

　　　　η_{dy-i} ——规划期第 i 年各行业之间的同时率。

2）在历史年最大负荷的基础上，扣除大用户负荷，使用某种方法（平均增长率法、回归分析法等）预测得到规划期逐年的扣除大用户负荷的最大负荷 P_{zr-i}。

3）计算规划期第 i 年的最大负荷 P_i。

$$P_i = P_{dy-i} + P_{zr-i} \tag{2-24}$$

大用户法简单直观，适用于县（区）等较小范围地区的近期负荷预测，要求掌握大用户详细资料。

（9）应用实例。某地区过去 10 年的常住人口、GDP 增加值、用电量和最大负荷的历史数据如表 2-3 所示。根据国民经济发展规划，该地区未来 5 年的人口和产业发展情况如表 2-4 所示。试预测未来 5 年的负荷发展情况。

表 2-3　　　　　　　　　　　某地区过去 10 年的历史数据

时间序列		1	2	3	4	5	6	7	8	9	10
常住人口（万人）		328	329	331	333	334	336	338	340	342	343
GDP（亿元）	第一产业	39	40	41	43	46	48	51	53	56	58
	第二产业	73	80	89	101	117	133	154	182	210	228
	第三产业	72	79	88	96	106	118	133	153	174	192
用电量（亿 kWh）	第一产业	1.5	1.5	1.6	2	2.2	2.8	3.4	3.7	4.2	4.4
	第二产业	11.6	12.5	13.3	14.5	16.4	17.4	18.8	22.1	24.1	25.9
	第三产业	1.9	2.3	2.6	2.8	3.1	3.3	3.7	4.3	5.1	5.8
	居民生活	2.6	2.8	3.5	3.9	4.3	5.5	7.1	8.1	10.1	11.5
最大负荷（MW）		325	352	435	499	564	636	736	855	996	1106

表 2-4　　　　　　　　　　该地区未来 5 年的经济社会发展数据

时间序列		11	12	13	14	15
常住人口（万人）		344	345	346	348	349
GDP（亿元）	第一产业	60	63	65	67	70
	第二产业	247	268	292	317	344
	第三产业	214	238	265	295	328

1）第一步，采用回归分析法预测用电量。根据历史数据拟合全社会用电量，采用指数回归方程

$$W = 15.052 \mathrm{e}^{0.114t}$$

式中　t——年份。

判定系数 R^2 为 0.994 7，拟合效果较好。根据全社会用电量的回归方程，分别外推得到规划期各年的用电量如表 2-5 所示。

2）第二步，采用产值用电单耗法预测用电量。采用平均增长率法，计算历史年三大产业的产值单耗变化趋势如下

$$\begin{cases} \Delta \kappa_1' = (759/385)^{1/9} - 1 = 7.83\% \\ \Delta \kappa_2' = (1136/1589)^{1/9} - 1 = -3.66\% \\ \Delta \kappa_3' = (302/264)^{1/9} - 1 = 1.5\% \end{cases}$$

对居民生活用电，采用综合用电水平法，计算历史年的居民生活人均用电量平均增长率如下

$$\Delta E_1' = (335/79)^{1/9} - 1 = 17.38\%$$

假定未来 5 年一、二、三产业用电单耗分别以 7.83%、−3.66% 和 1.5% 的速度均匀变化，计算规划期逐年的分产业单耗，再结合规划期 GDP 增量，得出各年一、二、三产业的用电量。同样，假定居民生活用电量按 17.38% 的速度均匀变化，直接推算各年的居民生

活用电量。产值用电单耗法预测结果如表 2-5 所示。

3）第三步，综合用电水平法预测用电量。根据全社会用电量和常住人口，分析历史年人均用电量的增长率水平

$$\Delta E_2' = (1388 / 537)^{1/9} - 1 = 11.14\%$$

以该增长率作为未来 5 年负荷增长指标，采用平均增长率法，预测未来 5 年的全社会用电量预测结果如表 2-5 所示。

4）第四步，确定用电量预测结果。根据前三步回归分析法、产值用电单耗法、综合用电水平法预测得到的结果，计算三种方法用电量的算术平均值，作为用电量预测的最终结果。

5）第五步，采用电力弹性系数法校验预测结果。根据电力弹性系数公式，计算历史年逐年的电力弹性系数。总体来看，该地区近 10 年的电力弹性系数始终保持在 1 以上，因此预计未来 5 年该地区的电力弹性系数仍保持在 1 以上。采用多项式回归拟合电力弹性系数 y，推测未来 5 年的电力弹性系数

$$y = 0.002\,1x^2 - 0.015\,9x + 1.059\,9$$

表 2-5	全社会用电量预测结果				亿 kWh
时间序列	11	12	13	14	15
回归分析法	53.0	59.4	66.6	74.7	83.7
产值用电单耗法	52.0	57.2	63.0	69.5	76.9
综合用电水平法	53.1	59.1	65.9	73.7	82.1
预测结果（算术平均值）	52.7	58.6	65.2	72.6	80.9
电力弹性系数法（校验）	52.5	58.1	64.7	72.1	80.7

经比较，规划期内逐年预测结果与电力弹性系数法预测所得结果的绝对误差最大为 0.5 亿 kWh，最大相对误差为 0.75%，因此预测结果具有较好的准确性。

6）第六步，最大负荷计算。最大负荷根据最大负荷利用小时数法进行计算，建立最大负荷利用小时数的回归方程

$$T_{\max} = 5526.4x^{-0.108}$$

根据上述回归方程，计算规划期各年的最大负荷利用小时数，结合表 2-5 得到的全社会用电量，按照式（2-22）计算得到全社会最大负荷。

2.3.2 网供负荷计算

（1）110（66）kV 网供负荷。110（66）kV 网供负荷 P_1 的计算公式如下

$$P_1 = P_\Sigma - P_厂 - P_{直供1} - P_{直降1} - P_{发电1} \tag{2-25}$$

式中　P_Σ——全社会最大用电负荷，MW；

　　　$P_厂$——厂用电负荷，MW；

　　$P_{直供1}$——110（66）kV 及以上电压直供负荷，MW；

$P_{直降1}$——220kV 直降为 35kV 和 10kV 的负荷，MW；

$P_{发电1}$——110（66）kV 公共变电站 35kV 及以下上网且参与电力平衡发电负荷，MW。

根据式（2-25），110（66）kV 网供负荷主要通过列表的方式进行计算，如表 2-6 所示。

表 2-6　　　　　　　　110kV 分年度网供负荷预测示意表　　　　　　　　　　MW

项　目	××年	××年	××年	××年	××年
（1）全社会最大用电负荷					
（2）电厂厂用电					
（3）220kV 及以上电网直供负荷					
（4）110（66）kV 电网直供负荷					
（5）220kV 直降 35kV 负荷					
（6）220kV 直降 10kV 负荷					
（7）110（66）kV 公共变电站 35kV 及以下上网且参与电力平衡发电负荷					
（8）110（66）kV 网供负荷					

注　（8）=（1）-（2）-（3）-（4）-（5）-（6）-（7）。

（2）35kV 网供负荷。35kV 网供负荷 P_2 计算公式如下

$$P_2 = P_\Sigma - P_厂 - P_{直供2} - P_{直降2} - P_{发电2} \qquad (2-26)$$

式中　P_Σ——全社会最大用电负荷，MW；

$P_厂$——厂用电负荷，MW；

$P_{直供2}$——35kV 及以上电网直供负荷，MW；

$P_{直降2}$——220kV 和 110（66）kV 直降 10kV 供电负荷，MW；

$P_{发电2}$——35kV 公用变电站 10kV 侧上网且参与电力平衡的发电负荷，MW。

根据式（2-26），35kV 网供负荷主要通过列表的方式进行计算，如表 2-7 所示。

表 2-7　　　　　　　　35kV 分年度网供负荷预测示意表　　　　　　　　　　MW

项　目	××年	××年	××年	××年	××年
（1）全社会最大用电负荷					
（2）电厂厂用电					
（3）35kV 及以上电网直供负荷					
（4）220kV 直降 10kV 负荷					
（5）110（66）kV 直降 10kV 负荷					
（6）35kV 公用变电站 10kV 侧上网且参与电力平衡的发电负荷					
（7）35kV 网供负荷					

注　（7）=（1）-（2）-（3）-（4）-（5）-（6）。

（3）10kV 网供负荷。10kV 网供负荷 P_3 计算公式如下

$$P_3 = P_总 - P_{专线} - P_{低压发电}\qquad(2\text{--}27)$$

式中　　$P_总$——10kV 总负荷，MW；

　　　　$P_{专线}$——10kV 专线用户负荷，MW；

　　$P_{低压发电}$——0.38kV 接入公用电网的电源，MW。

其中 10kV 总负荷 $P_总$ 由下式计算

$$P_总 = P_{220kV降} + P_{110kV降} + P_{35kV降} + P_{10kV发电}\qquad(2\text{--}28)$$

式中　　$P_{220kV降}$——220kV 公用变电站 10kV 侧变电负荷，MW；

　　　　$P_{110kV降}$——110（66）kV 公用变电站 10kV 侧变电负荷，MW；

　　　　$P_{35kV降}$——35kV 公用变电站 10kV 侧变电负荷，MW；

　　　　$P_{10kV发电}$——10kV 电源上网电力，MW。

根据式（2--27）、式（2--28），10kV 网供负荷主要通过列表的方式进行计算，如表 2--8 所示。

表 2--8　　　　　　　　　　　**10kV 分年度网供负荷预测示意表**　　　　　　　　　　MW

项　目	××年	××年	××年	××年	××年
（1）10kV 总负荷					
（2）220kV 公用变电站 10kV 侧变电负荷					
（3）110（66）kV 公用变电站 10kV 侧变电负荷					
（4）35kV 公用变电站 10kV 侧变电负荷					
（5）10kV 电源上网电力					
（6）10kV 专线用户负荷					
（7）接入公用电网的 400V 电源					
（8）10kV 网供负荷					

注　（1）=（2）+（3）+（4）+（5）；

　　（8）=（1）-（6）-（7）。

2.3.3　空间负荷预测

空间负荷预测主要用于城市控制性详细规划已确定的地区，在时间上可预测未来负荷发展的饱和状态及其增长过程，在空间上预测负荷的分布信息，为配电网规划提供科学依据。

城市饱和负荷是对城市负荷发展水平所能达到最终规模的基本估计，它是多种影响因素综合作用的结果，包括城市发展定位、资源条件、能源消费结构、技术进步以及政策措施等等。准确的预测城市饱和负荷的总体水平，应该在对上述影响因素特别是关键性主导

因素正确分析的基础上，结合本地区经济发展水平以及国内外同类型城市的相关资料，研究揭示城市负荷的增长规律和趋势，以城市控制性详细规划和相关规划为主要依托，采用以空间负荷预测为代表的先进的、科学的预测方法得到。

（1）预测方法。空间负荷预测一般采用负荷密度法计算，即类比已达到规划目标年预期用电水平的典型地块及用户的用电情况为样本，计算典型负荷密度指标，开展逐个地块或用户的负荷预测，并汇总得到整个规划区的总负荷。负荷密度指标是最大负荷与用地面积的比值，将规划区域用地按照一定的原则划分成相应大小的规则（网格）或不规则（变电站、馈线供电区域）的小区，通过分析、预测规划年城市小区土地利用的特征和发展规律，来进一步预测相应小区中电力用户和负荷分布的地理位置、数量、大小和产生的时间。预测公式为

$$P = \left(\sum DS_{zd} \right) \eta \qquad (2\text{-}29)$$

式中　P——最大负荷，MW；

　　　D——负荷密度指标，MW/km²；

　　　S_{zd}——用地面积，km²；

　　　η——同时率，一般根据各类负荷的历史情况推算得到。

使用负荷密度法时，居住用地与公共建筑一般采用单位建筑面积负荷密度指标；工业用地等一般采用单位占地面积负荷密度指标。负荷密度指标可通过类比国内或国外相同性质用地进行取值。其预测步骤为：

1）根据城市控制性详细规划确定的各个地块用地性质、用地面积、容积率等指标，按 GB 50293《城市电力规划规范》确定的城市建设用地用电负荷分类，统计规划区分地块及分类用地性质及建筑面积。计算公式如下

$$S = 100 S_{zd} k_{rj} \qquad (2\text{-}30)$$

式中　S——建筑面积，万 m²；

　　　S_{zd}——占地面积，km²；

　　　k_{rj}——容积率。

2）确定单位建筑面积用电指标及单位占地面积用电指标。根据 GB/T 50293《城市电力规划规范》选取用电指标，依据《工业与民用供配电设计手册（第四版）》选取需用系数，计算各类用地单位面积用电指标。计算公式如下

$$W_S = W_{jz} k_{xy} \qquad (2\text{-}31)$$

式中　W_S——单位面积用电指标，W/m²；

　　　W_{jz}——单位建筑面积用电指标（单位占地面积用电指标），W/m²；

　　　k_{xy}——需用系数。

GB/T 50293《城市电力规划规范》中规定：当采用单位建设用地负荷密度法进行负荷预测时，其规划单位建设用地负荷指标宜符合表 2-9 的规定。

表 2-9 规划单位建设用地负荷指标

城市建设用地类别	单位建设用地负荷指标（kW/ha）
居住用地（R）	100～400
商业服务业设施用地（B）	400～1200
公共管理与公共服务设施用地（A）	300～800
工业用地（M）	200～800
物流仓储用地（W）	20～40
道路与交通设施用地（S）	15～30
公用设施用地（U）	150～250
绿地与广场用地（G）	10～30

注 超出表中建设用地以外的其他各类建设用地的规划单位建设用地负荷指标的选取，可根据所在城市的具体情况确定。

当采用单位建筑面积负荷密度法时，其规划单位建筑面积负荷指标宜符合表 2-10 的规定。

表 2-10 规划单位建筑面积负荷指标

建筑类别	单位建筑面积负荷指标（W/m²）
居住建筑	30～70 4～16（kW/户）
公共建筑	40～150
工业建筑	40～120
仓储物流建筑	15～50
市政设施建筑	20～50

注 特殊用地及规划预留的发展备用地负荷密度指标的选取，可结合当地实际情况和规划供能要求，因地制宜确定。

在实际应用中，为了使负荷密度指标能够代表未来发展情况，规划设计人员可通过对发达地区大中型城市的同类型负荷的负荷密度情况调查及类比分析，结合实际情况，提出规划区单位建筑面积用电指标及单位占地面积用电指标。

我国典型城市的负荷密度指标参考附录 D。

3）计算规划区用电负荷及各地块负荷。

4）对负荷预测结果采用人均综合电量、人均生活电量、负荷密度三项指标进行校核，分析预测结果合理性。

部分国家和地区用电水平对比情况如表 2-11 所示。

表 2-11   部分国家和地区用电水平

地 区	面积 （km²）	人口 （万）	最高负荷 （MW）	负荷密度 （MW/km²）
东京电力 2015 年	39 575	4503	49 570	1.25
东京都 2015 年	2191	932	14 250	6.50
纽约市中心 2000 年	785	800	10 510	13.39
台湾 2002 年	35 788	2252	27 120	0.76
上海 2016 年	6340	2418	31 385	4.95
上海内环线内（均为 A+地区）	123	—	5037	40.95

（2）应用实例。某园区控制性详规地块用地规划及相关指标如图 2-5 所示，各类用地占地面积及容积率如表 2-12 所示。计算该园区远期饱和状态下的总负荷及负荷分布。

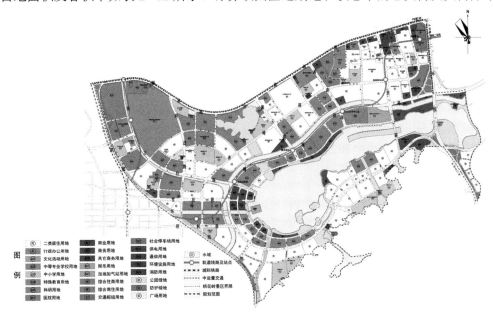

图 2-5　某园区控制性详规地块用地规划

表 2-12   某园区规划用地、占地面积性质及用电指标

序号	用地性质		占地面积 （km²）	容积率	建筑面积 （百万 m²）	建筑面积用电指标 （W/m²）	占地面积用电指标 （MW/km²）
1	居住用地	二类居住用地	4.46	1.0～4.0	10.68	50	—
2		二类居住加商业金融	1.45	2.0～4.5	4.99	60	—
3	公共设施用地	行政办公用地	0.03	1.5～5.0	0.09	45	—
4		商业金融用地	0.55	0.5～10.0	1.96	70	—
5		文化娱乐用地	0.14	1.0～1.3	0.14	40	—
6		医疗卫生用地	0.09	2.0～5.0	0.23	50	—
7		教育科研用地	0.9	1.0～3.2	1.12	40	—
8		商业金融加二类居住	0.5	3.0～7.4	2.53	65	—

续表

序号	用地性质		占地面积（km²）	容积率	建筑面积（百万 m²）	建筑面积用电指标（W/m²）	占地面积用电指标（MW/km²）
9	道路广场用地		0.05	—	—	—	1.5
10	对外交通用地		0.05	—	—	—	1.5
11	市政设施用地	供应设施用地	0.02	—	—	—	2.5
12		交通设施用地	0.05	—	—	—	2.5
13		其他市政设施用地	0.07	—	—	—	2.5
14	绿地		1.53	—	—	—	0.01
15	水域		2.53	—	—	—	0.01
16	路网		2.4	—	—	—	—
	合计		14.82	—	21.74	—	—

1）计算过程。按照以上预测方法，具体计算步骤如下：

a. 计算各类用地建筑面积（含各地块）。

b. 确定各类用地单位建筑面积（占地面积）用电指标。

c. 确定各类用地需用系数。

d. 计算各类用地单位面积用电指标。

e. 计算各类用地用电负荷及园区总负荷、负荷密度。

具体计算结果如表 2-13 所示。

表 2-13 某园区规划用地负荷预测

序号	用地性质		需用系数	最终指标（W/m²）	负荷（MW）	负荷密度（MW/km²）
1	居住用地	二类居住用地	0.3	15	160.20	35.92
2		二类居住加商业金融	0.3	18	89.82	61.94
3	公共设施用地	行政办公用地	0.7	31.5	2.84	94.50
4		商业金融用地	0.7	49	96.04	174.62
5		文化娱乐用地	0.7	28	3.92	28.00
6		医疗卫生用地	0.6	30	6.90	76.67
7		教育科研用地	0.7	28	31.36	34.84
8		商业金融加二类居住	0.3	19.5	49.34	98.67
9	市政设施用地	道路广场用地	1	1.5	0.075	1.5
10		对外交通用地	1	1.5	0.075	1.5
11		供应设施用地	1	2.5	0.05	2.5
12		交通设施用地	1	2.5	0.12	2.5
13		其他市政设用地	1	2.5	0.17	2.5
14	绿地		1	0.01	0.02	0.01
15	水域		1	0.01	0.03	0.01
16	路网		—	—	—	—
	合计		—	—	440.95	—
	合计（负荷计及 0.7 同时率）		—	—	308.67	20.83

2）指标校核与分析。采用人均综合电量、人均生活电量、负荷密度三项指标进行预测结果校核，并与同类地区进行对比分析，验证结果合理性。

a. 人均综合电量校核。该园区远景年总人口 36 万人，年最大利用小时数 T_{max} 取 4000h，预计电量为 123 468 万 kWh，人均综合用电量为 3429.7kWh/人。与 GB 50293《城市电力规划规范》规划人均综合用电量指标（见表 2-14）对照，该园区达到用电水平Ⅱ等城市行列，这和园区无工业用地有关。

表 2-14 某园区规划人均综合用电量指标

指标分级	城市综合用电水平分类	人均综合用电量 [kWh/（人·年）]	
		现状	规划
Ⅰ	用电水平较高城市	4501～6000	8000～10 000
Ⅱ	用电水平中上城市	3001～4500	5001～8000
Ⅲ	用电水平中等城市	1501～3000	3001～5000
Ⅳ	用电水平较低城市	700～1500	1501～3000

b. 人均生活电量校核。园区居住负荷为 209.55MW［计算方法为 0.7×(160.20+89.82+49.34)=209.55］，取生活用电最大负荷利用小时数为 3000h，则人均居民生活用电量为 1746.27kWh/人。与 GB 50293《城市电力规划规范》人均生活用电量指标（见表 2-15）比对，园区已经达到人均生活用电水平Ⅰ等城市行列。与园区定位国际居住中心、先导区经济商业文化中心的目标相适应。

表 2-15 某园区城市规划人均生活用电量指标分级情况

指标分级	城市生活用电水平分类	人均生活用电量 [kWh/（人·年）]	
		现状	规划
Ⅰ	生活用电水平较高城市	1501～2500	2000～3000
Ⅱ	生活用电水平中上城市	801～1500	1000～2000
Ⅲ	生活用电水平中等城市	401～800	600～1000
Ⅳ	生活用电水平较低城市	200～400	400～800

c. 负荷密度校核。与国内发展定位相似的规划新区的（见表 2-16）负荷密度比较，负荷密度为 20.8MW/km²，基本符合园区定位。

表 2-16 某园区部分规划新区远景年负荷密度指标

城市名称	成都中心城	嘉兴城区	杭州滨江区	上海新江湾城	三亚海棠湾
负荷（MW/km²）	18.60	21.00	16.06	20.11	23.09

2.3.4 用户负荷计算

（1）需要系数法。对于单个用户的多个用电设备组，引入需要系数 k_x 计算用电设备组的有功功率，对于接入中压配电线路和配电变压器的多个用户，引入有功功率同时系数 k_p 和无功功率同时系数 k_q 来计算负荷，计算公式如下

$$\begin{cases} P_{js} = k_p \sum (k_x P_e) \\ Q_{js} = k_q \sum (k_x P_e \tan\varphi) \end{cases} \tag{2-32}$$

式中　P_e——用电设备组的额定功率，kW；

　　　k_x——需要系数；

　　　k_p——有功功率同时系数，取值范围一般为 0.8～1.0；

　　　k_q——无功功率同时系数，取值范围一般为 0.93～1.0；

　　　φ——用电设备组的功率因数角。

对于配电室，k_p 和 k_q 分别取 0.85～1 和 0.95～1；对于总降压变电站，k_p 和 k_q 分别取 0.8～0.9 和 0.93～0.97；简化计算时，同时系数 k_p 和 k_q 可都取 k_p 值。当用电设备台数较少（4 台及以下），3 台及 2 台用电设备的计算负荷，取各设备功率之和；4 台用电设备的计算负荷，取设备功率之和乘以 0.9 的系数。

需要系数法方法比较简便，应用广泛，适用于配电变压器的负荷计算。

（2）利用系数法。用利用系数法确定计算负荷时，首先要求确定计算范围，求出该计算范围内用电设备有效台数及最大系数，然后算出计算负荷

$$\begin{cases} P_{js} = k_m \sum P_{av} \\ Q_{js} = k_m \sum Q_{av} \end{cases} \tag{2-33}$$

式中　k_m——最大系数，对于中小截面导线，可根据有效台数 n_{yx} 和平均利用系数 k_{lav}，按照表 2-17 查得。

其中，平均利用系数 k_{lav} 为

$$k_{lav} = \frac{\sum P_{av}}{\sum P_e} \tag{2-34}$$

式中　$\sum P_{av}$——各用电设备组平均负荷的有功功率之和，kW；

　　　$\sum P_e$——各用电设备组的额定功率之和，kW。

用电设备的有效台数 n_{yx} 是将不同设备功率和工作制的用电设备台数换算为相同设备功率和工作制的等效值

$$n_{yx} = \frac{\left(\sum P_e\right)^2}{\sum P_{1e}^2} \tag{2-35}$$

式中　P_{1e}——单个用电设备的设备功率，kW。

对于变电站低压母线或大截面干线，其发热时间常数 $\tau \geqslant 20\text{min}$，达到稳定温升的持续

时间 t 按指数曲线为 3τ，即 $t \geqslant 1\text{h}$。当 t 大于 0.5h，最大系数 $k_{\text{m(t)}}$ 按下式换算

$$k_{\text{m(t)}} \leqslant 1 + \frac{k_{\text{m}} - 1}{\sqrt{2t}} \qquad (2-36)$$

利用系数法是根据概率论和数理统计得到，因而计算结果比较接近实际，适用于各种范围的负荷计算，但计算过程较为繁琐。

表 2-17 给出最大系数 k_{m} 的选定方法。

表 2-17 最 大 系 数 k_{m}

n_{yx} \ k_{lav}	0.1	0.15	0.2	0.3	0.4	0.5	0.6	0.7	0.8	0.9
4	3.43	3.11	2.64	2.14	1.87	1.65	1.46	1.29	1.14	1.05
5	3.23	2.87	2.42	2.00	1.76	1.57	1.41	1.26	1.12	1.04
6	3.04	2.64	2.24	1.88	1.66	1.51	1.37	1.23	1.10	1.04
7	2.88	2.48	2.10	1.80	1.58	1.45	1.33	1.21	1.09	1.04
8	2.72	2.31	1.99	1.72	1.52	1.40	1.30	1.20	1.08	1.04
9	2.56	2.20	1.90	1.65	1.47	1.37	1.28	1.18	1.08	1.03
10	2.42	2.10	1.84	1.60	1.43	1.34	1.26	1.16	1.07	1.03
12	2.24	1.96	1.75	1.52	1.36	1.28	1.23	1.15	1.07	1.03
14	2.10	1.85	1.67	1.45	1.32	1.25	1.20	1.13	1.07	1.03
16	1.99	1.77	1.61	1.41	1.28	1.23	1.18	1.12	1.07	1.03
18	1.91	1.70	1.55	1.37	1.26	1.21	1.16	1.11	1.06	1.03
20	1.84	1.65	1.50	1.34	1.24	1.20	1.15	1.11	1.06	1.03
25	1.71	1.55	1.40	1.28	1.21	1.17	1.14	1.10	1.06	1.03
30	1.62	1.46	1.34	1.24	1.19	1.16	1.13	1.10	1.05	1.02
35	1.56	1.41	1.30	1.21	1.17	1.15	1.12	1.09	1.05	1.02
40	1.50	1.37	1.27	1.19	1.15	1.13	1.12	1.09	1.05	1.02
45	1.45	1.33	1.25	1.17	1.14	1.12	1.11	1.08	1.04	1.02
50	1.40	1.30	1.23	1.16	1.14	1.11	1.10	1.08	1.04	1.02
60	1.32	1.25	1.19	1.14	1.12	1.11	1.09	1.07	1.03	1.02
70	1.27	1.22	1.17	1.12	1.10	1.10	1.09	1.06	1.03	1.02
80	1.25	1.20	1.15	1.11	1.10	1.10	1.08	1.06	1.03	1.02
90	1.23	1.18	1.13	1.10	1.09	1.09	1.08	1.05	1.02	1.02
100	1.21	1.17	1.12	1.10	1.08	1.08	1.07	1.05	1.02	1.02
120	1.19	1.16	1.12	1.09	1.07	1.07	1.07	1.05	1.02	1.02
160	1.16	1.13	1.10	1.08	1.05	1.05	1.05	1.04	1.02	1.02
200	1.15	1.12	1.09	1.07	1.05	1.05	1.05	1.04	1.01	1.01
240	1.14	1.11	1.08	1.07	1.05	1.05	1.05	1.03	1.01	1.01

注 表中 k_{m} 数据是按照 0.5h 最大负荷计算的。计算以中小截面导线为基准，其发热时间常数 τ 为 10min，温升达到稳态的时间达到 3τ，即 0.5h。

（3）单位指标法。单位指标法计算有功功率 P_{js} 的公式如下

$$P_{js} = \frac{DN}{1000} \qquad (2-37)$$

式中　D ——单位用电指标，如 W/户、W/人、W/床；

　　　N ——单位数量，如户数、人数、床位数。

每套住宅的用电负荷和电能表的选择不宜低于 GB/T 36040—2018《居民住宅小区电力配置规范》（见表 2-18）的规定，规划设计中应视具体情况确定。

表 2-18　　　　　　　　　每套住宅用电负荷及电能表的选择

套型	建筑面积 S（m²）	用电负荷（kW）	电能计量表（单相）（A）
A	$S \leqslant 60$	6	5（60）
B	$60 < S \leqslant 90$	8	5（60）
C	$90 < S \leqslant 140$	10	5（60）

注　当每套住宅面积大于 140m² 时，超出的建筑面积可按照 30～40W/m² 的标准计算用电负荷。

3 配电网供电区域划分

供电区域划分是配电网规划的基础，是统筹城乡电网协调发展，实现差异化规划和标准化建设的重要手段。供电区域划分应主要依据地区行政级别或未来负荷发展情况确定，也可参考经济发展程度、用户重要性、用电水平和 GDP 等因素。

中国电力企业联合会 2016 年发布的电力行业标准 DL/T 5729《配电网规划设计技术导则》中明确供电区域可划分为 A+、A、B、C、D、E 共 6 类，对各类供电区域的配电网建设改造标准提出明确要求，以差异化指导配电网规划设计。按照供电区域类型，差异化建设改造配电网，有利于实现配电网的精准投资、精益管理、提质增效和可持续发展。国外也有类似的做法，如东京电力将各供电区域的负荷密度乘以重要用户数量，作为衡量各供电区域重要程度的指标，为各供电区域的供电可靠性分级提供参考依据。

本章主要介绍供电区域的划分标准、划分方法和划分实例，供规划设计人员参考。

3.1 供电区域划分作用和原则

供电区域划分的主要作用为：

（1）适应差异化发展需要：通过供电区域划分，将配电网按标准分类分区，充分体现了不同地区的差异性和电网发展特点，在此基础上开展配电网规划，能够确保规划方案科学、合理、经济。

（2）统一技术原则和建设标准：根据供电区域划分结果，细化适用于不同供电区域的配电网技术原则，制定标准化建设模块，确保相同类型供电区域的建设标准相同。

供电区域划分应遵循如下原则：

（1）依据规划水平年的负荷密度；

（2）满足用户的供电可靠性需求；

（3）应与行政区划相协调；

（4）考虑现状电网的适应性；

（5）应实现各级电网协调发展；

（6）满足电网运行管理要求；

（7）做到不遗漏、不交叉重叠。

3.2 供电区域划分标准

DL/T 5729《配电网规划设计技术导则》，在综合参考规划区域行政级别、规划水平年的负荷密度、负荷重要性等因素的基础上，将供电区域划分为 A+、A、B、C、D、E 共 6 类，其划分标准如表 3−1 所示。

通常，A+、A、B 类供电区主要对应市辖供电区，一般是指直辖市和地级市以"区"建制命名的地区，但不包括已纳入县级供电区的地区；C、D、E 类供电区主要对应县级供电区，主要是指县级行政区（含县级市、旗等），此外还包括直辖市的远郊区中除区政府所在地、经济开发区和工业园区以外的地区，以及地级市中尚存在乡（镇）、村的远郊区。

表 3−1 供电区域划分标准表

供电区域		A+	A	B	C	D	E
行政级别	直辖市	市中心区 或 $\sigma \geq 30$	市区 或 $15 \leq \sigma < 30$	市区 或 $6 \leq \sigma < 15$	城镇 或 $1 \leq \sigma < 6$	农村 或 $0.1 \leq \sigma < 1$	—
	省会城市、计划单列市	$\sigma \geq 30$	市中心区 或 $15 \leq \sigma < 30$	市区 或 $6 \leq \sigma < 15$	城镇 或 $1 \leq \sigma < 6$	农村 或 $0.1 \leq \sigma < 1$	—
	地级市（自治州、盟）	—	$\sigma \geq 15$	市中心区 或 $6 \leq \sigma < 15$	市区、城镇或 $1 \leq \sigma < 6$	农村 或 $0.1 \leq \sigma < 1$	农牧区
	县（县级市、旗）	—	—	$\sigma \geq 6$	城镇 或 $1 \leq \sigma < 6$	农村 或 $0.1 \leq \sigma < 1$	农牧区

注 σ 为供电区域规划水平年的负荷密度（MW/km²）。

近年来，随着发达地区经济社会发展对供电可靠性需求的不断提升，在配电网规划设计实际工作中，负荷密度和负荷重要性的参考权重提升，区域行政级别的参考权重有所下降。供电区域划分时应注意：

（1）应遵循差异化原则，各类供电区域面积能够体现地区整体社会经济发展水平。A+、A 类供电区域面积应严格限制；B、C 类供电区域可根据实际情况选取；一般的农村可划分为 D 类供电区域；农牧区可划分为 E 类供电区域。

（2）要考虑电网规划建设的可操作性，区域面积不宜太小。各类供电区域如果面积太小，则无法形成相对独立的网络，不便于统筹考虑变电站规划布点。根据测算，各类供电区域面积一般不应小于 5km²。

（3）供电区域划分过程中计算负荷密度时，应扣除110（66）kV及以上专线负荷，以及高山、戈壁、荒漠、水域、森林等无效供电面积。

（4）供电区域划分尽量与行政区划和变电站供电范围保持衔接，便于基础数据统计。

3.3　供电区域划分方法

3.3.1　供电区域划分基本方法

配电网供电区域划分包括确定基本区块、负荷密度计算、供电区域分类、合理性校核四个步骤。具体如下：

（1）确定基本区块。根据行政区域，确定供电区域的边界，并考虑以下因素影响：

1）城市总体规划或控制性详细规划；

2）道路、山脉、河流、高速铁路等电网建设影响因素；

3）行政边界；

4）变电站布点及间隔资源；

5）配电网运行管理的要求；

6）220kV及以上电网分层分区对配电网的影响。

（2）负荷密度计算。根据划分的供电区域，计算该区域规划水平年的负荷密度。

（3）供电区域分类。在计算所得水平年负荷密度的基础上，充分考虑区域地理位置、行政区划、区位特点、发展定位等外部因素带来的供电可靠性要求，按照国家、行业、企业有关标准确定供电区域的分类。

（4）合理性校核。结合各区域经济发展情况，分析供电区域面积、电力用户可靠性要求、最大负荷等，校核划分结果的合理性。

3.3.2　供电区域划分实例

以某省会城市城区为例，供电区域划分的具体步骤如下：

（1）该城区按照行政区划分，划为17个区块。

（2）预测地区规划水平年的最大负荷和每个110（66）kV变电站规划水平年负荷。根据每个110（66）kV变电站规划水平年负荷、现状供电面积，计算相应地块负荷密度。

（3）兼顾行政区域、道路、河流、上一级变电站布点，以及配电网运行管理要求，确定供电区域划分。

（4）校核划分结果的合理性。供电区域划分结果如表 3-2 所示。经过划分，该区域分为 17 个供电区，其中：A 类供电区域 5 个；B 类供电区域 6 个；C 类供电区域 3 个；D 类供电区域 3 个，如图 3-1 所示。

表 3-2 　　　　　　　　　　　　　　某城市供电区域划分结果

序号	行政区	供电区域名称	供电区域类型	面积（km²）	最高负荷（MW）	负荷密度（MW/ km²）	重要用户数		
							特级	一级	二级
1	行政 1	I	A	16.35	314.8	19.25	—	15	7
2	行政 2	II	A	8.13	236.7	29.11	—	7	12
3	行政 2	III	A	13.83	368.3	26.63	—	13	4
4	行政 3	IV	A	15.51	252.9	16.31	—	8	—
5	行政 4	V	B	22.03	149.4	6.78	—	5	2
6	行政 4	VI	B	30.61	213.6	6.98	—	3	2
7	行政 1	VII	B	25.15	160	6.36	—	1	4
8	行政 2	VIII	A	21.12	389.6	18.45	—	7	8
9	行政 5	IX	B	27.77	226.7	8.16	—	2	—
10	行政 5	X	C	33.73	55.5	1.65	—	—	—
11	行政 3	XI	B	12.08	81.7	6.76	—	—	—
12	行政 4	XII	B	32.17	224.3	6.97	—	1	—
13	行政 1	XIII	D	106.04	91.4	0.86	—	—	—
14	行政 2	XV	C	21.79	92.8	4.26	—	1	2
15	行政 3/行政 5	XVI	C	70.78	159	2.25	—	—	5
16	行政 4	XVII	D	217.96	127.5	0.58	—	2	—
17	行政 4	XVIII	D	109.56	108.52	0.99	—	—	1

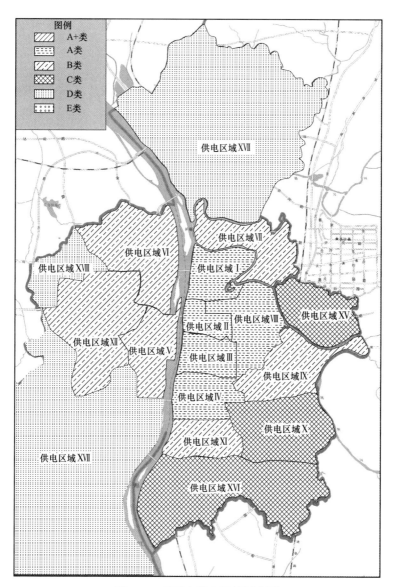

图 3-1 某城市供电区域划分图

4 高压配电网规划

在我国高压配电网的电压等级一般采用 110kV 和 35kV，东北地区主要采用 66kV。高压配电网从上一级电网或电源接受电能后，可以直接向高压用户供电，也可以向下一级中压（低压）配电网提供电源。高压配电网是输电网和中压配电网的连接纽带，一方面高压配电网有效承接了上级输电网，另一方面高压配电网决定了中压配电网的发展规模。

高压配电网规划主要由变电站选址定容和高压配电网络接线布置组成。选址定容依据 110（66）kV、35kV 网供负荷预测结果和容载比取值，初步确定变电站数量和容量；后续结合供电区域划分和供电安全标准综合确定高压配电网络接线方式。在变电站布点、网络结构布置等环节，还需对变电站座数、容量进一步优化和调整。

本章从变电需求估算、变电站布点与设计、网络结构、电力线路和中性点接地选择等方面，分析介绍高压配电网规划的一般流程和内容。

4.1 变 电 需 求 估 算

4.1.1 变电容量估算

（1）容载比选择。容载比是配电网规划的重要宏观性指标，是指某一供电区域、同一电压等级电网的公用变电设备总容量与对应的总负荷（网供负荷）的比值，需要分电压等级计算。对于区域较大、负荷发展水平极度不平衡、负荷特性差异较大、分区最大负荷出现在不同季节的地区，应分区计算容载比。容载比的计算公式如下

$$R_s = \frac{\sum S_{ei}}{P_{max}} \tag{4-1}$$

式中　R_s——容载比；

　　　P_{max}——该电压等级全网或供电区的年网供最大负荷，MW；

　　　$\sum S_{ei}$——该电压等级全网或供电区内公用变电站主变压器容量之和，MVA。

容载比的确定要考虑负荷分散系数、平均功率因数、变压器负载率、储备系数、负荷

38

增长率等因素的影响。根据我国多年实践经验，高压配电网容载比一般为 1.8～2.2。容载比的选择对电网发展具有重要影响，取值过大将造成电网建设前期投资增加，取值过小会降低电网适应性，甚至影响安全可靠供电，具体取值应依据负荷增长情况，参照表 4-1 的推荐值选定。

表 4-1   高压配电网容载比选择范围

负荷增长情况	较慢增长	中等增长	较快增长
年负荷平均增长率 K_p	$K_p \leqslant 7\%$	$7\% < K_p \leqslant 12\%$	$K_p > 12\%$
110～35kV 容载比	1.8～2.0	1.9～2.1	2.0～2.2

对处于负荷发展初期以及负荷快速发展期的地区、重点开发区或负荷较为分散的偏远地区，可适当提高容载比的取值；对于网络发展完善（负荷发展已进入饱和期）或规划期内负荷明确的地区，在满足用电需求和可靠性要求的前提下，可以适当降低容载比的取值。

（2）新增变电容量估算。变电容量估算主要是用于确定各电压等级变电设备的容量，规划期末的变电容量计算如下

$$S = PR_s \qquad (4-2)$$

式中 S——规划期末某电压等级变电容量需求，MVA；

　　　　P——规划期末某电压等级网供最大负荷，MW；

　　　　R_s——规划期末的容载比。

新增变电容量按下式计算

$$\Delta S = S - S_0 \qquad (4-3)$$

式中 ΔS——需新增变电容量，MVA；

　　　　S_0——基准年变电容量，MVA。

变电容量估算方法如表 4-2 所示。

表 4-2   变电容量估算示意表

区域名称	电压等级	项目	××年	××年	××年	××年
××地区	110（66）kV	网供负荷				
		容载比				
		容量需求				
		现有容量				
		新增容量				

续表

区域名称	电压等级	项目	××年	××年	××年	××年
××地区	35kV	网供负荷				
		容载比				
		期末容量				
		现有容量				
		新增容量				

注 新增容量 = 期末容量–现有容量。

（3）应用实例。某地区 2011～2017 年 110kV 和 35kV 的最大网供负荷如表 4-3 和表 4-4 所示，计算该地区 110kV 和 35kV 的变电容量需求。

表 4-3   110kV 分年度网供负荷预测   MW

项　目	2011 年	2012 年	2013 年	2014 年	2015 年	2016 年	2017 年
（1）全社会最大用电负荷	334.9	333.9	360	398	434	462	500
（2）电厂厂用电	60.64	61.52	61.52	61.82	61.82	62.12	62.12
（3）220kV 及以上电网直供负荷	0	0	0	0	0	0	0
（4）110（66）kV 电网直供负荷	7.76	9.35	9.54	9.73	9.92	10.12	10.32
（5）220kV 直降 35kV 负荷	0	0	0	0	11	16	21
（6）220kV 直降 10kV 负荷	0	0	0	0	0	0	0
（7）110（66）kV 公用变电站 35kV 及以下上网且参与电力平衡发电负荷	0	0	0	0	0	0	0
（8）110（66）kV 网供负荷	266.5	263.03	288.94	326.45	351.26	373.76	406.56

注 (8)=(1)-(2)-(3)-(4)-(5)-(6)-(7)。

表 4-4   35kV 分年度网供负荷预测   MW

项　目	2011 年	2012 年	2013 年	2014 年	2015 年	2016 年	2017 年
（1）全社会最大用电负荷	334.9	333.9	360	398	434	462	500
（2）电厂厂用电	60.64	61.52	61.52	61.82	61.82	62.12	62.12
（3）35kV 及以上电网直供负荷	80.17	74.99	81.17	90.87	94.71	100.27	107.29
（4）220kV 直降 10kV 负荷	0	0	0	0	0	0	0
（5）110（66）kV 直降 10kV 负荷	95.18	97.69	105.51	124.50	144.42	161.75	182.77
（6）35kV 公用变电站 10kV 侧上网且参与电力平衡的发电负荷	0	0	0	0	0	0	0
（7）35kV 网供负荷	98.91	99.7	111.80	120.81	133.05	137.86	147.82

注 (7)=(1)-(2)-(3)-(4)-(5)-(6)。

首先，计算 110kV、35kV 网供负荷的增速情况，见下式

$$K_{p-110kV} = \left(\frac{406.56}{266.5}\right)^{\frac{1}{6}} - 1 = 7.29\%$$

$$K_{p-35kV} = \left(\frac{147.82}{98.91}\right)^{\frac{1}{6}} - 1 = 6.93\%$$

按照高压配电网容载比与负荷增速的对应情况，110kV 电网容载比的选择范围为 1.9～2.1 之间、35kV 电网容载比的选择范围为 1.8～2.0 之间。因此，110kV 容载比取 1.9，35kV 容载比取 1.8。110kV 和 35kV 变电容量需求如表 4-5 所示。

表 4-5   110kV 和 35kV 分年度变电容量需求

电压等级	项目	2011 年	2012 年	2013 年	2014 年	2015 年	2016 年	2017 年
110kV	网供负荷（MW）	266.5	273.03	288.94	326.45	351.26	373.76	406.56
	容载比	1.9	1.9	1.9	1.9	1.9	1.9	1.9
	期末容量（MVA）	506.35	518.76	548.99	620.26	667.39	710.14	772.46
	现有容量（MVA）	463	463	463	463	463	463	463
	新增容量（MVA）	43.35	55.76	85.99	157.26	204.39	247.14	309.46
35kV	网供负荷（MW）	98.91	99.7	111.80	120.81	133.05	137.86	147.82
	容载比	1.8	1.8	1.8	1.8	1.8	1.8	1.8
	容量需求（MVA）	178.04	179.46	201.24	217.46	239.49	248.15	266.08
	现有容量（MVA）	178	178	178	178	178	178	178
	新增容量（MVA）	0.04	1.46	23.24	39.46	61.49	70.15	88.08

4.1.2 变电站座数估算

在同一个区域（城市、区县）内，高压配电网同一电压等级变电站内单台变压器的容量规格应尽可能统一，一般要求不超过三种容量序列。因此，根据式（4-3）得到的新增变电容量 ΔS，推算新增变电站的座数如下

$$n = \begin{cases} \left[\dfrac{\Delta S}{S_N}\right] & \Delta S > 0 \\ 0 & \Delta S \leqslant 0 \end{cases} \qquad (4-4)$$

式中 n ——新增变电站的座数；

      S_N ——变电站的典型容量，MVA；

      [] ——向上取整计算。

变电站的典型容量 S_N 的选定，应结合该地区具有典型和代表意义的变电站典型配置，

按照变压器台数和容量计算。新增变电站的座数 *n* 着重反映地区变电站的建设需求，在变电站布点与设计过程中，还需对变电站座数进行优化和调整。

4.2　变电站布点与设计

变电站布点是在综合考虑了用电需求以及与经济社会各方面关系后，确定变电站站址的过程。变电站布点要根据变电站新增容量、数量的初步估计，提出变电站布点的可选方案，通过比选确定最终方案。

4.2.1　站址布点

站址布点的任务是根据变电站座数估算结果制定几个可比的变电站布点方案，以便进行方案优选。目前，站址布点主要是由规划设计人员来完成，它很大程度上依赖于设计者的经验，具有一定主观性。随着信息化手段的发展，基于计算机分析的方案设计方法已经得到广泛应用，极大地帮助了规划设计人员开展工作。

（1）布点思路。变电站的规划布点可概括为多中心选址优化，需要综合考虑变电站（含中压配电网）建设投资和运行费用，实现区域配电网建设经济技术最优化。变电站布点在城市建设中，受到落地困难以及跨越河流、湖泊、道路、铁路等因素影响，开展变电站布点是一个多元连续选址的组合优化过程。

（2）布点流程。在已经掌握了地区控制性规划，并已开展空间负荷预测的区域，变电站布点应针对水平年负荷需求开展。根据未来电源的布局和负荷分布、增长变化情况，以现有电网为基础，在满足负荷需求的条件下，参照区域城市建设布局，形成远景年变电站供电区域划分，并初步将变电站布于负荷中心且便于进出线的位置。在上述方案或多方案的基础上，需要开展技术经济测算，校验变电站布点方案的科学性和合理性，并根据测算结果对方案优化或选择。同时，需要兼顾电网建设时序，充分考虑电网过渡方案，并结合区域可靠性要求开展变电站故障情况下负荷转移分析。

随着规划变电站站址的逐个落实，需对原布点方案进行调整、优化。在尚未掌握地区控制性规划的区域，变电站布点应在现状电网的基础上，充分考虑未来负荷发展需求，在规划水平年变电站座数基础上适度预留，并持续跟进城乡规划成果，及时更新变电站布点方案。

4.2.2　主变压器选择

主变压器选择应综合考虑负荷密度、负荷增长速度以及上下级电网的协调和整体经济性等因素。

（1）主变压器容量。按照 5~10 年发展规划的需求来确定，也可由上一级电压电网与下一级电压电网间的潮流交换容量来确定。

变电站内装设 2 台及以上变压器时，若 1 台故障或检修，剩余的变压器容量应满足相关技术规范要求，在计及过负荷能力后的允许时间内，能够保证二级及以上电力用户负荷供电（在 A+、A、B、C 类供电区域应能够保证全部负荷供电）。

同一规划区域中，相同电压等级的主变压器单台容量规格不宜超过 3 种，同一变电站的主变压器宜统一规格。

对于负荷密度高的供电区域，若变电站布点困难，可选用大容量变压器以提高供电能力，并应通过加强变电站网络结构及下级电网的互联提高供电可靠性。

（2）主变压器台数选择。根据地区负荷密度、供电安全水平要求和短路电流水平，确定变电站主变压器台数，变电站的主变压器台数最终规模不宜多于 4 台。高负荷密度地区变电站主变压器台数 3～4 台，负荷密度适中地区变电站主变压器台数 2～3 台，以农牧区为代表的极低负荷密度地区变电站主变压器台数 1～2 台。

规划时，主变压器容量和台数可由规划人员分析计算或参考相关标准进行选择。各类供电区域变电站最终容量配置推荐表如表 4-6 所示。

表 4-6　　　　　　　　　　各类供电区域变电站最终容量配置推荐表

电压等级	供电区域类型	台数（台）	单台容量（MVA）
110kV	A+、A 类	3～4	80、63、50
	B 类	2～3	63、50、40
	C 类	2～3	50、40、31.5
	D 类	2～3	50、40、31.5、20
	E 类	1～2	20、12.5、6.3
66kV	A+、A 类	3～4	50、40
	B 类	2～3	50、40、31.5
	C 类	2～3	40、31.5、20
	D 类	2～3	20、10、6.3
	E 类	1～2	6.3、3.15
35kV	A+、A 类	2～3	31.5、20
	B 类	2～3	31.5、20、10
	C 类	2～3	20、10、6.3
	D 类	2～3	10、6.3、3.15
	E 类	1～2	3.15、2

注　1. 上表中的主变压器低压侧为 10kV。
　　2. 对于负荷确定的供电区域，可适当采用小容量变压器。
　　3. A+、A、B 类区域中 35kV 的 31.5MVA 变压器适用于电源来自 220kV 变电站的情况。

（3）调压方式的选择。变压器的电压调整通过切换变压器的分接头改变变压器变比。切换方式有两种：一种是不带负荷切换，称为无励磁调压，调压范围通常在 ±5% 以内；另一种是带负载切换，称为有载调压，调压范围通常有 ±10% 和 ±12% 两种。110kV 及以下的变压器调压设计时可根据需要采用有载调压方式。

（4）绕组数量选择。对于深入至负荷中心、具有直接从高压降为低压供电条件的变电站，为简化电压等级或减少重复降压容量，可采用双绕组变压器。对于有 35kV 用户需求的区域，110kV 变压器可选用三绕组变压器。

（5）绕组连接方式选择。变压器绕组的连接方式必须和系统电压相位一致，否则不能并列运行。电力系统采用的绕组连接方式一般是星形和三角形，高、中、低三侧绕组如何组合要根据具体工程来确定。我国 110kV 及以上变压器高、中绕组都采用星形连接；35kV 如需接入消弧线圈或接地电阻时，亦采用星形连接；35kV 以下变压器绕组都采用三角形连接。

（6）主变压器阻抗。主变压器阻抗的选择要考虑如下原则：

1）阻抗值的选择必须从电力系统稳定、无功分配、继电保护、短路电流、调相调压和并联运行等方面进行综合考虑。

2）对于双绕组普通变压器，一般按标准规定值选择，确保负荷侧母线短路电流不超过要求值。

3）对于三绕组的普通型和自耦型变压器，其最大阻抗是放在高、中压侧还是高、低压侧，必须按上述原则 1）来确定。目前国内生产的变压器有"升压型"和"降压型"两种结构。"升压型"的绕组排列顺序为：自铁芯向外依次为中、低、高，所以高、中压侧阻抗最大；"降压型"的绕组排列顺序为：自铁芯向外依次为低、中、高，所以高、低压侧阻抗最大。

（7）变压器并列运行。两台或多台变压器的变电站如采用并列运行方式，必须满足表 4-7 中的变压器并列运行条件。

表 4-7　　　　　　　　　　变电站变压器并列运行条件

序号	并列运行条件	技术要求
1	电压和变比相同	变压比差值不得超过 0.5%，调压范围与每级电压要相同
2	联结组别相同	包括连接方式、极性、相序都必须相同
3	短路电压（即阻抗电压）相等	短路电压值不得超过 ±10%
4	容量差别不宜过大	两台变压器容量比不宜超过 3:1

4.2.3　电气主接线

变电站电气主接线应满足供电可靠、运行灵活、适应远方控制、操作检修方便、节约投资、便于扩建以及规范、简化等要求。变电站电气主接线的选取，应综合考虑变电站功能定位、进出线规模等因素，并结合远期电网结构预留扩展空间。变电站高压侧主接线应简单清晰，110（66）kV、35kV 变电站常用的主接线有单母线、单母线分段、线路变压器组、内桥接线、外桥接线等接线方式。接线方式及其特点如表 4-8 所示。对于扩展形式和其他更复杂的形式（如扩大单元、内桥加线变组），可以根据基本形式组合应用。

表 4-8　　　　　　　　　110（66）、35kV 变电站电气主接线的基本形式

接线方式	示意图	特　点
单母线		优点：接线简单清晰、设备少、操作方便、占地少、便于扩建和采用成套配电装置。 缺点：不够灵活可靠，任一元件故障或检修，均需要整个配电装置停电；母线故障易导致全站停电
单母线分段接线		优点：接线简单清晰、设备较少、操作方便、占地少、便于扩建和采用成套配电装置。当一段母线发生故障时，可以保证正常母线不间断供电，供电可靠性较高。 缺点：当一段母线或母线隔离开关发生永久性故障或检修时，连接在该段母线的回路在故障检修期间需要停电
线路变压器组接线		优点：变电站占地面积小、断路器数量少、投资少；接线简单。 缺点：线路变压器组中任意高压元件故障，都会导致整个线变组停电，需要通过 10kV 母线转供负荷
内桥接线		优点：变电站占地面积较小；接线比较简单；投资较少；线路投入、断开、检修或故障时，通常对电力用户供电影响较小。 缺点：变压器的切除和投入较为复杂，需要操作 2 台断路器并影响 1 回线路暂时停运；连接桥断路器检修时，2 个回路需解列运行；出线断路器检修时，线路需在此期间停运

续表

接线方式	示意图	特　点
外桥接线		优点：变电站占地面积较小；接线比较简单；投资较少；线路投入、断开、检修或故障时，通常对电力用户供电影响较小。 缺点：线路的切除和投入较为复杂，需要操作 2 台断路器，并有 1 台变压器暂时停运；连接桥断路器检修时，2 个回路需解列运行；变压器侧断路器检修时，变压器需在此期间停运

　　110（66）kV、35kV 变电站，有两回路电源和两台变压器时，主接线可采用桥形接线。当电源线路较长时，应采用内桥接线，为了提高可靠性和灵活性，可增设带隔离开关的跨条。当电源线路较短，需经常切换变压器或桥上有穿越功率时，应采用外桥接线。

　　当 110（66）kV、35kV 线路为两回路以上时，宜采用单母线或单母线分段接线方式，10kV 侧宜采用单母线或单母线分段接线方式。当变电站站内变压器为两台以上时，可以采用 110（66）kV、35kV 的分段母线与主变压器交叉接线的方式提高可靠性。当 10kV 侧采用单母线多分段的接线方式时，可将 10kV 侧的若干分段母线环接以提高供电可靠性。

4.3　网　络　结　构

4.3.1　电网结构

　　（1）主要原则。

　　1）正常运行时，各变电站应有相互独立的供电区域，供电区不交叉、不重叠，故障或检修时，变电站之间应有一定比例的负荷转供能力。

　　2）高压配电网的转供能力主要取决于正常运行时的变压器容量裕度、线路容量裕度，以及中压主干线的合理分段和联络。

　　3）同一地区同类供电区域的电网结构应尽量统一。

　　4）35~110kV 变电站宜采用双侧电源供电，条件不具备或处于电网发展的过渡阶段，也可同杆架设双电源供电，但应加强中压配电网的联络。

　　（2）主要结构。高压配电网的电网结构可分为辐射、环网、链式等，下面对每种典型结构的优缺点和适用范围等进行介绍。

1）辐射状结构（单侧电源）。从上级电源变电站引出同一电压等级的一回或双回线路，接入本级变电站的母线（或桥），称为辐射结构。辐射结构分为单辐射和双辐射两种类型。

a. 单辐射。由一个电源的一回线路供电的辐射结构，如图4-1所示。单辐射结构中，110kV变电站主变压器台数为1~2台。单辐射结构不满足N-1要求。

图4-1 单辐射接线示意图

b. 双辐射。由同一电源的两回线路供电的辐射结构，如图4-2所示。

辐射状结构（单辐射、双辐射）的优点是接线简单，适应发展性强；缺点是110kV变电站只有来自同一电源的进线，可靠性较差。主要适合用于负荷密度较低、可靠性要求不太高的地区，或者作为网络形成初期、上级电源变电站布点不足时的过渡性结构。

图4-2 双辐射接线示意图

2）环式（单侧电源，环网结构，开环运行）。从上级电源变电站引出同一电压等级的一回或双回线路，接入本级变电站的母线（或桥），并依次串接两个（或多个）变电站，通过另外一回或双回线路与起始电源点相连，形成首尾相连的环形接线方式，一般选择在环的中部开环运行，称为环网结构。

a. 单环。由同一电源站不同路径的两回线路分别给两个变电站供电，站间一回联络线路，如图4-3所示。

b. 双环。由同一电源站不同路径的四回线路分别给两个变电站供电，站间两回联络线路，如图4-4所示。

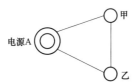 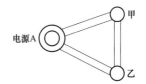

图4-3 单环接线示意图　　　　图4-4 双环接线示意图

环式结构（单环、双环）中只有一个电源，变电站间为单线或双线联络，其优点是对电源布点要求低，扩展性强；缺点是供电电源单一，网络供电能力小。主要适用于负荷密度低，电源点少，网络形成初期的地区。

3）链式（双侧电源）。从上级电源变电站引出同一电压等级的一回或多回线路，依次π接或T接到变电站的母线（或环入环出单元、桥），末端通过另外一回或多回线路与其他电源点相连，形成链状接线方式，称为链式结构。

a. 单链。由不同电源站的两回线路供电，站间一回联络线路，如图4-5所示。

图 4-5　单链接线示意图

b. 双链。两个电源站各出两回线路供电，站间两回联络线路，如图 4-6 所示。

c. 三链。两个电源站各出三回线路供电，站间三回联络线路，如图 4-7 所示。

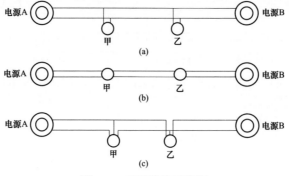

(a)

(b)

(c)

图 4-6　双链接线示意图

（a）T 接；（b）π 接；（c）T、π 混合

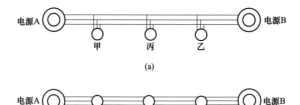

(a)

(b)

图 4-7　三链接线示意图

（a）T 接；（b）π 接

链式结构（单链、双链和三链）的优点是运行灵活，供电可靠高；缺点是出线回路数多，投资大。主要适用于对供电可靠性要求高、负荷密度大的繁华商业区、政府驻地等。

（3）评价指标。高压配电网网络结构的坚强程度一般采用"单线或单变站占比"和"$N-1$ 通过率"进行评价。"单线或单变站占比"的计算公式如下

$$单线或单变站占比 = \frac{单线或单变站座数}{变电站总座数} \times 100\% \qquad (4-5)$$

式中　单线或单变站座数——某一电压等级仅有单条电源进线的变电站与单台主变压器的变电站座数合计。

"$N-1$ 通过率"需要按主变压器和线路分别计算，计算公式如下

$$主变压器 N-1 通过率 = \frac{满足 N-1 的主变压器台数}{主变压器总台数} \times 100\% \qquad (4-6)$$

$$线路 N-1 通过率 = \frac{满足 N-1 的线路条数}{线路总条数} \times 100\% \qquad (4-7)$$

$N-1$ 通过率用于反映 35～110kV 电网中一台变压器或一条线路故障或计划退出运行，本级及下一级电网的转供能力。

（4）小结。高压配电网接线方式选择要因地制宜，结合地区发展规划，选择成熟、合理、技术经济先进的方案。各类电网结构综合对比情况如表 4-9 所示。

表 4-9　　　　　　　　　　　各类电网结构综合对比表

序列	网架结构	可靠性	是否满足 N-1 准则	投资
1	单辐射	低	不满足	低
2	双辐射	一般	满足	一般
3	单环	一般	满足	一般
4	双环	较高	满足	较高
5	单链	较高	满足	较高
6	双链	高	满足	高
7	三链	高	满足	高

注　一般情况下，链式结构的 π 接可靠性和投资均高于 T 接。

通常，各类供电区域 35～110kV 电网目标电网结构推荐表如表 4-10 所示。

表 4-10　　　　　　　　　　35～110kV 电网目标电网结构推荐表

电压等级	供电区域类型	链式			环网		辐射	
		三链	双链	单链	双环网	单环网	双辐射	单辐射
110kV	A+、A 类	√	√	√	√		√	
	B 类	√	√	√	√		√	
	C 类	√	√	√	√	√	√	
	D 类					√	√	√
	E 类							√
35kV	A+、A 类	√	√	√	√		√	
	B 类		√	√		√	√	
	C 类		√	√		√	√	
	D 类					√	√	√
	E 类							√

注　1. A+、A、B 类供电区域供电安全水平要求高，35～110kV 电网宜采用链式结构，上级电源点不足时可采用双环网结构，在上级电网较为坚强且 10kV 具有较强的站间转供能力时，也可采用双辐射结构。

2. C 类供电区域供电安全水平要求较高，35～110kV 电网宜采用链式、环网结构，也可采用双辐射结构。

3. D 类供电区域 35～110kV 电网可采用单辐射结构，有条件的地区也可采用双辐射或环网结构。

4. E 类供电区域 35～110kV 电网一般可采用单辐射结构。

4.3.2　目标网架过渡

（1）各结构过渡关系。各类供电区域内的电网可根据电网建设阶段，供电安全水平要求和实际情况，通过建设与改造，分阶段逐步实现推荐采用的电网结构。各类典型结构过渡关系示意如图 4-8 所示。

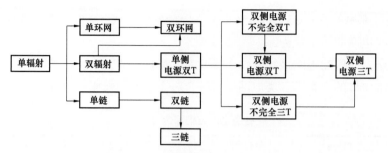

图4-8 各类结构过渡关系示意图

（2）应用实例。以两台主变压器的110kV变电站接入，由双辐射形成混合接线（π接+T接）、单链式形成混合接线（π接+T接）、辐射结构形成双链网架；以三台主变压器的110kV变电站接入，由辐射结构形成三链网架四个实例对过渡方案进行介绍。

1）双辐射形成混合接线（π接+T接）。过程顺序为双辐射→不完全双链→两个单链→混合接线（π接+T接），过渡方式如图4-9所示。

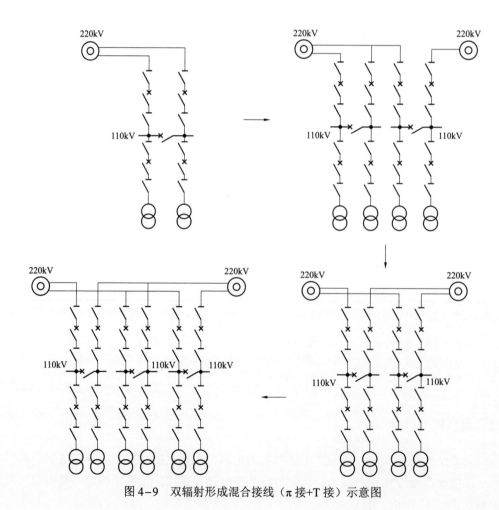

图4-9 双辐射形成混合接线（π接+T接）示意图

2）单链式形成混合接线（π接+T接）。过渡顺序为单链式→不完全双链→两个单链→混合接线（π接+T接），过渡方式如图4-10所示。

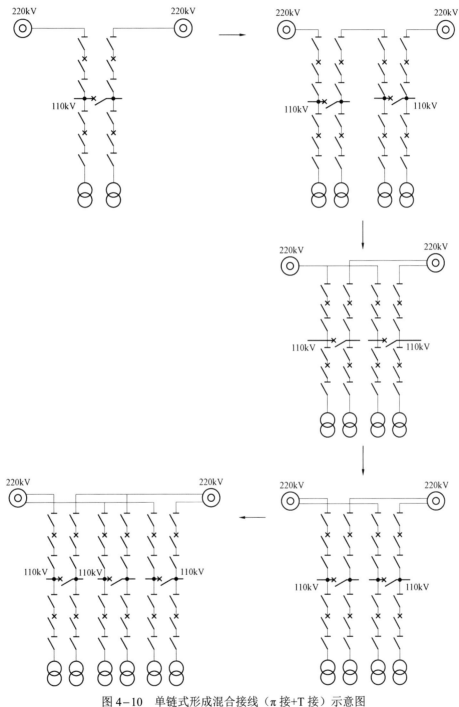

图4-10　单链式形成混合接线（π接+T接）示意图

3）辐射结构形成双链网架，过渡方式如图4-11所示。

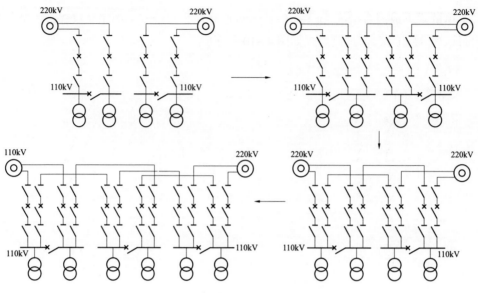

图4-11 辐射结构形成双链网架示意图

4）辐射结构形成三链网架，过渡方式如图4-12所示。

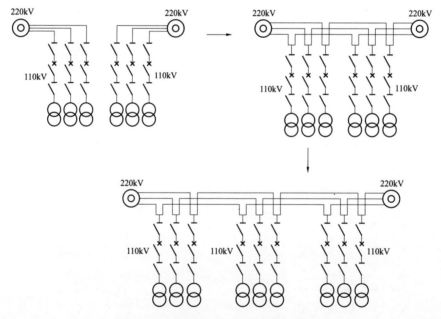

图4-12 辐射结构形成三链网架示意图

4.3.3 供电安全标准

根据 DL/T 256《城市电网供电安全标准》，高压配电网变电站的供电安全标准属于三级标准，对应的组负荷范围在 12～180MW（组负荷是指负荷组的最大负荷），其供电安全水平要求如下：

（1）对于停电范围在 12～180MW 的组负荷，其中不小于组负荷减 12MW 的负荷或者不小于三分之二的组负荷（两者取小值）应在 15min 内恢复供电，余下的负荷应在 3h 内恢复供电。

（2）该级停电故障主要涉及变电站的高压进线或主变压器，停电范围仅限于故障变电站所带的负荷，其中大部分负荷应在 15min 内恢复供电，其他负荷应在 3h 内恢复供电。

（3）A+、A 类供电区域故障变电站所带的负荷应在 15min 内恢复供电；B、C 类供电区域故障变电站所带的负荷，其大部分负荷（不小于三分之二）应在 15min 内恢复供电，其余负荷应在 3h 内恢复供电。

（4）该级标准要求变电站的中压线路之间宜建立站间联络，变电站主变压器及高压线路可按 $N-1$ 原则配置。

提升高压配电网供电安全水平，主要是依据 $N-1$ 原则配置主变压器和高压线路。

4.4　电　力　线　路

4.4.1　35～110kV 导线选取原则

（1）线路导线截面宜综合饱和负荷需求、线路全寿命周期选定，并适当留有裕度。

（2）线路导线截面应与电网结构、变压器容量和台数相匹配。

（3）线路导线截面应按照故障情况下通过的安全电流裕度选取，正常情况下按照经济载荷范围校核。

（4）35～110kV 线路跨区供电时，导线截面宜按建设标准较高区域选取。

（5）35～110kV 架空线路导线宜采用钢芯铝绞线，沿海及有腐蚀性地区可选用防腐型导线。

（6）新架设的 35～110kV 架空线路不宜使用耐热导线。耐热导线一般用于增加原有线路载流量。

（7）35～110kV 电缆线路宜选用交联聚乙烯绝缘铜芯电缆，载流量应与该区域架空线路相匹配。

（8）对于采用 110kV 开关站集中向工业园区供电的情况，开关站进线导线截面可根据需要采用较大截面导线，导线截面超过 $300mm^2$ 时，宜采用分裂导线方式，不应选择截面在 $400mm^2$ 以上的单根导线。

4.4.2　导线载流量选择

导线载流量选择是根据高压配电网运行方式和供电可靠性要求，计算各导线的最大载流量需求，用于指导导线型号及截面选择，具体计算过程中需考虑的因素包括：

（1）明确变电站主变压器台数、容量及负载率；

（2）高压配电网运行方式（正常方式、故障方式、检修方式等）；

（3）可靠性要求。

各类供电区域导线截面选取建议如下：

A+、A、B类供电区域110（66）kV架空线路截面不宜小于240mm²，35kV架空线路截面不宜小于150mm²；C、D、E类供电区域110kV架空线路截面不宜小于150mm²，66kV、35kV架空线路截面不宜小于120mm²。

4.4.3 应用实例

以两座均为4台主变压器的110kV变电站构成的双回链式接线为例，进行导线载流量计算，接线示意图如图4-13所示。

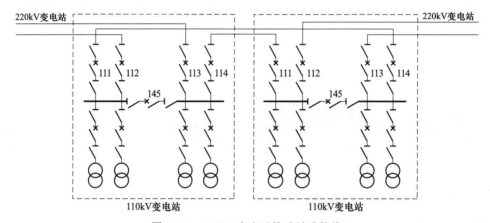

图4-13　110kV变电站构成链式接线

如图4-13所示，两座220kV变电站各引出双回110kV电源线路，分别为两座110kV变电站提供主供电源（112、113进线），两座110kV变电站之间通过双回联络线路互为备用（111、114进线）。按照主变压器容量均为50MVA，10kV母线环形接线考虑，主变压器最大负载率为80%。

正常方式下，每回电源线路带1座110kV变电站2台主变压器并列运行，与另外2台主变压器之间分列运行，以保证有两个不同方向的电源。当电源线路发生 N-1 故障情况时，145开关自投，由非故障线路带全站4台主变压器。当其中一个110kV变电站发生同方向 N-2 故障情况或一回主供线路检修另一回主供线路 N-1 故障时，站内4台主变压器由1条110kV联络线供电，单条联络线路最多带4台50MVA主变压器，主变压器负载率按照80%考虑，负荷为160MVA（联络线载流量应大于840A）；另一座变电站单回主供线路最多带6台50MVA主变压器，主变压器负载率按照80%考虑，站间同时率按照0.9考虑，负荷为216MVA（主供线路载流量应大于1134A）。

4.5 中性点接地选择

4.5.1 接地方式

中性点接地方式对系统供电可靠性、人身及设备安全、绝缘水平等方面具有重要影响，是保证电力系统安全、降低系统事故影响的重要技术。高压配电网的中性点接地方式一般按照表 4-11 所示选择。此外，35kV 架空网宜采用中性点经消弧线圈接地方式；35kV 电缆网宜采用中性点经低电阻接地方式，宜将接地电流控制在 1000A 以下。

表 4-11 高压配电网中性点接地方式选择

电压等级	接地方式
110kV 系统	直接接地
66kV 系统	经消弧线圈接地
35kV 系统	不接地、经消弧线圈接地或低电阻接地

4.5.2 接地参数

（1）架空线的单相接地电容电流值。架空线路单相接地电容电流按照下式计算

$$I_c = (2.7 \sim 3.3)U_e l \times 10^{-3} \qquad (4-8)$$

式中 I_c——故障电流，A；

U_e——线路的额定电压，kV；

l——线路的长度，km。

其中，系数的取值原则为：

1）对没有架空地线的采用 2.7；

2）对有架空地线的采用 3.3；

3）对于同杆双回线路，电容电流为单回路的 1.3～1.6 倍。

（2）电缆线路的单相接地电容电流值。电缆线路单相接地电容电流值按照下式计算

$$I_c = 0.1 U_e l \qquad (4-9)$$

式中 U_e——线路的额定电压，kV；

l——线路的长度，km。

35kV 电缆线路单相接地时电容电流的单位值见表 4-12。

表 4-12   35kV 电缆线路单相接地电容电流

电缆导线截面（mm²）	单相接地电容电流（A/km）	电缆导线截面（mm²）	单相接地电容电流（A/km）
70	3.7	150	4.8
95	4.1	185	5.2
120	4.4		

（3）消弧线圈的选择。

1）安装消弧线圈的电力网，中性点位移电压在长期运行中应不超过相电压的 15%。

2）35kV 及以下电压等级的系统，故障点残余电流应尽量减小，一般不超过 10A。为减少故障点残余电流，必要时可将电力网分区运行。110kV 及以上安装消弧线圈的电力网，脱谐度一般不大于 10%。脱谐度的计算如下

$$v = \frac{I_C - I_L}{I_C} \tag{4-10}$$

式中　　v——脱谐度；若 v 为负值，称为过补偿；若 v 为正值，称为欠补偿。

　　　　I_C——故障电流，A；

　　　　I_L——消弧线圈电感电流，A。

3）消弧线圈一般采用过补偿方式，当消弧线圈容量不足时，允许在一定时间内用欠补偿的方式运行，但欠补偿度不应超过 10%。

4）在选定电力网消弧线圈的容量时，应考虑 5 年左右的发展，并按过补偿进行设计，其容量按下式计算

$$S_x = 1.35 I_c U_\varphi \tag{4-11}$$

式中　　I_c——电力网接地电流，A；

　　　　U_φ——电力网相电压，kV。

5）消弧线圈安装地点的选择应注意：

a. 要保证系统在任何运行方式下，断开 1～2 条线路时，大部分电力网不致失去补偿；

b. 不应将多台消弧线圈集中安装在网络中的一处，并应尽量避免网络中只装设一台消弧线圈；

c. 消弧线圈宜装于 Yd 接线变压器中性点上。装于 Yd 接线的双绕组变压器及三绕组变压器中性点上的消弧线圈容量，不应超过变压器容量的 50%，并不得大于三绕组变压器任一绕组容量。若需将消弧线圈装在 Dy 接线的变压器中性点上，消弧线圈的容量不应超过变压器额定容量的 20%。不应将消弧线圈接于零序磁通经铁心闭路的 Yy 接线的三相变压器上；

d. 对于主变压器为三角形接线的绕组，不应将消弧线圈接于零序磁通经铁心闭路的 YNyn 接线的三相变压器上。应在该绕组的母线处加装零序阻抗很小的专用接地变压器，接地变压器的容量不应小于消弧线圈的容量。

5

中压配电网规划

在我国中压配电网的电压等级一般采用 10kV,个别区域采用 20kV 或 6kV。中压配电网从上一级电网或电源接受电能后,直接向低压用户供电。由于电网中低压用户占绝大多数,因此中压配电网的供电安全水平对配电网的供电可靠性水平影响相对更大。

中压配电网规划主要由配电设施选址定容和中压配电网络接线布置组成。传统的中压配电设施的位置选择可以分别按负荷中心、电压损耗或功率损失计算。目前,多采用负荷中心分析、电压损耗分析、功率损失分析的综合比较方法,并结合供电区域划分和供电安全标准确定中压配电网络接线。中压配电网规划要避免逐条规划出线,而应统筹规划多条出线,优化资源利用效率,合理配置联络设备,逐步构建结构清晰的典型目标网架。国外发达地区的中压配电网构建有许多先进经验,电缆接线方式有新加坡的花瓣形接线(并列运行)和东京电力的点网接线(并列运行)、环网接线、主备接线,架空线接线方式有东京电力的六分段三联络接线,这些先进的网架结构有效保障了电网高可靠性供电。

本章从配电设施位置选择、配电变压器及其容量选定、网络结构、电力线路和中性点接地选择等方面,分析介绍中压配电网规划的一般流程和内容。

5.1 配电设施位置选择

(1)按负荷中心计算。根据台区选择的基本原则,以位于负荷中心为目标,可采用较为粗略的方法确定负荷中心,估计台区的位置。这种方法一般是在供电区域总平面图上,按适当的比例 K(kW/m^2)做出各建筑物及居民区的负荷圆,圆心通常设在村或居民区的中央,圆半径 r(m)按照下式计算

$$r = \sqrt{\frac{P_{js}}{K\pi}} \qquad (5-1)$$

式中 P_{js}——村或居民区的计算负荷,kW。

较为精确的方法是将地块信息映射到 x–y 平面坐标下,再根据各主要负荷在坐标系上的分布情况,做出坐标系的示意图,然后按下式计算负荷中心在坐标系中的坐标(x,y),从而近似确定负荷中心的位置。

$$\begin{cases} x = \dfrac{P_1x_1 + P_2x_2 + \cdots + P_ix_i}{P_1 + P_2 + \cdots + P_i} \\ y = \dfrac{P_1y_1 + P_2y_2 + \cdots + P_iy_i}{P_1 + P_2 + \cdots + P_i} \end{cases} \tag{5-2}$$

式中　x_i——第 i 个负荷的横坐标；

　　　y_i——第 i 个负荷的纵坐标；

　　　P_i——第 i 个负荷的有功功率，kW。

（2）按电压损耗计算。在电力系统中，网络元件的电压降落分为纵分量和横分量，计算电压损耗时往往需要根据潮流计算，确定各负荷点的电压向量，从而确定各点的电压损耗。按电压损耗最小确定配电变压器位置时，电压损耗的计算公式一般为

$$\begin{cases} \Delta U_i = \dfrac{U_{ix}(P_iR_i + Q_iX_i) - U_{iy}(P_iX_i - Q_iR_i)}{U_{ix}^2 + U_{iy}^2} \\ \delta U_i = \dfrac{U_{iy}(P_iR_i + Q_iX_i) + U_{ix}(P_iX_i - Q_iR_i)}{U_{ix}^2 + U_{iy}^2} \end{cases} \tag{5-3}$$

式中　P_i、Q_i——第 i 个负荷的有功功率（kW）和无功功率（kvar）；

　　　R_i、X_i——第 i 个负荷的对应配电线路上的电阻（Ω）和电抗（Ω）；

　　　U_{ix}、U_{iy}——第 i 个负荷的电压的实部与虚部。

为了简化计算，一般可以以电压降落的纵分量 ΔU 作为电压损耗。

（3）按功率损失计算。同电压损耗的计算，有功功率损耗也需要经过潮流计算，才能确定首末节点之间的有功功率损失情况。按功率损失最小确定配电变压器位置时，功率损失计算公式如下

$$\Delta P_i = \frac{R_i(\Delta U_i^2 - \delta U_i^2) - 2X_i\Delta U_i\delta U_i}{R_i^2 + X_i^2} \tag{5-4}$$

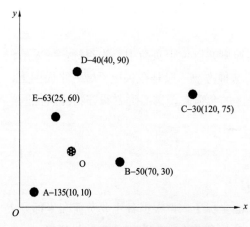

图 5-1　负荷分布与台区位置选择

（4）应用实例。A、B、C、D、E 分别为五个集中负荷点，其负荷分布与台区位置选择如图 5-1 所示。A 点有功功率为 135kW，坐标为（10，10）；B 点有功功率为 50kW，坐标为（70，30）；C 点有功功率为 30kW，坐标为（120，75）；D 点有功功率为 40kW，坐标为（40，90）；E 点有功功率为 63kW，坐标为（25，60）。各点负荷功率因数均为 0.85，试确定其负荷中心 O 位置，并按功率损耗最小方案、导线总重量最小方案确定配电变压器安装位置。

1）确定各负荷点供电导线型号。

额定电压按照 0.38kV 考虑，计算 A、B、C、D、E 各点的载流量要求如下

$$I_A = 135 / 0.38 = 355.26 （A）$$

$$I_B = 50 / 0.38 = 131.58 （A）$$

$$I_C = 30 / 0.38 = 78.95 （A）$$

$$I_D = 40 / 0.38 = 105.26 （A）$$

$$I_E = 63 / 0.38 = 165.79 （A）$$

参照表 16–7，根据 LGJ 导线最高允许温度 70℃ 的载流量，确定各负荷点对应的导线截面，本例中各型号导线的电阻和电抗值按如下参数计算（实际应参照《工业与民用供配电设计手册（第四版）》）：

A：LGJ–120，电阻 0.335Ω/km，电抗 0.27Ω/km。

B：LGJ–35，电阻 0.38Ω/km，电抗 0.91Ω/km。

C：LGJ–16，电阻 0.404Ω/km，电抗 1.96Ω/km。

D：LGJ–25，电阻 0.39Ω/km，电抗 1.27Ω/km。

E：LGJ–35，电阻 0.38Ω/km，电抗 0.91Ω/km。

2）按负荷中心选址计算位置。根据式（5–2），确定负荷中心位置，计算过程如下

$$
\begin{cases}
x = \dfrac{P_1 x_1 + P_2 x_2 + P_3 x_3 + P_4 x_4 + P_5 x_5}{P_1 + P_2 + P_3 + P_4 + P_5} \\[2mm]
\quad = \dfrac{135 \times 10 + 50 \times 70 + 30 \times 120 + 40 \times 40 + 63 \times 25}{135 + 50 + 30 + 40 + 63} = 36.6 \\[3mm]
y = \dfrac{P_1 y_1 + P_2 y_2 + P_3 y_3 + P_4 y_4 + P_5 y_5}{P_1 + P_2 + P_3 + P_4 + P_5} \\[2mm]
\quad = \dfrac{135 \times 10 + 50 \times 30 + 30 \times 75 + 40 \times 90 + 63 \times 60}{135 + 50 + 30 + 40 + 63} = 39.3
\end{cases}
$$

3）根据式（5–3）计算各线路的电压损耗，结果如表 5–1 所示。

4）根据式（5–4）计算各线路的有功功率损耗，结果如表 5–1 所示。

5）计算各线路的导线质量，导线质量按照每 1mm² 截面导线质量为 0.004kg/m，本例中导线质量按该标准计算（实际应参照《工业与民用供配电设计手册（第四版）》计算）。

将台区位置分别选 A、B、C、D、E、O 的六种方案进行对标，得到如表 5–1 所示计算结果。

表 5–1　　　　　　　　　　　　　　各 方 案 比 选

位置	参数	A	B	C	D	E	合计
O	l	39.50	34.70	90.78	50.87	23.76	239.61
	ΔU	7.05	4.31	3.77	6.30	2.66	—

续表

位置	参数	A	B	C	D	E	合计
O	ΔP	6.71	0.96	1.26	1.12	1.04	11.09
	W	18.96	4.86	5.81	5.09	3.33	38.04
A	l	0.00	63.25	127.77	85.44	52.20	328.66
	ΔU	0.00	8.94	20.85	12.66	9.29	—
	ΔP	0.00	5.47	4.77	6.33	7.48	24.05
	W	0.00	8.85	8.18	8.54	7.31	32.88
B	l	63.25	0.00	67.27	67.08	54.08	251.68
	ΔU	12.07	0.00	10.98	9.94	9.63	—
	ΔP	8.97	0.00	4.26	5.61	7.69	26.53
	W	30.36	0.00	4.31	6.71	7.57	48.94
C	l	127.77	67.27	0.00	81.39	96.18	372.61
	ΔU	24.38	9.51	0.00	12.06	17.13	—
	ΔP	17.84	5.73	0.00	6.19	11.75	41.50
	W	61.33	9.42	0.00	8.14	13.46	92.35
D	l	85.44	67.08	81.39	0.00	33.54	267.46
	ΔU	16.30	9.48	13.28	0.00	5.97	—
	ΔP	12.05	5.72	4.43	0.00	5.18	27.39
	W	41.01	9.39	5.21	0.00	4.70	60.31
E	l	52.20	54.08	96.18	33.54	0.00	236.00
	ΔU	9.96	7.64	15.69	4.97	0.00	—
	ΔP	7.42	4.84	4.57	3.67	0.00	20.51
	W	25.06	7.57	6.16	3.35	0.00	42.14

注 l 为线路长度（m）；ΔP 为功率损耗（kW）；ΔU 为电压降（V）；W 为导线质量（kg）。

对上述结果进行分析：配电变压器台区位置在 C 点时，负荷 A 的电压损失最大，为 24.38V，$\Delta U_{Amax}=6.4\%$；线路总长度最小的方案是配电变压器台区位置设在 E 点，$l=236m$；功率损耗最小的方案是配电变压器台区位置设在 O 点，$\sum\Delta P=11.09\,kW$；导线总重量最小的方案是配电变压器台区位置设在 A 点，$\sum W=32.88\,kg$。

可以看出，按负荷中心确定配电变压器台区位置，仅是满足功率损耗最小的条件，而不是综合比较的唯一条件。

5.2　配电变压器及其容量选定

5.2.1　配电变压器选择

（1）配电变压器型式选择。配电变压器的型式按照表 5–2 所示选择。

表 5–2　　　　　　　　　　　　　　配电变压器型式选择

类型	特　　点	适用范围
柱上变压器	经济、简单，运行条件差	容量小（400kVA 及以下）
箱式变电站	占地少，造价居中，运行条件较差	配电室建设改造困难地区
配电室	运行条件好，扩建性好，占地面积大，造价高	小区配套，商业办公，企业

（2）配电变压器的台数。供电可靠性要求较高的电力用户及住宅配套配电室一般选择不低于 2 台配电变压器。

（3）变压器联结组别的选择。柱上变压器满足三相负荷基本平衡，其低压中性线电流不超过绕组额定电流 25%且供电系统中谐波干扰不严重时，可选用 Yy0 接法的变压器。

三相负荷不平衡，造成中性线电流超过变压器低压绕组额定电流 25%或供电系统中存在较大的"谐波源"时，应选用 Dyn11 接法的变压器。

当供电容量较大或供电可靠性要求较高时，可用两台或多台变压器并联运行进行供电，但并联运行的变压器必须满足表 4–7 的相关条件。

5.2.2　负载率选定

（1）负载率计算。配电变压器的容量应结合其负载率综合选定。配电变压器负载率是指配电变压器实际最大视在功率与变压器额定容量的比值，它是衡量配电变压器运行效率和运行安全的重要指标，对变压器容量选择、台数确定和电网结构具有重要影响，计算公式如下

$$k_{fz} = \frac{S_{max}}{S_e} \times 100\% \qquad (5-5)$$

式中　k_{fz}——配电变压器的负载率，%；

　　　S_{max}——变压器的实际最大视在功率，kVA；

　　　S_e——变压器的额定容量，kVA。

在正常运行方式的最大负荷下，当配电变压器负载率低于 20%则称为轻载运行，设备利用率偏低；当配电变压器负载率高于 80%则称为重载运行，设备的运行风险增加。规划

设计中，应尽可能改善配电变压器的轻载或重载情况，保持配电变压器能够长期运行在经济安全的状态。同样，对于中压线路以及 110（66）、35kV 的变压器和线路，均可按照该方式分为轻载元件和重载元件，且应避免设备长期处于轻载或重载状态。

（2）按经济负载率选定。通常，配电变压器的负载率可按照经济负载率确定。经济负载率方案是根据变压器有功损耗（铜损和铁损），对变压器最高效率时负载系数求微分计算，确定变压器最高效率发生在 $\mathrm{d}\eta / \mathrm{d}k_{\mathrm{fz}} = 0$ 时，依此可将效率 η 对负载率 k_{fz} 微分并令其等于零，便可求得经济负载率 k_{zj} 如下

$$k_{\mathrm{zj}} = \sqrt{\frac{P_0}{P_{\mathrm{k}}}} \tag{5-6}$$

式中　P_0——配电变压器的空载损耗，kW；

　　　P_{k}——配电变压器的额定负载损耗，kW。

在运行中，变压器磁化过程中的空载无功损耗及变压器绕组电抗中的短路无功损耗，导致在供给这部分无功损耗时又增加了变压器的有功损耗，因此计及该部分损耗的经济负载率计算公式如下

$$k_{\mathrm{zj}} = \sqrt{\frac{P_0 + K_{\mathrm{Q}}Q_0}{P_{\mathrm{k}} + K_{\mathrm{Q}}Q_{\mathrm{k}}}} = \sqrt{\frac{P_0 + K_{\mathrm{Q}}I_{0(\%)}S_{\mathrm{e}} \times 10^{-2}}{P_{\mathrm{k}} + K_{\mathrm{Q}}U_{\mathrm{k}(\%)}S_{\mathrm{e}} \times 10^{-2}}} \tag{5-7}$$

式中　P_0——配电变压器的空载损耗，kW；

　　　Q_0——配电变压器的空载无功损耗，kvar；

　　　P_{k}——配电变压器额定负载损耗，kW；

　　　Q_{k}——额定负载漏磁功率，kvar；

　　$I_{0(\%)}$——变压器空载电流百分比，%；

　　$U_{\mathrm{k}(\%)}$——短路电压百分比，%；

　　　S_{e}——变压器额定容量，kVA；

　　　K_{Q}——无功经济当量，kW/kvar，$K_{\mathrm{Q}} = \Delta P / \Delta Q$，其值见表 5-3。

表 5-3　　　　　　　　　　　　　　变压器无功经济当量值

变压器位置	K_{Q}（kW/kvar）	
	最大负载	最小负载
变压器直接由发电厂母线供电	0.02	0.02
工业、企业、城市 6~10kV 直接由发电机母线供电	0.07	0.04
工业、企业、城市 6~10kV 由系统电网供电	0.15	0.10
区域电网有电力电容器补偿	0.08	0.05

（3）应用实例。设有一台 10kV 变压器，其参数为 $S_{\mathrm{n}} = 315\,\mathrm{kVA}$、$P_0 = 0.76$、$P_{\mathrm{k}} = 4.8$、$U_{\mathrm{k}(\%)} = 4$、$I_{0(\%)} = 1.4$，试确定该变压器经济负载率。

如果只计算有功功率损耗时，则按以下公式计算

$$k_{zj} = \sqrt{\frac{P_0}{P_k}} = \sqrt{\frac{0.76}{4.8}} = 0.398$$

$$S_{zj} = k_{zj} \times S_n = 0.398 \times 315 = 125.3 \, (\text{kVA})$$

考虑综合损耗时，参照表 5-3，按照工、企、城市 10kV 系统电网供电的最小负载率考虑，$K_Q = 0.1$

$$k_{zj} = \sqrt{\frac{0.76 + 0.1 \times 1.4 \times 315 \times 10^{-2}}{4.8 + 0.1 \times 4 \times 315 \times 10^{-2}}} = 0.445$$

$$S_{zj} = k_{zj} \times S_n = 0.445 \times 315 = 140.2 \, (\text{kVA})$$

5.2.3　容量确定

（1）基本原则。应考虑电力用户用电设备安装容量、计算负荷，并结合用电特性、设备同时系数等因素后确定用电容量。

对于用电季节性较强、负荷分散性大的中压电力用户，可通过增加变压器台数、降低单台容量来提高运行的灵活性，解决淡季和低谷负荷期间变压器经济运行的问题。

（2）配置方法。电力用户变压器容量的配置公式如下

$$S = \frac{P_{js}}{\cos\varphi \times k_{fz}} \tag{5-8}$$

式中　S——变压器总容量确定参考值，kVA；

　　$\cos\varphi$——功率因数；

　　k_{fz}——所带配电变压器的负载率。

1）普通电力用户变压器总容量配置。P_{js} 表示最大计算负荷，单路单台变压器供电时，负载率 k_{fz} 可按 70%～80% 计算，双路双台变压器时，可按 50%～70% 计算。

2）重要电力用户和有足够备用容量要求的电力用户变压器容量配置。P_{js} 表示最大计算负荷，功率因数取 0.95，k_{fz} 可按低于 50% 计算。

3）居民住宅小区变压器总容量配置。P_{js} 为住宅、公寓、配套公建等折算到配电变压器的用电负荷（kW），功率因数可取 0.95，k_{fz} 为配电变压器的负载率，一般可取 50%～70%。

配电变压器容量的确定，应参照配电变压器容量序列向上取最相近容量的变压器，确定后按两台配置，一般公用配电室单台变压器容量不超过 1000kVA。

（3）评估指标。户均配电变压器容量是评价中压配电网公用变压器供电能力的重要指标，其计算公式如下

$$\text{户均配电变压器容量} = \frac{\text{公用配电变压器容量}}{\text{低压用户数}} \tag{5-9}$$

5.3 网 络 结 构

5.3.1 电网结构

（1）主要原则。

1）中压配电网应根据变电站位置、负荷密度和运行管理的需要，分成若干个相对独立的供电区。分区应有大致明确的供电范围，正常运行时一般不交叉、不重叠，分区的供电范围应随新增加的变电站及负荷的增长而进行调整。10kV 线路供电半径应满足末端电能质量的要求，原则上，A+、A、B 类供电区域供电半径不宜超过 3km；C 类不宜超过 5km；D 类不宜超过 15km；E 类供电区域供电半径应根据需要经计算确定。

2）对于供电可靠性要求较高的区域，还应加强中压主干线路之间的联络，在分区之间构建负荷转移通道。

3）10kV 架空线路主干线应根据线路长度和负荷分布情况进行分段（一般不超过 5 段），并装设分段开关，重要分支线路首端亦可安装分段开关。

4）10kV 电缆线路一般可采用环网结构，环网单元通过环入环出方式接入主干网。

5）双射式、对射式可作为辐射状向单环式、双环式过渡的电网结构，适用于配电网的发展初期及过渡期。

6）应根据城乡规划和电网规划，预留目标网架的通道，以满足配电网发展的需要。

（2）主要结构。中压配电网结构主要有双环式、单环式、多分段适度联络和辐射状结构。

1）架空网网架结构。中压架空网的典型接线方式主要有辐射式、多分段单联络、多分段适度联络 3 种类型。

a. 辐射式。辐射式接线示意图如图 5-2 所示。

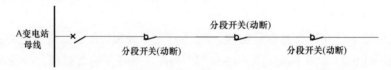

图 5-2　辐射式接线示意图

辐射式接线简单清晰、运行方便、建设投资低。当线路或设备故障、检修时，电力用户停电范围大，但主干线可分为若干（一般 2~3）段，以缩小事故和检修停电范围；当电源故障时，将导致整条线路停电，供电可靠性差，不满足 *N*-1 要求，但主干线正常运行时的负载率可达到 100%。有条件或必要时，可发展过渡为同站单联络或异站单联络。

辐射式接线一般仅适用于负荷密度较低、电力用户负荷重要性一般、变电站布点稀疏的地区。

b. 多分段单联络。多分段单联络是通过一个联络开关，将来自不同变电站（开关站）的中压母线或相同变电站（开关站）不同中压母线的两条馈线连接起来。一般分为本变电站单联络和变电站间单联络两种，多分段单联络接线示意图如图 5-3 所示。

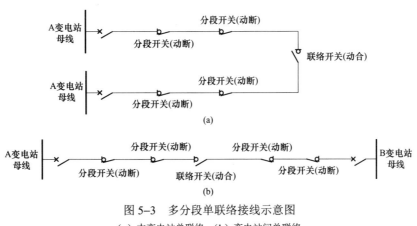

图 5-3　多分段单联络接线示意图
（a）本变电站单联络；（b）变电站间单联络

多分段单联络结构中任何一个区段故障，闭合联络开关，将负荷转供到相邻馈线完成转供。该接线形式满足 $N-1$ 要求，主干线正常运行时的负载率仅为 50%。

多分段单联络结构的最大优点是可靠性比辐射式接线模式高，接线简单、运行比较灵活。线路故障或电源故障时，在线路负荷允许的条件下，通过切换操作可以使非故障段恢复供电，线路的备用容量为 50%。但由于考虑了线路的备用容量，线路投资将比辐射式接线有所增加。

c. 多分段适度联络。采用环网接线开环运行方式，分段与联络数量应根据电力用户数量、负荷密度、负荷性质、线路长度和环境等因素确定，确定线路分段及联络数量，线路装接总量宜控制在 12000kVA 以内。

三分段两联络结构是通过两个联络开关，将变电站的一条馈线与来自不同变电站（开关站）或相同变电站不同母线的其他两条馈线连接起来，三分段两联络接线示意图如图 5-4 所示。

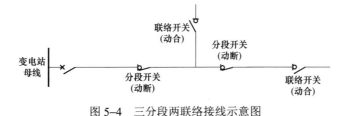

图 5-4　三分段两联络接线示意图

在满足 $N-1$ 的前提下，主干线正常运行时的负载率可达到 67%。该接线结构相比于单联络最大的优势是可以有效提高线路的负载率，降低不必要的备用容量。

三分段三联络是通过三个联络开关，将变电站的一条馈线与来自不同变电站或相同变电站不同母线的其他三条馈线连接起来。任何一个区段故障，均可通过联络开关将非故障段负荷转供到相邻线路，三分段三联络接线示意图如图 5-5 所示。

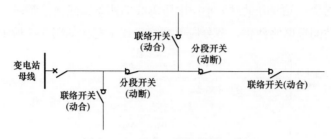

图 5-5　三分段三联络接线示意图

在满足 N-1 的前提下，主干线正常运行时的负载率可达到 75%。该接线结构适用于负荷密度较大、可靠性要求较高的区域。

2）电缆网网架结构。中压电缆网的典型接线方式主要有单射式、双射式、对射式、单环式、双环式、N 供一备 6 种。

a. 单射式。单射式是自一个变电站或一个开关站的一条中压母线引出一回线路，形成单射式接线方式。该接线方式不满足 N-1 要求，但主干线正常运行时的负载率可达到 100%。考虑到用户自然增长的增容需求，负载率一般控制在 80%。单射式接线示意图如图 5-6 所示。

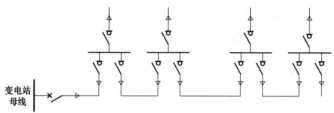

图 5-6　单射式接线示意图

单射式是电网建设初期的一种过渡结构，可过渡到单环网、双环网或 N 供一备等接线方式，单射式电缆网的末端应临时接入其他电源，甚至是附近的架空网，避免电缆故障造成停电时间过长。

b. 双射式。双射式接线是自一个变电站或一个开关站的不同中压母线引出双回线路，形成双射接线方式；或一个变电站和一个开关站的任一段母线引出双回线路，公共配电室和电力用户则均为两路电源，形成双射式接线，示意图如图 5-7 所示。

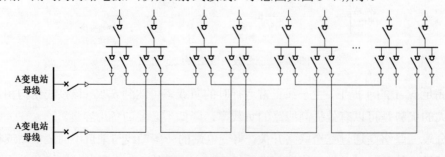

图 5-7　双射式接线示意图

双射式接线一般为双环式或 N 供一备接线方式的过渡方式。由于对电力用户采用双回路供电，一条电缆本体故障时，用户配电变压器可自动切换到另一条电缆上，因此电力用户能够满足 N–1 要求，但要求主干线正常运行时最大负载率不能大于 50%。双射式适用于对供电可靠性要求较高的普通电力用户，一般采用同一变电站不同母线引出双回电源。

c. 对射式。对射式接线是自不同方向的两个变电站（或两个开关站）的中压母线馈出单回线路组成对射式接线，公共配电室和电力用户均为两路电源，双侧电源对射式接线示意图如图 5–8 所示。

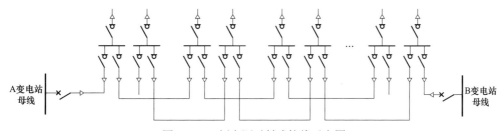

图 5–8　双侧电源对射式接线示意图

对射式接线与双射式接线相类似，为双环式或 N 供一备接线方式的过渡方式。由于对电力用户采用双回路供电，一条电缆故障时，电力用户配电变压器可自动切换到另一条电缆上，因此电力用户能够满足 N–1 要求，但要求主干线正常运行时最大负载率不能大于 50%。对射式接线除能够满足电力用户 N–1 的要求外，还能抵御变电站故障全停造成的风险。

d. 单环式。单环式是自两个变电站的中压母线（或一个变电站的不同中压母线）或两个开关站的中压母线（或一个开关站的不同中压母线）或同一供电区域一个变电站和一个开关站的中压母线馈出单回线路构成单环网，开环运行，为公共配电室和电力用户提供一路电源，单环式（双侧电源）接线示意图如图 5–9 所示。

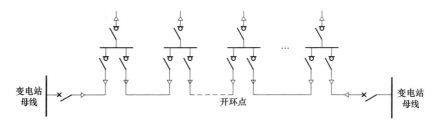

图 5–9　单环式（双侧电源）接线示意图

单环式的环网节点一般为环网单元或开关站，与架空单联络相比它具有明显的优势，由于各个环网点都有两个负荷开关（或断路器），可以隔离任意一段线路的故障，客户的停电时间大为缩短。同时，任何一个区段故障闭合联络开关，将负荷转供到相邻馈线完成转供。在这种接线模式中，线路的备用容量为 50%。一般采用异站单环接线方式，不具备条件时采用同站不同母线单环接线方式。单环式接线主要适用于城市区域，对环网点处的环网开关考虑预留，随着电网的发展，通过在不同的环之间建立联络，就可以发展为更为复杂的接线模式（如双环式）。

通常，电缆网的故障概率非常低，修复时间却很长（通常在6h以上）。单环网可以在无需修复故障点的情况下，通过短时（人工操作的时间一般在30min，配电自动化时间一般在5min）的倒闸操作，实现对非故障区间负荷恢复供电。以不同变电站为电源的单环网能抵御变电站故障全停造成的风险。

e. 双环式。双环式是自两个变电站（开关站）的不同段母线各引出一回线路或同一变电站的不同段母线各引出线路，构成双环式接线方式，双环式可以为公共配电室和电力用户提供两路电源。如果环网单元采用双母线不设分段开关的模式，双环网本质上是两个独立的单环网，双侧电源双环式接线示意图如图5-10所示。

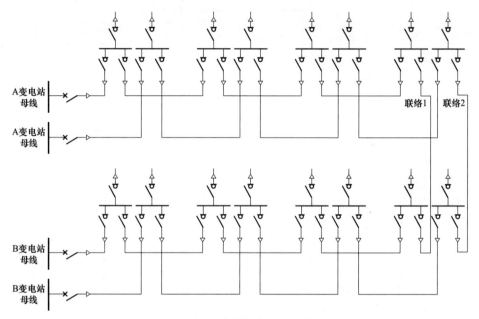

图 5-10　双侧电源双环式接线示意图

采用双环式结构的电网中可以串接多个开关站，形成类似于架空线路的分段联络接线模式，这种接线当其中一条线路故障时，整条线路可以划分为若干部分被其余线路转供，供电可靠性较高，运行较为灵活。双环式可以使客户同时得到两个方向的电源，满足从上一级10kV线路到客户侧10kV配电变压器的整个网络的N-1要求，主干线正常运行时的负载率为50%。双环式接线适用于城市核心区、繁华地区，为重要电力用户供电以及负荷密度较高、可靠性要求较高的区域。

双环式结构具备了对射网、单环网的优点，供电可靠性水平较高，且能够抵御变电站故障全停造成的风险。双环网所带负荷与对射网、单环网基本相同，但电缆长度有所增加，投资相对较大。对于A+、A类区域这类重要负荷密集区，宜选择双环式结构。

f. N供一备。N供一备是指N条电缆线路连成电缆环网运行，另外1条线路作为公共备用线。非备用线路可满载运行，若有某1条运行线路出现故障，则可以通过切换将备用线路投入运行，N供一备接线示意图如图5-11所示。

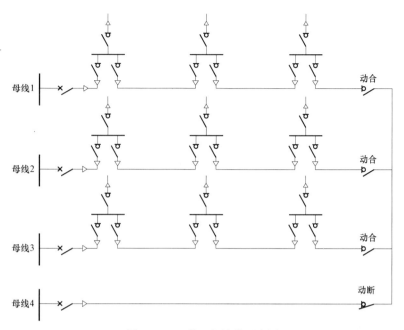

图 5-11　N 供一备接线示意图

N 供一备结构线路的利用率为 $\dfrac{N}{N+1}$，随着供电线路条数 N 值的不同，电网的运行灵活性、可靠性和线路的平均负载率均有所不同。虽然 N 越大，负载率越高，但是运行操作复杂，当 N 大于 4 时，接线结构比较复杂，操作繁琐，同时联络线的长度较长，投资较大，线路负载率提高的优势也不再明显。N 供一备接线方式适用于负荷密度较高、较大容量电力用户集中、可靠性要求较高的区域，建设备用线路亦可作为完善现状网架的改造措施，用来缓解运行线路重载，以及增加不同方向的电源。

（3）评估指标。评价中压配电网网络结构的主要指标包括中压配电线路平均供电半径、中压架空配电线路平均分段数、中压配电线路联络率。

$$中压配电线路平均供电半径 = \frac{\sum 中压公用配电线路供电半径}{中压公用配电线路总条数} \qquad (5-10)$$

式中　中压公用配电线路供电半径——从变电站中压出线到其供电的最远负荷点之间的线路长度。

$$中压架空配电线路平均分段数 = \frac{中压公用架空线路总分段数}{中压公用架空线路总条数} \qquad (5-11)$$

式中　中压公用架空线路包括架空线长度超过 50% 的混合线路。

$$中压配电线路联络率 = \frac{存在联络的中压公用线路条数}{中压公用配电线路总条数} \times 100\% \qquad (5-12)$$

为了进一步反映中压线路的供电安全性，通过中压配电线路站间联络率反映中压配电网在结构上对上级电网的支撑能力；通过中压配电线路 $N-1$ 通过率反映在供电的任意一个断面，针对一组预想故障，电网能够保持对负荷正常持续供电的能力。

$$中压配电线路站间联络率 = \frac{存在站间联络的中压公用线路条数}{中压公用配电线路总条数} \times 100\% \qquad (5-13)$$

$$中压配电线路N-1通过率 = \frac{满足N-1公用线路条数}{公用线路总条数} \times 100\% \qquad (5-14)$$

式中　满足 $N-1$ 公用线路条数——任一线路停运时，其所带负荷（故障段负荷除外）均能够被相邻联络线路转供的线路条数总和，为检验线路转供能力和简化计算，可只计算 10kV 线路变电站出口断路器后第一段故障情况。

（4）小结。当中压配电网的上级电源发生变电站全停或同路径双电源同时故障时，中压电网结构的抵御能力如下：

1）单电源网络无法抵御变电站全停故障；

2）10kV 架空网为多分段单联络时，联络开关的另一电源与该架空网电源来自同一变电站时，变电站全停后无法恢复供电。联络开关的另一电源与该架空网电源来自不同变电站时，变电站全停后通过闭合联络开关恢复供电。后者的风险明显小于前者。

3）10kV 架空网为多分段适度联络时，联络开关的其他电源与该架空网电源来自同一变电站时，变电站全停后无法恢复供电。

4）10kV 电缆双射网变电站全停后无法恢复供电。由于双射网的电缆绝大多数为同路径敷设，路径故障发生时，故障点前的负荷可以在隔离故障点后恢复供电，故障点后的负荷无法恢复供电。但对射网在变电站全停及路径故障后，全部负荷均可在隔离故障点后恢复供电。

5）10kV 双环网抗风险能力高于单环网和 N 供一备结构，双射网和对射式的抗风险能力相比较弱。

通常，同一地区同类供电区域的电网结构应尽量统一，各类供电区域 10kV 配电网目标电网结构推荐表如表 5-4 所示。

表 5-4　10kV 配电网目标电网结构推荐表

供电区域类型	推荐电网结构
A+、A 类	电缆网：双环式、单环式
	架空网：多分段适度联络
B 类	架空网：多分段适度联络
	电缆网：单环式
C 类	架空网：多分段适度联络
	电缆网：单环式
D 类	架空网：多分段适度联络、辐射式
E 类	架空网：辐射式

5.3.2 目标网架过渡

中压配电网应根据地方经济发展对供电能力和供电可靠性的要求，通过电网建设和改造，逐步过渡到目标网架，过渡方案如下：

（1）架空网结构发展过渡。对于辐射式接线，在过渡期可采用首端联络以提高供电可靠性，条件具备时可过渡为变电站站内或变电站站间多分段适度联络。变电站站内单联络指由来自同一变电站的不同母线的两条线路末端联络，一般适用于电网建设初期，对供电可靠性有一定要求的区域。具备条件时，可过渡为来自不同变电站的线路末端联络，在技术上可行且改造费用低。

（2）电缆网结构发展过渡。

1）单射式。单射式在过渡期间可与架空线联络，以提高其供电可靠性，随着网络逐步加强，该接线方式需逐步演变为单环式接线，在技术上可行且改造费用低。大规模公用网，尤其是架空网逐步向电缆网过渡的区域，可以在规划中预先设计好接线模式及线路走廊。在实施中，先形成单环网，注意尽量保证线路上的负荷能够分布均匀，并在适当环网点处预留联络间隔。随负荷水平的不断提高，再按照规划逐步形成双环网，满足供电要求。

2）双射式。双射式在过渡期要做好防外力的措施，以提高其供电可靠性，有条件时可发展为对射式、双环式或 N 供一备，在技术上可行且改造费用较低。

10kV 架空及电缆电网结构过渡方式如图 5-12 所示。

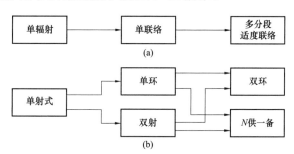

图 5-12　10kV 架空及电缆电网结构过渡方式示意图
（a）10kV 架空网结构过渡；（b）10kV 电缆网结构过渡

5.3.3 供电安全标准

根据 DL/T 256《城市电网供电安全标准》，中压配电线路的供电安全标准属于二级标准，对应的组负荷范围在 2～12MW，其供电安全水平要求如下：

（1）对于停电范围在 2～12MW 的组负荷，其中不小于组负荷减 2MW 的负荷应在 3h 内恢复供电；余下的负荷允许故障修复后恢复供电，恢复供电的时间与故障修复时间相同。

（2）该级停电故障主要涉及中压线路故障，停电范围仅限于故障线路上的负荷，而该中压线路的非故障段应在 3h 内恢复供电，故障段所带负荷应小于 2MW，可在故障修复后恢复供电。

（3）A+类供电区域的故障线路的非故障段应在 5min 内恢复供电，A 类供电区域的故障线路的非故障段应在 15min 内恢复供电，B、C 类供电区域的故障线路的非故障段应在 3h 内恢复供电。

（4）该级标准要求中压线路应合理分段，每段上的负荷不宜超过 2MW，且线路之间应建立适当的联络。

提升中压配电网供电安全水平，可采用线路合理分段、适度联络，以及配电自动化、不间断电源、备用电源、不停电作业等技术手段。

5.4 电 力 线 路

5.4.1 导线选择原则

（1）10kV 配电网主干线截面宜综合饱和负荷状况、线路全寿命周期一次选定。

（2）在市区、城镇、林区、人群密集区域、线路走廊狭窄等地区，如架设常规裸导线与建筑物间的距离不能满足安全要求，宜采用架空绝缘线路。

（3）导线截面选择应系列化，同一规划区的主干线导线截面不宜超过 3 种。

5.4.2 上下级协调原则

配电系统各级容量应保持协调一致，上一级主变压器容量与 10kV 出线间隔及线路导线截面应相互配合。一般可参考表 5-5。

表 5-5　　　主变压器容量与 10kV 出线间隔及线路导线截面配合推荐表

35~110kV 主变压器容量（MVA）	10kV 出线间隔数	10kV 主干线截面（mm²）		10kV 分支线截面（mm²）	
		架空	电缆	架空	电缆
63	12 及以上	240、185	400、300	150、120	240、185
50、40	8~14	240、185、150	400、300、240	150、120、95	240、185、150
31.5	8~12	185、150	300、240	120、95	185、150
20	6~8	150、120	240、185	95、70	150、120
12.5、10、6.3	4~8	150、120、95	—	95、70、50	—
3.15、2	4~8	95、70	—	50	—

注　1. 中压架空线路通常为铝芯，沿海高盐雾地区也可采用铜绞线。A+、A、B、C 类地区的中压架空线宜采用架空绝缘线。

2. 表中推荐的电缆线路为铜芯，也可采用相同载流量的铝芯电缆。沿海或污秽严重地区，选用电缆线路时宜选用交联聚乙烯绝缘铜芯电缆，其他地区可选用交联聚乙烯绝缘铝芯电缆。

3. 对于专线用户较为集中的区域，可适当增加变电站 10kV 出线间隔数，或通过新建开关站以缓解 10kV 间隔不足问题。

5.5　中性点接地选择

5.5.1　接地方式

中压配电网的接地方式一般按照表 5-6 所示选择。

表 5-6　　　　　　　　　　中压配电网的接地方式选择

电压等级	电容电流	接地方式
10kV	单相接地故障电容电流在 10A 及以下	中性点不接地
	单相接地故障电容电流在 10~150A	中性点经消弧线圈接地
	单相接地故障电容电流达到 150A 以上	中性点经低电阻接地

10kV 电缆和架空混合型配电网，如采用中性点经低电阻接地方式，应采取以下措施：

（1）提高架空线路绝缘化程度，降低单相接地跳闸次数。

（2）完善线路分段和联络，提高负荷转供能力。

（3）降低配电网设备、设施的接地电阻，将单相接地时的跨步电压和接触电压控制在规定范围内。

5.5.2　接地参数

中压架空线的单相接地电容电流值参考式（4-8），电缆线路的单相接地电容电流参照式（4-9）。10kV 电缆线路单相接地时电容电流的单位值如表 5-7 所示。

采取消弧线圈接地的配电系统，其补偿情况可参考式（4-10）、式（4-11）。

表 5-7　　　　　　　　　　10kV 电缆线路单相接地电容电流

导线截面（mm^2）	单相 10kV 接地电容电流（A/km）
10	0.46
16	0.52
25	0.62
35	0.69
50	0.77
70	0.9
95	1.0
120	1.1
150	1.3
185	1.4

6 低压配电网规划

在我国低压配电网的电压等级采用 380/220V,低压配电网负责向 90%以上的电力用户供电。低压配电网具有电网结构简单、元件数量众多、负荷特性复杂、网络损耗较大等特点。低压配电网的优劣直接影响用户供电可靠性和线损等重要指标。

由于低压配电网规模庞大,工程数量众多,难以做到类似高中压配电网的详细规划,低压配电网规划多直接采用标准化典型设计方案,电网结构为辐射状结构,依据低压线路走向分区供电。近年来,分布式光伏、电动汽车大量接入低压配电网,对低压配电网的典型设计提出了更高的要求。国内外低压配电网结构大多为环状或辐射状结构,新加坡及大多数欧洲国家采用环状结构但开环运行;美国大部分地区采用辐射状结构,只有极少数人口稠密的大都市市中心采用网格状结构,以提高供电可靠。

本章将从供电制式、网络结构、中性点接地选择和接户线选择等方面,分析介绍低压配电网规划的一般流程和内容。

6.1 供 电 制 式

低压配电网的供电制式主要有单相两线制、三相三线制和三相四线制,具体如表 6-1 所示。

表 6-1　　　　　　　　　　　　低压配电网常用供电制式

低压配电网常用供电制式	接线方式示意图	单位长度线损	适用范围
单相两线制		$2I_M^2 \gamma / S$	一般单相负荷用电
三相三线制		$3I_M^2 \gamma / S$	三相电动机专用配电线

低压配电网常用供电制式	接线方式示意图	单位长度线损	适用范围
三相四线制		$3.5I_M^2\gamma\tau/S$	农村、城镇的一般低压配电网

6.2 网 络 结 构

6.2.1 基本原则

低压配电网网络规划应结合上级网络,满足供电能力和电能质量的要求,基本原则如下:

(1)低压配电网应实行分区供电,低压线路应有明确的供电范围。

(2)低压配电网应接线简单、操作方便、运行安全,具有一定灵活性和适应性,主干线宜一次建成。

(3)220/380V 线路供电半径应满足末端电压质量的要求。原则上 A+、A 类供电区域供电半径不宜超过 150m,B 类不宜超过 250m,C 类不宜超过 400m,D 类不宜超过 500m,E 类供电区域供电半径应根据需要通过计算确定。

(4)自变压器二次侧馈线开关至用电设备之间的低压配电级数不宜超过三级。

(5)低压线路应推广采用绝缘导线供电。导线截面选择应系列化,同一规划区内主干线导线截面不宜超过 3 种。

(6)低压线路主干线、次主干线和各分支线的末端零线应进行重复接地。三相四线制接户线在入户支架处,零线也应重复接地。

(7)低压配电网采用电缆线路的要求原则上和中压配电网相同,可采用排管、沟槽、直埋等敷设方式。穿越道路时,应采用抗压力保护管。

各类供电区域220/380V 主干线路导线截面一般可参考表 6-2。

表 6-2 线路导线截面推荐表

线路形式	供电区域类型	主干线（mm²）
电缆线路	A+、A、B、C类	≥120
架空线路	A+、A、B、C类	≥120
	D、E类	≥50

注 1. 表中推荐的架空线路为铝芯，电缆线路为铜芯。
　　2. A+、A、B、C类供电区域宜采用绝缘导线。

6.2.2　开式低压网络

开式低压网络由单侧电源采用放射式、干线式或链式供电，它的优点是投资小、接线简单、安装维护方便，但缺点是电能损耗大、电压低、供电可靠性差以及适应负荷发展较困难。

（1）放射式低压网络。由配电变压器低压侧引出多条独立线路供给各个独立的用电设备或集中负荷群的接线方式，称为放射式接线，如图6-1所示。

该接线方式具有配电线故障互不影响、供电可靠性较高、配电设备集中、检修比较方便的优点，但系统灵活性较差、导线金属耗材较多，这种接线方式适用于以下场合：

1）单台设备容量较大、负荷集中或重要的用电设备；

2）设备容量不大，并且位于配电变压器不同方向；

3）负荷配置较稳定；

4）负荷排列不整齐。

（2）干线式低压网络。

1）干线式低压配电网：该接线方式不必在变电站低压侧设置低压配电盘，而是直接从低压引出线经低压断路器和负荷开关引接，减少了电气设备的数量，如图6-2所示。配电设备及导线金属耗材消耗较少，系统灵活性好，但干线故障时影响范围大。

这种接线适用于以下场合：

a. 数量较多，而且排列整齐的用电设备；

b. 对供电可靠性要求不高的用电设备，如机械加工、铆焊、铸工和热处理等。

2）变压器—干线配电网：主干线由配电变压器引出，沿线敷设，再由主干线引出干线对用电设备供电，如图6-3所示。这种网络比一般干线式配电网所需配电设备更少，从而使变电站结构大为简化，投资大为降低。

采用这种接线时，为了提高主干线的供电可靠性，应适当减少接出的分支回路数，一般不超过10个。对于频繁启动、容量较大的冲击负荷以及对电压质量要求严格的用电设备，不宜用此方式供电。

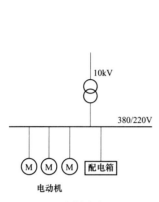

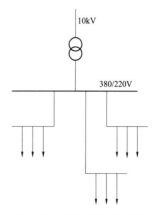

图 6-1 放射式低压配电网   图 6-2 干线式低压配电网

3）备用柴油发电机组：该接线方式以 10kV 专用架空线路为主电源，快速自启动型柴油发电机组做备用电源，如图 6-4 所示。

采用这种接线时，应注意以下问题：

a. 与外网电源间应设机械与电气联锁，不得并网运行；

b. 避免与外网电源的计费混淆；

c. 在接线上要具有一定的灵活性，以满足在正常停电（或限电）情况下能供给部分重要负荷用电。

（3）链式低压网络。链式接线的特点与干线式基本相同，适用彼此相距很近、容量较小的用电设备，链式相连的设备一般不宜超过 5 台，链式相连的配电箱不宜超过 3 台，且总容量不宜超过 10kW。供电给容量较小用电设备的插座采用链式配电时，每一条环链回路的数量可适当增加，如图 6-5 所示。

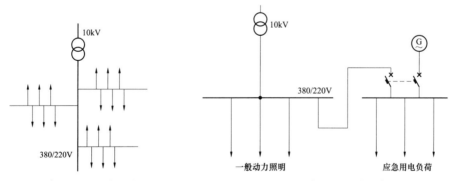

图 6-3 变压器—干线配电网   图 6-4 备用柴油发电机组

图 6-5 链式低压配电网

（a）连接配电箱；（b）连接电动机

6.2.3 闭式低压网络

低压网络主要采用开式结构，闭式结构一般不予推荐，但国外的个别地区有所应用，这里仅作介绍。闭式低压网络应用在有特殊低压供电需求的区域，包括三角形、星形、多边形及其他混合形等几种，如图 6-6 所示。

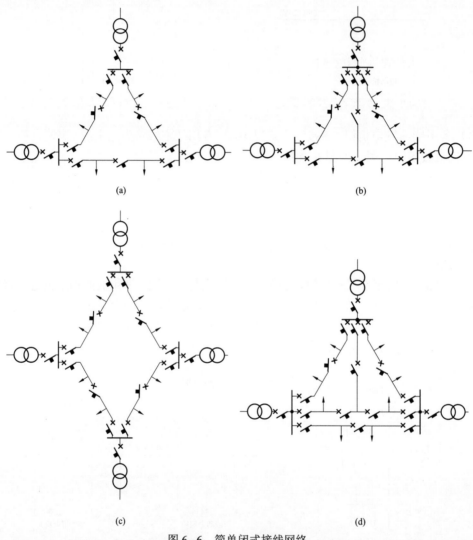

(a) (b)

(c) (d)

图 6-6 简单闭式接线网络

（a）三角形；（b）星形；（c）多边形；（d）混合形

简单闭式接线的主要特点如下：

（1）高压侧由多回路供电，电源可靠性较高；

（2）充分利用线路和变压器的容量，不必留出很大备用容量；

（3）在联络干线端和干线中部都装有熔断器。

采用简单闭式接线方式，必须具备以下条件：

（1）各对应边的阻抗应尽可能相等，以保证熔断器能选择性地断开；

（2）连在一起的变压器容量比，不宜大于 1:2；

（3）短路电压比，不宜大于 10%；

（4）如从不同的电源引出，还应注意相位和相序关系。

6.2.4　供电安全标准

根据 DL/T 256《城市电网供电安全标准》，低压线路（包括配电变压器）的供电安全标准属于 1 级标准，对应的组负荷范围小于 2MW，其供电安全水平要求如下：

（1）对于停电范围不大于 2MW 的组负荷，允许故障修复后恢复供电，恢复供电的时间与故障修复时间相同。

（2）该级停电故障主要涉及低压线路故障、配电变压器故障，或采用特殊安保设计（如分段及联络开关均采用断路器，且全线采用纵差保护等）的中压线段故障。停电范围仅限于低压线路、配电变压器故障所影响的负荷、特殊安保设计的中压线段，中压线路的其他线段不允许停电。

（3）该级标准要求单台配电变压器所带的负荷不宜超过 2MW，或采用特殊安保设计的中压分段上的负荷不宜超过 2MW。

提升低压配电网（含配电变压器）供电安全水平，可采用双配电变压器配置或移动式配电变压器的方式。

6.3　中性点接地选择

6.3.1　系统接地型式

（1）接地系统定义。低压配电网主要采用 TN、TT、IT 接地方式，其中 TN 接地方式可以分为 TN-C-S、TN-S。用户应根据具体情况，选择接地系统。

各系统接地型式表示意义如下：

1）第一字母表示电源端与地的关系，其中：

T——电源端有一点直接接地；

I——电源端所有带电部分不接地或有一点通过阻抗接地。

2）第二个字母表示电气装置的外露可导电部分与地的关系：

T——电气装置的外露可导电部分直接接地，此接地点在电气上独立于电源端的接地点；

N——电气装置的外露可导电部分与电源端接地有直接电气连接。

3）横线后的字母用来表示中性导体与保护导体的组合情况：

S——中性导体和保护导体是分开的；

C——中性导体和保护导体是合一的。

（2）TN 系统。电源端有一点直接接地（通常是中性点），电气装置的外露可导电部分通过保护中性导体或保护导体连接到此接地点。

根据中性导体（N）和保护导体（PE）的组合情况，TN 系统的型式有以下三种：

1）TN-S 系统：整个系统的 N 线和 PE 线是分开的，如图 6-7 所示。

2）TN-C 系统：整个系统的 N 线和 PE 线是合一的（PEN 线），如图 6-8 所示。

3）TN-C-S 系统：系统中一部分线路的 N 线和 PE 线是合一的，如图 6-9 所示。

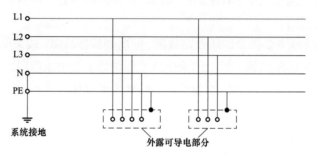

图 6-7　TN-S 系统

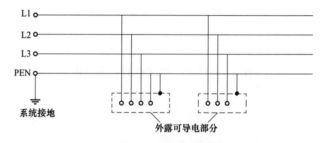

图 6-8　TN-C 系统

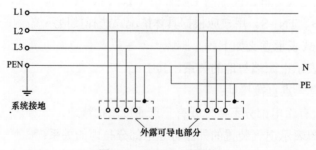

图 6-9　TN-C-S 系统

（3）TT 系统。电源端有一点直接接地，电气装置的外露可导电部分直接接地，此接地点在电气上独立于电源端的接地点，如图 6-10 所示。

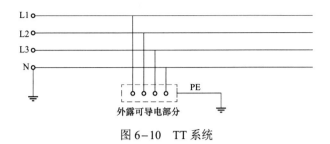

图 6-10 TT 系统

（4）IT 系统。电源端的带电部分不接地或有一点通过阻抗接地。电气装置的外露可导电部分直接接地，如图 6-11 所示。

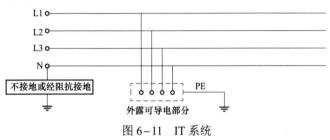

图 6-11 IT 系统

6.3.2 系统接地选用

（1）TN-C 系统的安全水平较低，对信息系统和电子设备易产生干扰，可用于有专业人员维护管理的一般性工业厂房和场所，一般不推荐使用。

（2）TN-S 系统适用于设有变电站的公共建筑、医院、有爆炸和火灾危险的厂房和场所、单相负荷比较集中的场所，数据处理设备、半导体整流设备和晶闸管设备比较集中的场所，洁净厂房，办公楼与科研楼，计算站，通信单位以及一般住宅、商店等民用建筑的电气装置。

（3）TN-C-S 系统宜用于不附设变电站的上述（2）项中所列建筑和场所的电气装置。

（4）TT 系统适用于不附设变电站的上述（2）项中所列建筑和场所的电气装置，尤其适用于无等电位连接的户外场所，例如户外照明、户外演出场地、户外集贸市场等场所的电气装置。

（5）IT 系统适用于不间断供电要求高和对接地故障电压有严格限制的场所，如应急电源装置、消防设备、矿井下电气装置、胸腔手术室以及有防火防爆要求的场所。

（6）由同一变压器、发电机供电的范围内 TN 系统和 TT 系统不能和 IT 系统兼容。分散的建筑物可分别采用 TN 系统和 TT 系统。同一建筑物内宜采用 TN 系统或 TT 系统中的一种。

6.4 接 户 线 选 择

根据 GB/T 2900.50《电工术语 发电、输电及配电通用术语》的规定，接户线是指从配电系统到用户装置的分支线路。一般而言，配电系统为 380V 架空线路或电缆分支箱，用户装置为用户电表。

接户线应符合国家、行业系统的各项相关规定，安全、经济、合理，因地制宜、规范布线。

接户线规划设计应满足以下原则：

（1）接户线的相线、中性线或保护线应从同一电杆引下，档距不应大于 25m，超过 25m 时应加装接户杆。

（2）每套住宅用电负荷不超过 12kW 时，应采用单相电源进户，每套住宅应至少配置一块单相电能表。

（3）每套住宅用电负荷超过 12kW 时，宜采用三相电源进户，电能表应按相序计量。

（4）当住宅套内有三相用电设备时，三相用电设备应配置三相电能表计量。

（5）套内单相用电设备应按（2）和（3）规定进行电能计量。

（6）三相负荷应分配均衡。

（7）接户线应采用绝缘线或电缆，进户后应加装断路器和漏电保护器。

（8）在多雷区，为防止雷电过电压沿接户线引入屋内，造成人身事故，应将接户线绝缘子铁脚接地。

7 配电网无功规划

配电网无功规划是在负荷预测和网架规划的基础上，确定分电压等级、分区域的无功补偿装置，其结果直接影响未来配电网的电压质量和经济性。合理有效的无功补偿，不仅能提高系统的电压合格率，保证供电质量，而且能降低网络的有功损耗，充分发挥配电网的经济效益。

我国通过电力系统无功功率优化与电压调整的多年理论研究和实践，已逐步形成无功规划的普遍方法、基本原则，并形成了变电站和配电站典型无功配置方案。无功补偿装置按就地平衡和便于调整电压的原则进行配置，可采用变电站集中补偿和分散就地补偿相结合，电网补偿与用户补偿相结合，高压补偿与低压补偿相结合等方式。接近用电端的分散补偿装置主要用于控制功率因数，降低线路损耗；集中安装在变电站内的无功补偿装置主要用于控制电压水平。分布式电源接入电网后，原则上不从电网吸收无功，否则需配置合理的无功补偿装置。对于电缆化率较高的地区，必要时应考虑配置适当容量的感性无功补偿装置，特别是 110kV 长距离电缆进线供电的地区，需要注意夜间用电负荷低谷时无功倒送上级电网问题。

本章从无功负荷与电源、无功平衡、无功补偿等方面，分析介绍配电网无功规划的一般流程和内容。

7.1 无功负荷与电源

7.1.1 无功负荷类型

配电网的无功负荷主要包括：

（1）系统用户无功负荷：主要是异步电动机无功负荷。异步电动机吸收的无功功率与负荷大小有关，一般满载时功率因数为 0.7～0.9，轻载运行时功率因数将降低。

（2）变压器和线路的无功损耗：变压器的无功损耗包括励磁损耗和漏抗的无功损耗，其中励磁损耗与电压的平方成正比，漏抗的无功损耗与通过变压器电流的平方成正比；线路中电抗所消耗的无功功率与线路电流平方成正比。

（3）并联电抗器消耗的无功功率：感性无功补偿设备所吸收的无功功率主要为并联电

抗器所吸收的无功功率，它与电压的平方成正比。

（4）同步发电机、同步调相机、同步电动机欠励磁状态下运行时，也吸收无功功率，在电力系统中相当于无功负荷。

7.1.2 无功负荷估算

无功负荷估算一般采用趋势法，即按过去几年的实际资料分析，推算和延伸求得未来的无功负荷。

（1）按无功功率估算。通过对无功功率的变化进行分析，这种方法可以依据各行业用户的自然功率因数或各个变电站高低压侧母线的自然功率因数，通过网络计算后求得（自然功率因数是指用电设备未采用无功补偿措施之前的功率因数）。当电力用户自然功率因数达不到规定的标准时，需进行补偿。根据自然无功功率因数以及系统对其功率因数的要求进行无功负荷统计。

（2）按无功功率与有功功率之比估算。根据电网实际运行资料，计算最大无功负荷与最大有功负荷的比值，称为最大自然无功负荷系数，用 K 表示为

$$K = \frac{Q_G + Q_R + Q_C + Q_L}{P_G + P_R} \tag{7-1}$$

式中　P_G——发电机的有功功率，MW；

　　　Q_G——发电机的无功功率，Mvar；

　　　P_R——邻网输入（输出）的有功功率，MW；

　　　Q_R——邻网输入（输出）的无功功率，Mvar；

　　　Q_C——实际投运的无功补偿设备总功率，Mvar；

　　　Q_L——线路充电功率，Mvar。

计算最大自然无功负荷时，应按全年不同季节及运行方式下，最大无功负荷所对应的自然无功负荷系数 K 值的平均值确定。该方法较按无功功率估算得出结果接近实际，计算简单。220kV 及以下电网的最大自然无功负荷系数见表 7-1。

表 7-1　　　　　　　　220kV 及以下电网的最大自然无功负荷系数

K（Mvar/MW）电压序列（kV）\电压等级（kV）	220	110	66	35	10
220/110/35/10	1.25～1.4	1.1～1.25		1.0～1.15	0.9～1.05
220/110/10	1.15～1.3	1.0～1.15			0.9～1.05
220/66/10	1.15～1.3		1.0～1.15		0.9～1.05

注　本网中发电机有功功率比重较大时，宜取较高值；主网和邻网输入有功功率比重较大时，宜取较低值。

7.1.3 无功电源类型

系统无功电源有同步发电机、静止无功补偿装置、可投切并联电容器、高压配电网线

路和静止无功发生器等。

（1）同步发电机。同步发电机不仅是系统的有功电源，而且是系统主要的无功电源。发电机提供无功功率受几个方面的限制，包括功角稳定、转子电流过负荷和定子电流过负荷。

（2）静止无功补偿装置（Static Var Compensator，SVC）。静止无功补偿装置是一种广泛使用的无功电源和电压调节设备。由于 SVC 的响应速度快，安装维护简单，运行损耗小，所以在国内外已得到越来越广泛的使用。

（3）可投切并联电容器。可投切并联电容器只能向系统提供无功功率，所提供的无功功率 Q_C 和其端电压 U 的平方成正比，即

$$Q_C = U^2 / X_C \tag{7-2}$$

式中　X_C——电容器容抗，$X_C = 1/\omega C$。

（4）高压配电网线路的充电功率。运行中的高压配电网线路是无功电源，它产生的无功功率大小 Q_L 与运行电压的平方成正比，即

$$Q_L = U^2 B_L \tag{7-3}$$

式中　B_L——线路电纳，S。

（5）静止无功发生器（Static Var Generator，SVG）。随着电力电子技术的迅速发展，大功率可关断晶闸管器件构成的静止无功发生器已开始进入商业应用阶段，它和常规 SVC 相比具有一系列优点，但造价相对较高。优点如下：

1）SVG 是有源结构，当电压降低时，SVG 仍然可以产生较大电容性电流而与电压无关。

2）SVG 有较大的过负荷能力。

3）SVG 可控性能好，其电压幅值和相位可快速调节，不仅可以得到较好的静态稳定性能，而且可以得到较好的故障下的暂态性能。

7.2　无 功 平 衡

7.2.1　无功平衡原则

（1）正常运行方式下的分层分区、就地平衡。

（2）在事故方式下，具有无功备用和快速调节能力。

（3）补偿方案应考虑保持系统稳定、减少无功损耗、无功经济分布等因素，进行多方案的技术经济比较后确定。

7.2.2　无功平衡计算

（1）无功平衡方式。无功平衡就是系统所有无功电源发出的无功功率与系统的无功负

荷相平衡。同时，为了保证电网安全可靠运行应有一定的无功备用，用下式表示

$$Q_{by} = \sum Q_1 - \sum Q_2 \tag{7-4}$$

式中　　Q_{by}——无功备用，Mvar；

　　$\sum Q_1$——所有无功电源之和，Mvar；

　　$\sum Q_2$——所有无功负荷及损耗之和，Mvar。

　　对于最大负荷方式和最小负荷方式的无功平衡，应按下式分别计算。

　　1）最大负荷方式

$$S_C = \sum Q_{2max} - \sum Q_{1max} + Q_{by} \tag{7-5}$$

　　2）最小负荷方式

$$S_{HR} = \sum Q_{1min} - \sum Q_{2min} + Q_{by} \tag{7-6}$$

式中　　S_C——电容器必要的设置容量，Mvar；

　　S_{HR}——电抗器必要的设置容量，Mvar；

　　$\sum Q_{1max}$——最大负荷方式下所有无功电源之和，Mvar；

　　$\sum Q_{2max}$——最大负荷方式下所有无功负荷及损耗之和，Mvar；

　　$\sum Q_{1min}$——最小负荷方式下所有无功电源之和，Mvar；

　　$\sum Q_{2min}$——最小负荷方式下所有无功负荷及损耗之和，Mvar。

　　（2）计算过程。计算无功平衡时，应考虑新增加的无功电源和原有无功电源及无功负荷的季节性变化。电力系统无功平衡计算见表 7-2。

表 7-2　　　　　　　　　　配电网供电分区内无功平衡表

项　目	××年	××年	××年	××年	××年
系统最大有功负荷 P_{max}（MW）					
系统最大无功负荷 Q_{max}（Mvar）					
需配置无功总容量（Mvar）					
除补偿设备外的系统无功电源（Mvar）					
（1）发电机无功出力 Q_G（Mvar）					
（2）110（66）kV 及以下线路充电功率 Q_L（Mvar）					
（3）从上一级电网输入的无功功率 Q_R（Mvar）					
需补偿无功容量 Q_C（Mvar）					
现有补偿无功容量（Mvar）					
需新增补偿容量（Mvar）					

注　配电网供电分区指以 220（330）kV 变电站为电源点形成的 110（66）kV 电网的供电区域；无功损耗计入无功负荷中。

　　表 7-2 中 Q_{max} 为电网最大自然无功负荷，按下式计算

$$Q_{max} = KP_{max} \tag{7-7}$$

式中　　$P_{\max}$——电网最大有功负荷，MW；

　　　　K——电网自然无功负荷系数，参见表 7-1。

　　Q_C 为容性无功补偿设备总容量，按下式计算

$$Q_C = 1.15Q_{\max} - Q_G - Q_R - Q_L \qquad (7-8)$$

式中　　Q_G——本网发电机的无功功率，Mvar；

　　　　Q_R——主网和邻网输入的无功功率，Mvar；

　　　　Q_L——线路和电缆的充电功率，Mvar。

　　无功补偿按最大无功负荷的 15% 考虑备用。

　　（3）无功补偿水平。电网的无功补偿水平用无功补偿度表示，可按下式计算

$$W_B = Q_C / P_{\max} \qquad (7-9)$$

式中　　W_B——无功补偿度，Mvar/MW；

　　　　Q_C——容性无功补偿设备容量，Mvar；

　　　　$P_{\max}$——最大有功负荷（或装机容量），MW。

　　无功平衡时，应考虑负荷增长及电网运行方式变化，保留一定的裕度。

7.3　无　功　补　偿

7.3.1　基本原则

无功补偿配置应遵循以下基本原则：

（1）无功补偿装置应按就地平衡和便于调整电压的原则进行配置，可采用变电站集中补偿和分散就地补偿相结合，电网补偿与用户补偿相结合，高压补偿与低压补偿相结合等方式。

（2）应从系统角度考虑无功补偿装置的优化配置，以利于全网无功补偿装置的优化投切。

（3）变电站无功补偿配置应与变压器分接头的选择相配合，以保证电压质量和系统无功平衡。

（4）对于线路充电功率较高的地区，必要时应考虑配置适当容量的感性无功补偿装置。

（5）大用户应按照电力系统有关电力用户功率因数的要求配置无功补偿装置，并不得向系统倒送无功。

（6）在配置无功补偿装置时应考虑谐波治理措施。

（7）分布式电源接入电网后，原则上不应从电网吸收无功，否则需配置合理的无功补偿装置。

7.3.2 无功补偿容量配置

无功补偿装置的配置应与电网结构、网络参数、地区无功功率缺额和电力用户对电压的要求相匹配，并根据系统不同运行方式下的调压计算、谐波计算等结果，进行技术经济分析后，综合确定。

（1）35～110kV 变电站的无功补偿。

1）35～110kV 变电站的容性无功补偿装置以补偿变压器无功损耗为主，并适当兼顾负荷侧的无功补偿。容性无功补偿装置的容量按照主变压器容量的 10%～30%配置，并满足 35～110kV 主变压器最大负荷时，其高压侧功率因数不低于 0.95；最小负荷时，高压侧功率因数不高于 0.95，不低于 0.92；低压侧功率因数应大于 0.9。

2）110kV 变电站的单台主变压器容量为 40MVA 及以上时，每台主变压器应配置不少于两组的容性无功补偿装置。

3）在满足最大单组无功补偿装置投切引起所在母线电压变化不宜超过电压额定值的 2.5%的条件下，110kV 变电站无功补偿装置的单组容量不宜大于 6Mvar。

4）新建 110kV 变电站时，应根据电缆进、出线情况配置适当的感性无功补偿装置。

5）35/0.38kV 配电室：无功补偿容量宜按直配变压器容量的 10%～30%配置，特殊地区可根据需求差异化配置，优先选择自动无功补偿装置。

（2）10kV 及以下变电站的无功补偿。

1）10kV 配电室：应配置无功补偿电容器柜。

a. 无功补偿电容器柜应采用无功自动补偿方式。

b. 配电室内电容器组的容量为配电变压器容量的 20%～40%。

c. 无功补偿电容器可按三相、单相混合补偿配置。

d. 低压电力电容器采用智能自愈式干式电容器，要求免维护、无污染、环保。

2）10kV 箱式变电站：无功补偿容量按照主变压器容量的 10%～30%进行配置，按无功需量自动投切。

3）10kV 柱上变压器：无功补偿不配置或按以下原则配置：200～400kVA 变压器无功补偿按 120kvar 容量配置、200kVA 以下变压器无功补偿按 60kvar 容量配置，实现无功需量自动投切，按需配置配电智能终端。

4）10kV 架空线路无功补偿。

a. 在供电距离远、功率因数低的 10kV 架空线路上可适当安装并联补偿电容器，其容量（包括电力用户）一般按线路上配电变压器总容量的 7%～10%配置，但不应在低谷负荷时向系统倒送无功。

b. 10kV 柱上无功补偿成套装置宜采用自动投切装置，选取其容量为 50kvar、150kvar、300kvar 或 450kvar。

c. 长线路末端接有大负荷及无功功率不足的中压架空线路可增设串联补偿，因每条线路的负荷不是平均的，安装容量及位置应经计算确定。

d. 无功补偿成套装置应安装于能得到最大损耗降低、提供最大的电压改善，并且尽可能靠近负荷之处。常用经验安装位置参照 JB/T 10558《柱上式高压无功补偿装置》要求。

（3）电力用户的无功补偿。

1）100kVA 及以上高压供电的电力用户，在用户高峰负荷时变压器高压侧功率因数不宜低于 0.95；

2）其他电力用户和大中型电力排灌站，功率因数不低于 0.9；

3）农业用电功率因数不宜低于 0.85。

7.3.3　无功补偿设备选型

无功补偿设备选型应考虑经济性和实用性，兼顾无功负荷的变化频率、变化幅值和速率、电压畸变率、电流畸变率等因素，具体要求如下：

（1）若电网无功负荷变化幅度在 0.5～1.0 标幺值，由最小值变化到最大值时间在 1s 以上，变化频率为每天数次，一般可选并联电容器补偿。

（2）若电网无功负荷变化幅度在 0～1.0 标幺值，甚至无功负荷的容性和感性之间发生变化，且由最小值变化到最大值时间小于 1s，变化的频率为每小时数十次，则须选用静止补偿器或无功发生器。

（3）若母线谐波电压畸变率大于允许极限值，一般选用静止补偿器、无功发生器或交流滤波装置。设置交流滤波装置后，不宜使母线上谐波电压畸变率超过允许极限值的 70%，以便为电力用户可能再注入的谐波电流留有余地。

8 二次系统规划

配电网二次系统是配电网不可缺少的重要组成部分，是配电网智能化技术应用的主要载体。配电网二次系统规划应与配电网一次系统规划相适应，以确保一次系统和二次系统协调发展，有效保障配电网安全、可靠、经济运行。

配电网二次系统由继电保护及自动装置、配电自动化系统、配电网通信系统、用电信息采集系统等部分构成，可以实现对配电网的监视、控制和管理。在配电网规划中，要统筹考虑二次系统的整体设计方案，确保继电保护及自动装置、配电自动化系统、配电网通信系统、用电信息采集系统之间有序衔接、相互配合和信息共享。在二次系统规划时要积极探索应用新技术，条件具备时，可以逐步推广应用云计算、大数据、物联网和移动通信等新技术，以提升配电网智能化水平，通过智能化手段充分挖掘配电网在资源优化配置、电能合理使用、节能降耗和提高能效等方面的潜力，满足分布式电源、电动汽车和储能等多元化负荷快速发展需要。欧美国家在配电网的二次系统发展中非常注重智能用电信息采集系统建设，根据系统获取的用户用能信息，进而改善供电服务质量，提高电网运营效率，达到节能减排的目的。

本章分别介绍了配电网继电保护及自动装置、配电自动化系统、配电网通信系统和用电信息采集系统的规划原则、实施要求和建设模式，以有效指导二次系统规划。

8.1 继电保护及自动装置

继电保护是针对电力系统故障或危及安全运行的异常工况，所采取的反事故自动化措施。当系统中发生故障或安全运行工况异常的事件时，继电保护及自动装置能够及时发出警告信号，或直接控制断路器发出跳闸命令，进而终止事件的进一步发展。

8.1.1 基本原则

（1）配电网应按 GB/T 14285《继电保护和安全自动装置技术规程》的要求配置继电保护和自动装置。

（2）配电网主要元件（线路、变压器、母线）均应在配备的保护装置的保护范围之内，相邻元件各保护之间应满足配合关系，按照远后备方式配置，10kV 及以上配电网的继电保护装置宜采用微机型保护装置。

（3）保护配置的整体性能应尽量同时满足"可靠性、选择性、灵敏性、速动性"的要求，同时兼顾系统稳定和投资的经济性。

（4）配电网设备应装设短路故障和异常运行保护装置。设备短路故障的保护应有主保护和后备保护，必要时可再增设辅助保护。

（5）10kV 配电网应采用过流、速断保护；低电阻接地系统中的线路应增设零序电流保护；非直接接地系统的保护装置宜采用三相保护模式。合环运行的配电线路应增设相应保护装置，确保能够快速切除故障。

（6）接入配电网的各类电源，应分别按照接入电压等级和接入方式（专线接入、T 接方式），综合考虑可靠性、选择性、灵敏性和速动性要求，合理确定保护方式。

（7）保护信息的传输通道，应结合网络情况、保护方式及通信要求统一分析确定。对于线路电流差动保护的传输宜采用光纤通道，往返均应采用同一信号通道传输。

（8）对于分布式电源接入时，继电保护和安全自动装置配置方案应符合相关继电保护技术规程、运行规程和反事故措施的规定，电源侧方案应与电网侧协调统一。

（9）保护配置时应充分考虑系统结构、运行方式、接地方式、系统稳定性要求和分布式电源接入等因素。

8.1.2 继电保护及自动装置类型

目前应用于配电网的保护主要有电流保护、距离保护、纵联保护、母线保护等基本方式，自动装置主要有自动重合闸、自动解列装置、备用电源自动投切装置等，各自的原理、应用场合及优缺点见表 8-1。

表 8-1   配电网继电保护及自动装置的原理及应用

类别	基本原理	应用场合	优点	缺点	备注
电流保护	反应故障或过载后电流增大的保护	0.38～110kV 线路均可应用，同时可作变压器的主保护（无差动时）和后备保护	实现简单、投资少	易受系统运行方式的变化而影响其保护性能和配合关系，甚至无法应用	在双侧电源时一般需加方向元件，灵敏度不足时可加电压闭锁
距离保护	反应保护安装处与故障点的阻抗值的保护形式	主要应用于 110（66）kV 高压配电网的线路保护	不受系统运行方式变化的影响	需要采集电压信号，受过渡电阻影响较大，投资较高	针对不同类型故障需采用不同形式，如相间距离保护和接地距离保护等
纵联保护	借助通信设备将元件两端或多端电气信息联系起来判别故障的保护形式	应用于重要线路及变压器的保护	具有绝对选择性和快速动作性能	目前主要采用光纤作为通信介质，投资较高	如通信及智能化水平均较高，可以实现广域保护，来应对多电源、多运行方式的复杂情况

续表

类别	基本原理	应用场合	优点	缺点	备注
母线保护	反映母线故障的保护，一般采用电流差动形式，故障后动作于跳开整条母线	变电站 110（66）kV 母线（桥接线除外）应配置独立母线保护；35kV 及以下母线，如后备保护不满足要求，也需配置独立母线保护	选择性强、动作快速	接线复杂，维护工作量大，母线间隔扩展时需同时对其改造	双母线或单母线分段时需对母线联络开关配置相应保护及正确整定
自动重合闸	当线路出现故障，继电保护使断路器跳闸后，经短时间间隔后使断路器重新合上	应用于架空线路	提高供电的安全性和可靠性，减少停电损失，可纠正由于开关或继电保护装置造成的误跳闸	可能造成故障电流二次冲击，影响电气设备运行寿命	含分布式电源系统的线路重合闸配置应该参考双侧电源线路，在必要位置需增加线路 TV 以防止非同期合闸的方式
自动解列装置	当系统发生严重振荡、电压、频率越限等情况时，动作跳开相应的断路器，切除电源或电力用户	一般配置于发电厂送出线路电厂侧及对电能质量敏感的电力用户进线开关处	有效保障电网的安全稳定运行		对于含有分布式电源的配电网区域，分布式电源并网点也应该配置自动解列装置
备用电源自动投切装置	当工作电源因故障或其他原因消失后，迅速将备用电源投入工作，并断开工作电源	一般配置于 35kV 及以上变电站的母线及电源进线侧	保证自动化生产供电不中断和避免生产装置因失电而引起停车的严重后果	接线相对复杂，需要与上级保护定值整定相互配合	需要与自动重合闸装置动作延时配合整定

8.1.3　配电网保护配置影响因素

配电网的地域差异很大，其网架结构多样、设备类型繁杂、装备水平参差不齐、元件参数变化范围大，这些都对配电网的继电保护配置带来影响。具体包括：

（1）配电网运行方式变化可能影响继电保护。配电网一般为环网配置，开环运行，当系统发生故障，通过配电自动化系统进行故障定位、故障隔离并恢复供电后，配电网的网络结构将发生改变，可能导致某些节点的短路水平和供电电源方向发生变化，需要配置复杂的保护装置才能适应。

（2）网架密集地区保护配置困难。城市中心区线路长度短、分段数多，给保护的配置和整定都带来影响，甚至会导致某些保护的灵敏性和选择性难以满足规程规范的要求。

（3）"有源"配电网的保护配置难度大。分布式电源及多元化负荷接入配电网后，配电网由"无源"变为"有源"，一方面，分布式电源及多元化负荷发生故障后，其暂态特性较为复杂，可能导致部分继电保护不适应；另一方面，某些线路由单侧电源变为双侧电源，分布式电源在系统短路时向电网提供的短路电流可能导致部分无方向保护误动。

因此，基于上述影响分析结果，针对以下一些情况，保护配置应采取针对性措施。

（1）为分布式电源装设专用解列装置。分布式电源并网运行应装设专用的解列装置，解列装置应具备电压和频率保护，分布式电源故障时应立即与电网解列，在电网正常运行后方可重新并网。

（2）增设方向元件。配电采用环网结构，但一般开环运行，开环点可能随故障后自动化系统的动作而发生改变，相关保护将产生方向判别错误及保护定值失效，此时需考虑可能的开环方式并在必要处增设方向元件，并重新校验定值及配合关系。

（3）必要时提高配置标准。由于系统参数导致的传统保护配置方式性能下降甚至失效时，需提高保护配置标准。如 10kV 或 35kV 线路过短导致电流或距离保护性能下降而又无法延长其动作时间来满足选择性要求时，需配置纵联保护。

8.2 配电自动化系统

配电自动化是以一次网架和设备为基础，综合利用计算机技术、信息通信等技术，实现对配电网的监测与控制，并通过与相关应用系统的信息集成，实现配电系统的科学管理。配电自动化系统具备配电 SCADA、故障处理、分析应用及与相关应用系统互连等功能，主要由配电自动化系统主站、配电自动化系统子站（可选）、配电自动化终端和通信网络等部分组成。配电自动化系统宜采用主站+终端两层架构，系统构成如图 8-1 所示。

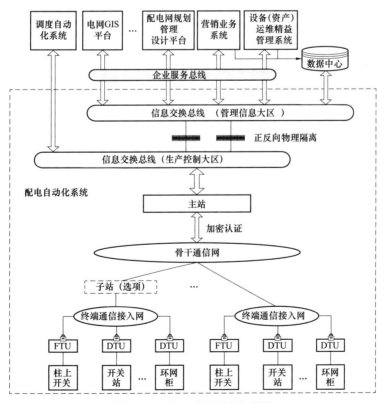

图 8-1 配电自动化系统架构图

8.2.1 基本原则

（1）经济实用。配电自动化规划设计应根据不同类型供电区域的供电可靠性需求，采取差异化技术策略，避免因配电自动化建设造成电网频繁改造，注重系统功能实用性，结合配电网发展有序投资，充分体现配电自动化建设应用的投资效益。

（2）标准设计。配电自动化规划设计应遵循配电自动化技术标准体系，配电网一、二次设备应依据接口标准设计，配电自动化系统设计的图形、模型、流程等应遵循国家、行业、企业等相关技术标准。

（3）差异区分。根据城市规模、可靠性需求、配电网目标网架等情况，合理选择不同类型供电区域的故障处理模式、主站建设规模、配电终端配置方式、通信建设模式、数据采集节点及配电终端数量。

（4）资源共享。配电自动化规划设计应遵循数据源端唯一、信息全局共享的原则，利用现有的调度自动化系统、设备（资产）运维精益管理系统、电网 GIS 平台、营销业务系统等相关系统，通过系统间的标准化信息交互，实现配电自动化系统网络接线图、电气拓扑模型和支持电网运行的静、动态数据共享。

（5）同步建设。配电网规划设计与建设改造应同步考虑配电自动化建设需求，配电终端、通信系统应与配电网实现同步规划、同步设计。对于新建电网，配电自动化规划区域内的一次设备选型应一步到位，避免因配电自动化实施带来的后续改造和更换。对于已建成电网，配电自动化规划区域内不适应配电自动化要求的，应在配电网一次网架设备规划中统筹考虑。

（6）在安全防护方面，满足国家发展和改革委员会《电力监控系统安全防护规定》，落实"安全分区、网络专用、横向隔离、纵向认证"总体要求，并对控制指令使用基于非对称密钥的单向认证加密技术进行安全防护。

8.2.2 协调性要求

（1）配电自动化建设应与配电网一次网架、设备相适应，在一次网架设备的基础上，根据供电可靠性需求合理配置配电自动化方案。

（2）配电网一次设备新建、改造时应同步考虑配电终端、通信等二次需求，配电自动化规划区域内的一次设备如柱上开关、环网柜、配电站等建设改造时应考虑自动化设备安装位置、供电电源、电操机构、测量控制回路、通信通道等，同时应考虑通风、散热、防潮、防凝露等要求。

（3）配电网建设、改造工程中涉及电缆沟道、管井建设改造及市政管道建设时应一并考虑光缆通信需求，同步建设或预留光缆敷设资源，并考虑敷设防护要求；排管敷设时应预留专用的管孔资源。

（4）对能够实现继电保护配合的分支线开关、长线路后段开关等，可配置为断路器型开关，并配置具有继电保护功能的配电终端，快速切除故障。

（5）在电力用户产权分界点可安装自动隔离用户内部故障的开关设备，视需要配置

"二遥"或"三遥"终端。

（6）配电自动化主站应与一次、二次系统同步规划与设计，考虑未来5～15年的发展需求，确定主站建设规模和功能。

（7）电流互感器的配置应满足数据监测、继电保护和故障信息采集的需要。电压互感器的配置应满足数据监测和开关电动操动机构、配电终端及通信设备供电电源的需要，并满足停电时故障隔离遥控操作的不间断供电要求。户外环境温度对蓄电池使用寿命影响较大的地区，或停电后无需遥控操作的场合，可选用超级电容器等储能方式。

（8）配电自动化系统与PMS、电网GIS平台、营销95598系统等其他信息系统之间应统筹规划，满足信息交互要求，为配电网全过程管理提供技术支撑。配电自动化系统可用于配电网可视化、供电区域划分、空间负荷预测、线路及配电变压器容量裕度等方面，指导用电客户、分布式电源、电动汽车充换电设施等有序接入，为配电网规划设计提供技术支撑。

8.2.3 故障处理模式

配电自动化应根据供电可靠性要求，合理选择故障处理模式，并合理配置主站与终端。主要遵循以下原则：

（1）对于A+、A类供电区域宜在无需或仅需少量人为干预的情况下，实现对线路故障段快速隔离和非故障段恢复供电。

（2）故障处理应能适应各种电网结构，能够对永久故障、瞬时故障等各种故障类型进行处理。

（3）故障处理策略应能适应配电网运行方式和负荷分布的变化。

（4）配电自动化应与继电保护、备自投、自动重合闸等协调配合。

（5）当自动化设备异常或故障时，应尽量减少事故扩大的影响。

故障处理模式包括馈线自动化方式与故障监测方式两类，其中馈线自动化可采用集中式、智能分布式、就地型重合器式三类方式，集中式馈线自动化方式可采用全自动方式和半自动方式。应根据配电自动化实施区域的供电可靠性需求、一次网架、配电设备等情况合理选择故障处理模式：

（1）A+类供电区域宜采用集中式或智能分布式。

（2）A、B类供电区域可采用集中式、智能分布式或就地型重合器式。

（3）C、D类供电区域可根据实际需求采用就地型重合器式或故障监测方式。

（4）E类供电区域可采用故障监测方式。

8.2.4 配电主站系统

配电自动化系统主站即为配电网调度控制系统，简称配电主站，主要实现配电网数据采集与监控等基本功能和分析应用等扩展功能，为配电网调度、配电生产及规划设计等方面服务。其配置原则如下：

（1）配电自动化系统主站应遵循 IEC 61968 等标准，实现信息交互、数据共享和集成，支撑配电网的智能化管理和应用。

（2）配电自动化系统主站功能应满足配电网调度控制、故障研判、抢修指挥等要求，业务上支持规划、运检、营销、调度等全过程管理。

（3）配电自动化系统主站应构建在标准、通用的软硬件基础平台上，具备可靠性、适用性、安全性和扩展性。

（4）配电自动化系统主站的监控范围为变电站中压母线和出线开关，开关站中压母线和进出线开关监测与控制，中压线路和开关设备监测和控制，配电变压器（公用、专用变压器）监测，以及分布式电源等其他需要监测的对象。

（5）配电自动化系统主站应根据配电自动化标准体系要求，充分考虑配电自动化实施范围、建设规模、构建方式、故障处理模式和建设周期等因素，遵循统一规划、标准设计的原则进行有序建设，并保证应用接口标准化和功能的可扩展性。

（6）配电自动化系统主站应考虑配套的机房、空调、电源等环境条件的建设，满足系统运行要求。

（7）配电自动化系统主站若确需配置子站，应根据配电网结构、通信方式、终端数量等合理配置。

（8）配电主站应根据配电网规模和应用需求进行差异化配置，配电网实时信息量主要由配电终端信息采集量、EMS 系统交互信息量和营销业务系统交互信息量等组成。配电网实时信息量在 10 万点以下，宜建设小型主站；配电网实时信息量在 10 万～50 万点，宜建设中型主站；配电网实时信息量在 50 万点以上，宜建设大型主站。

配电主站宜按照地配、县配一体化模式建设。对于配电网实时信息量大于 10 万点的县公司，可在当地增加采集处理服务器。

（9）配电主站应通过信息交换总线与其他相关系统的信息交互，实现数据共享和数据互补，以有效支撑配电网分析应用、配电故障抢修、配电生产管理、营配信息融合等业务。

配电主站系统基本功能（即必备功能）和扩展功能（即可选功能）见表 8-2。

表 8-2   配电主站功能应用及模块

主站功能	功能应用	功 能 模 块
基本功能	配电 SCADA	数据采集、状态监视、远方控制、人机交互、防误闭锁、图形显示、事件告警、事件顺序记录、事故追忆、数据统计、报表打印、配电终端在线管理和配电通信网络工况监视等
	模型/图形管理	网络建模、模型校验、支持设备异动管理、图形模型发布、图模数与终端调试等
	馈线自动化	与配电终端配合，实现故障的识别、定位、隔离和非故障区域自动恢复供电
	拓扑分析应用	网络拓扑分析、拓扑着色、负荷转供、停电分析等
	系统交互应用	系统接口、交互应用等
扩展功能	电网分析应用	状态估计、潮流计算、解合环分析、负荷预测、网络重构、安全运行分析、操作票、自动成图等
	智能化功能	自愈控制、分布式电源接入与控制、经济优化运行、配电网仿真与培训等

8.2.5 配电自动化终端

配电自动化终端（简称终端）是安装在配电网的各种远方监测、控制单元的总称，完成数据采集、控制、通信等功能。终端应用对象主要有开关站、配电室、环网柜、箱式变电站、柱上开关、配电变压器、配电线路等。根据应用功能，终端分为"三遥"终端和"二遥"终端，其中"二遥"终端又可分为：

（1）基本型终端（用于采集或接收由故障指示器发出的线路故障信息，并具备故障报警信息上传功能）。

（2）标准型终端（用于配电线路遥测、遥信及故障信息的监测，实现本地报警，并具备报警信息上传功能）。

（3）动作型终端（用于配电线路遥测、遥信及故障信息的监测，并能实现就地故障自动隔离与动作信息主动上传）。

终端及其说明见表 8-3。

表 8-3   配 电 终 端 及 其 说 明

终端名称	简称	说　　明
馈线终端	FTU	安装在配电网馈线回路的柱上等处的配电终端，按照功能分为"三遥"终端和"二遥"终端，其中"二遥"终端又可分为基本型终端、标准型终端和动作型终端
站所终端	DTU	安装在配电网馈线回路的开关站、配电室、环网柜、箱式变电站等处的配电终端，按照功能分为"三遥"终端和"二遥"终端，其中"二遥"终端又可分为标准型终端和动作型终端
基本型"二遥"终端	—	用于采集或接收由故障指示器发出的线路故障信息，并具备故障报警信息上传功能的配电终端
标准型"二遥"终端	—	用于配电线路遥测、遥信及故障信息的监测，实现本地报警，并具备报警信息上传功能的配电终端
动作型"二"遥终端	—	用于配电线路遥测、遥信及故障信息的监测，并能实现就地故障自动隔离与动作信息主动上传的配电终端
配电变压器终端	TTU	用于配电变压器的各种运行参数的监视、测量的配电终端
故障指示器	—	采用"二遥"终端采集，上传线路故障信息，实现对配电线路的故障定位

配电自动化终端应满足高可靠、易安装、免维护、低功耗要求，并应提供标准通信接口，满足数据采集、控制操作和实时通信等功能要求。终端类型选择应根据可靠性需求、网架结构和设备状况综合决定。基本配置原则如下：

（1）对关键性节点，如主干线联络开关、必要的分段开关，进出线较多的开关站、环网单元和配电室，宜配置"三遥"终端。

（2）对一般性节点，如分支开关、无联络的末端站室，宜配置"二遥"终端。

（3）终端宜与营销用电信息采集系统共用，通信信道宜独立建设。

结合供电区域划分要求，各类供电区域的终端配置原则如下：

（1）A+类供电区域宜采用"三遥"终端快速隔离故障和恢复健全区域供电。

（2）A类供电区域宜适当配置"三遥""二遥"终端。

（3）B类供电区域宜以"二遥"终端为主，联络开关和特别重要的分段开关也可配置"三遥"终端。

（4）C类供电区域宜采用"二遥"终端，D类供电区域宜采用基本型"二遥"终端，C、D类供电区域如确有必要经论证后可采用少量"三遥"终端。

（5）E类供电区域可采用基本型"二遥"终端。

（6）对于供电可靠性要求高于本供电区域的重要电力用户，宜对该用户所在线路采取以上相适应的终端配置原则，并对线路其他用户加装用户分界开关。

（7）在具备保护延时级差配合条件的高故障率架空支线可配置断路器，并配备具有本地保护和重合闸功能的"二遥"终端，以实现故障支线的快速切除。

8.2.6 评估指标

配电自动化成效的评估指标主要包括"配电自动化覆盖率"和"配电自动化有效覆盖率"。配电自动化覆盖率是指区域内配置终端的中压线路条数占该区域中压线路总条数的比例，记作 $DAR1$；配电自动化有效覆盖率是指区域内符合终端配置要求的中压线路条数占该区域中压线路总条数的比例，记作 $DAR2$。二者的计算公式如下

$$DAR1 = \frac{区域内配置终端的中压线路条数}{区域中压线路总条数} \times 100\% \qquad (8-1)$$

$$DAR2 = \frac{区域内符合终端配置要求的中压线路条数}{区域中压线路总条数} \times 100\% \qquad (8-2)$$

此外，采用"采用光纤通信方式的配电站点占比"的指标评估配电自动化站点通信水平的高低，计算公式如下

$$采用光纤通信方式的配电站点占比 = \frac{采用光纤通信方式的配电站点数}{配电站点总数} \times 100\% \quad (8-3)$$

8.3 配电网通信系统

配电通信网是由覆盖110kV及以下电网设备的电力通信设备所组成的系统，主要包括地县骨干通信网和10kV通信接入网两个层级。

8.3.1 基本原则

（1）配电通信网规划应遵循数据采集可靠性、安全性、实时性的原则，充分考虑各类业务应用需求和通信技术发展趋势，做到统筹兼顾、分步实施、适度超前。

（2）配电通信网所采用的光缆应与配电网一次网架同步规划、同步建设，或预留相应位置和管道，满足各类业务发展需求。

（3）配电通信网建设可选用光纤专网、无线公网、无线专网、电力线载波等多种通信方式，综合考虑配电通信网实际业务需求、建设周期、投资成本、运行维护等因素，选择技术成熟的通信技术和设备，保证通信网的安全性、可靠性、可扩展性。

（4）配电通信网应满足国家发改委《电力监控系统安全防护规定》要求，采用可靠的安全隔离和认证措施。

8.3.2 评估指标

（1）带宽需求。带宽需求是确定通信网规划方案的重要依据，带宽需求预测可采用直观预测和弹性系数相结合的方法，一般可采用下式估算

$$B_X = \sum (B_A N \phi_1 \phi_2) \tag{8-4}$$

式中　B_X——带宽需求；

　　　B_A——业务净流量；

　　　N——链路数量；

　　　ϕ_1——冗余系数；

　　　ϕ_2——并发比例系数，对于专线业务、实时性要求高的业务，并发比例均取100%。

本方法适用于单个站点带宽测算和网络断面带宽预测，实际应用可根据业务净流量、链路数量、冗余系数、并发比例系数进行适当调整。

（2）带宽冗余度。带宽冗余度是电力通信传输网规划的重要参考指标，冗余度过低将不能满足电力通信业务快速发展和通道可靠性保障的需求，过高则会造成资源浪费，总体宜控制在 0.3 左右，一般可采用下式估算

$$\delta = \frac{B_N - B_U}{B_N} \tag{8-5}$$

式中　δ——带宽冗余度；

　　　B_N——断面允许的带宽，为该断面所有线路侧光接口速率之和；

　　　B_U——开通业务的带宽，为该断面所有开通通道的带宽之和，在规划计算中等于本级网络的预测断面带宽。

8.3.3 10kV 通信接入网

（1）光纤通信。光纤通信具有传输速度快、信道容量大的优势，因此依赖通信实现故障自动隔离的馈线自动化区域宜采用光纤专网通信方式，满足实时响应需要。光纤通信网包含 EPON 技术（Ethernet Passive Optical Network，以太网方式无源光网络）、GPON 技术（Gigabit-Capable Passive Optical Network，吉比特无源光网络）、工业以太网技术。

（2）无线通信。无线通信是利用电磁波在空间进行无线信息传输的方式，分为无线公网和无线专网通信。配电终端信息可采用无线公网通信方式，但应加密，满足安全性要求。电力无线专网一般在变电站或主站位置建设有无线网络中心站，可将覆盖区域内的配电网通信、自动化等信息接入系统，形成通信通道。

（3）电力线载波。电力线载波是电力系统特有的通信方式，利用现有的电力传输线路，通过高频载波的方式将模拟或数字信号在线路上传输，接收端采用电容耦合方式获取高频信号并解码得到信息。电力线载波可用于架空线路或电缆线路，应用于电缆线路时可选择电缆屏蔽层载波等技术。电力线载波通信易受短路及断线故障的影响，不宜传输保护信息。

8.3.4 通信系统配置

（1）光缆。光纤复合架空地线 OPGW（Optical Fiber Composite Overhead Ground Wire）和全介质自承式光缆 ADSS（All Dielectric Self-Supporting Optical Fiber Cable）为主，光缆纤芯宜采用 ITU-T G.652 型。光缆选型建议见表 8-4。

表 8-4　　　　　　　　　　　　配电网通信系统光缆选型建议

电压等级（kV）	光缆主要敷设形式	光缆型号	纤芯型号
110（66）	架空	应采用 OPGW 光缆	ITU-T G.652
35	架空、沟（管）道或直埋	可采用 OPGW、ADSS 光缆或普通光缆	
10	架空、沟（管）道或直埋	可采用 ADSS 光缆或普通光缆	

1）地市骨干通信网环网节点光缆芯数以 48 芯为主，支线、终端节点光缆芯数以 24 芯为主，10kV 线路光缆芯数不宜小于 24 芯。

2）一次线路同塔多回路光缆区段，多级通信网共用光缆区段，以及入城光缆、过江大跨越光缆等，应适度增加光缆纤芯裕量。

3）对于一次线路是单路由的重要电厂、B 类及以上供电区域所属 35～110kV 终端变电站，可同塔建设两条光缆。

4）各级调度机构和通信枢纽站光缆应具备至少 2 个路由，且不能同沟道共竖井。省级及以上调度机构（含备调）所在地的入城光缆应不少于 3 个独立路由。

5）A+、A 类供电区域的 110kV 变电站以及处于网络枢纽位置的站点宜按双路由建设。

6）对经济发达地区和自然灾害高发地区的 B、C 类供电区域所属 110kV 变电站可按双路由建设。

7）10kV 线路光缆应与配电网一次网架同步规划、同步建设，或预留相应敷设位置。

（2）地县骨干传输网。地县骨干传输网是实现市、县供电企业各类业务信息传送的网络，负责节点连接并提供任意两点之间的信息传输，由传输线路、传输设备组成。设备选型建议见表 8-5。

表 8-5   光传输设备选型建议

类别	界定范围	平台选择	设备选型建议	
			主干环网节点	分支环网、支链节点
地县骨干网	地市变电站数量≥100 座	10G SDH	10G SDH 设备	155M~2.5G SDH 设备
	地市变电站数量<100 座	2.5G SDH	2.5G SDH 设备	155M~622M SDH 设备

注 "变电站数量"指规划期内全省（或全地市）范围内 35kV 及以上厂站数量总和。

1）传输网宜形成环网，合理选择网络保护方式，提升网络生存能力及业务调度能力。

2）SDH 传输系统单个环网节点数量不宜过多，采用复用段保护时不应超过 16 个。

3）对于通信站间距离较长的站点，宜采用超长距离光传输技术，不宜建设单独的通信中继站，采用超长距离光传输技术仍无法满足传输性能要求的，可建设单独的通信中继站。

4）电力线载波通信是电网特有的通信技术，是电力系统继电保护信号有效的传输方式之一，应因地制宜，合理利用。

5）微波通信应充分利用现有频率、铁塔、设备和机房等资源，通过适当改造建设，加强运行维护，继续发挥微波通信系统的应急作用。

6）在电力通信传输网覆盖和延伸能力不足的地区，可租用电信运营商资源或采用资源置换的方式，利用公网光纤或电路作为电力通信专网的补充。租用公网电路时应符合电网企业关于信息通信安全的要求。

（3）10kV 通信接入网。

1）10kV 通信接入网可分为有线和无线两种组网模式，组网要求扁平化。有线组网宜采用光纤通信介质，以有源光网络或无源光网络方式组成网络。有源光网络优先采用工业以太网交换机；无源光网络优先采用 EPON 系统；光缆无法到达地区采用中压载波作为补充。无线组网可采用无线公网和无线专网方式，应按照国家和电网企业要求采用认证加密等安全措施，并通过电网企业安全接入平台接入企业信息内网。采用无线公网通信方式时，应选用接入点名称（Access Point Name，APN）或虚拟专网（Virtual Private Network，VPN）访问控制等安全措施；采用无线专网通信方式时，应采用国家无线电管理部门授权的无线频率进行组网，并采取双向鉴权认证、安全性激活等安全措施。

2）10kV 配电自动化站点通信终端设备宜选用一体化、小型化、低功耗设备，电源应与配电终端电源一体化配置。配电自动化"三遥"终端应采用光纤通信方式，"二遥"终端宜采用无线通信方式。光缆经过的"二遥"终端宜选用光纤通信方式；在光缆无法敷设的区段，可采用电力线载波、无线通信方式进行补充。电力线载波不宜独立进行组网。

3）用电信息采集远程通信在光缆覆盖的区域宜选用光纤方式，其他区域以无线为主。

4）采用 EPON 系统时，光线路终端（Optical Line Terminal，OLT）设备宜部署在变电站，10kV 站点部署光网络单元（Optical Network Unit，ONU）设备，线路条件允许时，采用"手拉手"拓扑结构形成通道自愈保护，或采用星形和链形拓扑结构；采用工业以太网设备时，宜用环形拓扑结构形成通道自愈保护。

5）当 10kV 站点要同时传输配电、用电、视频监控等多种业务时，可根据业务需求实际情况，通过技术经济分析选择光纤、无线、载波等多种通信方式。各类型供电区域应结合实际情况差异化选择通信方式。各类供电区域及用电信息采集站点、电动汽车充换电站、10kV 分布式电源点推荐采用的通信方式见表 8-6。

表 8-6　　　　　　　　　　　　10kV 通信接入网推荐通信方式

站点类型	供电区域类型	通信方式	备　注
10kV 配电 自动化站点	A+	光纤为主	1. 光缆无法敷设的"三遥"站点采用载波方式作为补充； 2. 无线主要采用无线公网
	A、B	光纤或无线	
	C	无线或光纤	
	D、E	无线为主	
用电信息采集站点	—	光纤、无线、中压载波	1. 光缆已覆盖区域优先采用光纤通信，其余采用无线公网； 2. 可以继续保留已有的 230MHz 无线专网
电动汽车充换电站	—	光纤为主	
10kV 接入的分布式电源	—	无线公网为主	

8.4　用电信息采集系统

电力用户用电信息采集系统根据用户用电环境、信息传送通道条件和终端类型，采集所有用户的用电信息，并按照集约、统一、规范的原则，建立统一的用电信息采集平台，在一个平台上实现电力用户的全面覆盖。

8.4.1　基本原则

（1）主站集中式部署。按照集中模式进行设计，在省或地市建设统一的用电信息采集系统数据平台。

（2）主站分布式部署。按照分级管理原则，分为一级主站和二级主站两个层次。一级主站建设整个系统的数据应用平台，侧重于整体汇总管理分析；二级主站建设各自区域内的电能信息采集平台，实现数据采集和控制运行。

（3）对象分类及采集要求。采集对象包括所有电力用户，专线用户、各类大中小型专用变压器用户、各类 380/220V 供电的工商业户和居民用户、公用配电变压器考核计量点。

8.4.2　用电信息采集终端配置要求

按照电力用户性质和营销业务需要，将电力用户划分为六种类型，并分别定义不同类型用户的采集要求、采集数据项和采集数据最小间隔。

（1）大型专用变压器用户（A 类）：用电容量在 100kVA 及以上的专用变压器用户。

（2）中小型专用变压器用户（B 类）：用电容量在 100kVA 以下的专用变压器用户。

（3）三相一般工商业用户（C 类）：包括低压商业、小动力、办公等用电性质的非居民三相用电。

（4）单相一般工商业用户（D 类）：包括低压商业、小动力、办公等用电性质的非居民单相用电。

（5）居民用户（E 类）：用电性质为居民的用户。

（6）公用配电变压器考核计量点（F 类）：即公用配电变压器上的用于内部考核的计量点。

其他关口计量点的采集数据项、采集间隔、采集方式可参照执行，见表 8-7。

表 8-7　　　　　　　　　　　用电信息采集终端配置标准

采集对象	分类标准	用户标识	用电情况	采集终端配置要求
大型专用变压器用户（A 类）	容量在 100kVA 及以上的专用变压器用户	A1	用户多路专线接入，有专用变电站	安装变电站电能量采集终端，直接采集或者通过主站接口从调度电能量采集系统获取转发数据
		A2	专线供电，在变电站计量的高供高计用户	在变电站安装电能量采集终端，直接采集或者通过主站接口从调度电能量采集系统获取转发数据；在用户端安装专变采集终端进行用电负荷控制
		A3	单回路或双回路高压供电的专用变压器用户，高供高计或高供低计，通常有多个计量回路	在用户端安装专用变压器采集终端实现抄表和用电负荷控制
中小型专用变压器用户（B 类）	容量在 100kVA 以下的专用变压器用户	B1	50kVA 以上高压供电的专变用户，用电计量分路较少	在用户端安装专用变压器采集终端实现费控和自动抄表
		B2	50kVA 以下高压供电的专用变压器用户，单回路计量，两路以下的用电分路	在用户端安装专用变压器采集终端实现预付费控制和自动抄表；或者安装配备远程通信模块的电表直接远程通信并输出跳闸信号，由配置跳闸装置来执行费控
三相一般工商业用户（C 类）	执行非居民电价的三相电力用户	C1	配置计量 TA 的用户，容量 ≥50kVA	安装专用变压器采集终端实现抄表和用电负荷控制；或者安装配备远程通信模块的电表直接远程通信并输出跳闸信号；或者低压集中抄表，独立表箱布置，电表输出跳闸信号，需要配置跳闸装置来执行费控

采集对象	分类标准	用户标识	用电情况	采集终端配置要求
三相一般工商业用户（C类）	执行非居民电价的三相电力用户	C2	配置计量TA的用户，容量<50kVA	低压集中抄表，独立表箱布置，电表输出跳闸信号，需要配置跳闸装置来执行费控
		C3	直接接入计量的三相非居民电力用户	低压集中抄表，配置集中器、采集器和具有跳闸继电器的电能表能执行费控
单相一般工商业用户（D类）	执行非居民电价的单相电力用户	D1	单相非居民用户，直接接入方式计量	
居民用户（E类）	执行居民电价的用户	E1	配置计量TA的三相居民用户，容量通常大于25kVA	低压集中抄表，独立表箱布置，需要配置跳闸装置来执行费控
		E2	三相居民用户，直接接入方式计量	低压集中抄表，配置带跳闸继电器的电能表执行费控，电能表单独带有本地通信信道
		E3	城镇单相居民用户，独立表箱，直接接入方式计量	
		E4	农村单相居民用户，独立表箱，直接接入方式计量	
		E5	单相居民用户，集中表箱布置，直接接入方式计量	低压集中抄表，配置带跳闸功能的电能表执行费控，电能表可经由采集器和集中器通信
关口计量点（F类）	统调发电厂内的上网关口	F1	关口计量点在发电厂侧	在发电厂安装电能量采集终端，直接采集；或者通过主站接口从调度电能量采集系统获取转发数据
	非统调发电厂内的上网关口	F2	关口计量点在发电厂侧	
	变电站内的发电上网或网间关口	F3	关口计量点在变电站	在变电站安装电能量采集终端，直接采集；或者通过主站接口从调度电能量采集系统获取转发数据
	省对市、市对县下网关口，考核和管理计量点	F4	考核计量点在变电站	
	公配变考核关口	F5	配置计量TA的配电变压器考核计量点	通过RS-485接口直接接入到集中器实现自动抄表或直接在集中器集成交流采样功能实现计量和配电变压器监测

8.4.3　用电信息采集终端适用范围

用电信息采集终端的采集对象分为两大类：

（1）第一类是高压供电的专用变压器用户，包括 A1、A2、A3、B1、B2 类，除了用电信息采集外还需要同时进行用电管理和负荷控制，利用负荷控制可以直接进行费控管理，通过负荷管理终端（下称专用变压器采集终端）实现用户用电信息采集和控制管理。

（2）第二类是低压供电的一般工商业户和居民用户，包括 C、D、E 类，此类用户通常会集中在公用（混合）配电变压器下，用电情况简单，数量较大，用低压集中和功能抄表终端实现集中抄表，通过电能表执行费控管理。其中 E1 类用户用电容量较大，可以采用大用户的管理方式安装专用变压器采集终端进行管理。F3、F4 类用户数据可从变电站采集系统中交换，而不直接采集，可以不作为本系统的采集对象；F5 类作为低压关口表计，可以通过 RS-485 接口直接接入集中器完成抄表功能，采集数据类型较多，其他无特殊要求。

采集终端分为专用变压器采集终端和集中抄表终端，分别适用于专用变压器用户和低压用户。专用变压器采集终端要满足用电信息采集、预付费管理、用电负荷控制等多个管理方面的要求，集中抄表终端需要根据配电变压器台区的用户实际分布情况和费控管理的实现方式来选择。

9 电源接入

电源是配电网服务的主要对象之一，接入配电网的电源以分布式电源为主，此外还有少量常规电源，电源接入系统工程需纳入配电网规划统筹考虑，接入方案应符合配电网典型目标网架要求，并根据电源性质、发电容量、电网接入条件等因素，进行技术经济比较后确定。

具有随机性、波动性和间歇性等特点的分布式电源大量接入配电网，改变了配电网的典型结构，尤其是中低压配电网，从"无源"网变为"有源"网，配电网的节点电压、线路潮流、短路电流、可靠性等都不同程度的受到影响，其影响程度与分布式电源的接入点和容量密切相关，这也给配电网的规划设计带来了很大的影响。考虑分布式电源接入的配电网规划，主要分为两类：① 分布式电源在配电网中的布点规划，目的是引导分布式电源有序接入配电网，提高配电网接纳分布式电源的能力。规划方案设计以线路投资、网络损耗、电压偏差、配电网年运行费用等为优化目标，合理确定分布式电源的类型、容量和接入点；② 分布式电源的配电网扩展规划，目的是充分发挥分布式电源参与电网调峰的作用，减少配电网为满足短时峰荷用电而进行的电网投资，提高电力设备的利用率，规划方案以电网投资、网络损耗为优化目标，确定满足规划期内负荷增长所需要的系统最佳方案，即由电网改造、新建线路、扩容变（配）电站以及在适当的位置安装分布式电源所组成的最佳方案。

本章从电源分类、接入技术原则、接入设计等方面，分析介绍电源接入设计的一般流程和内容。此外，还介绍了微电网规划设计时需要考虑的问题。

9.1 电 源 概 述

9.1.1 接入配电网电源分类

在系统规划设计阶段，接入配电网的电源可分为常规电源和分布式电源两类。

常规电源是指以小型火电、水电、风电、太阳能发电为代表，运行方式为全额上网的电站。

根据 GB/T 33593《分布式电源并网技术要求》，分布式电源是指接入 35kV 及以下电压等级电网、位于用户附近，在 35kV 及以下电压等级就地消纳为主的电源，包括同步发电机、异步发电机、变流器等类型电源。

9.1.2　电源类型及并网形式

电源按能源类型可以划分为太阳能发电、小水电、火电、风力发电、资源综合利用发电、天然气发电、生物质能发电、地热能和海洋能发电、燃料电池发电等形式，其接入电网主要通过变流器、同步电机、感应电机三类设备，见表 9-1。

表 9-1　　　　　　　　　　　　电源分类及接入电网形式

能源类型		装置类型	接入电网形式		
			变流器	同步电机	感应电机
太阳能发电		逆变器	√		
水电		水轮机		√	√
火电		汽轮机		√	
风电		直驱式风机	√		
		感应式风机			√
		双馈式风机	√		√
资源综合利用	转炉煤气高炉煤气	微燃机	√		
		内燃机		√	
		燃气轮机		√	
	工业余热余压	汽轮机		√	
天然气	煤层气常规天然气	微燃机	√		
		内燃机		√	
		燃气轮机		√	
生物质	农林废弃物直燃发电	汽轮机		√	
	垃圾焚烧发电	汽轮机		√	
	农林废弃物气化发电垃圾填埋气发电沼气发电	微燃机	√		
		内燃机		√	
		燃气轮机		√	
地热能发电		汽轮机		√	
海洋能发电		气压涡轮机		√	
		液压涡轮机		√	
		直线电机	√		
燃料电池		逆变器	√		

9.1.3 太阳能与风能资源评估

近年来，以太阳能及风能为主的电源大规模接入配电网，在电源规划设计阶段需要考虑对应的资源条件。因此，以下主要介绍太阳能及风能的资源条件评估标准。

（1）太阳能资源。太阳能资源的分布与各地的纬度、海拔、地理状况和气候条件有关。地区太阳能光伏发展，需根据太阳能辐射年总量和日峰值日照时数，评估当地是否适宜发展光伏并网发电。日峰值日照时数等级见表 9-2。

表 9-2 水平面日峰值日照时数等级

等级	太阳总辐射年总量	日峰值日照时数（h）
1	>6660MJ/（m² • a） >1850kWh/（m² • a）	>5.1
2	6300~6660MJ/（m² • a） 1750~1850kWh/（m² • a）	4.8~5.1
3	5040~6300MJ/（m² • a） 1400~1750kWh/（m² • a）	3.8~4.8
4	<5040MJ/（m² • a） <1400kWh/（m² • a）	<3.8

如果没有太阳总辐射 R_s 的观测值，可以由太阳总辐射与地外太阳辐射和日照百分率的关系公式求得

$$R_s = \left(a_s + b_s \frac{n}{N} \right) R_a \tag{9-1}$$

式中 R_s——太阳总辐射，MJ/（m² • d）；

     n——实际日照时数，h；

     N——可能日照时数，h；

     R_a——地外太阳辐射，MJ/（m² • d）；

     a_s——阴天时到达地球表面的地外太阳辐射透过率；

     b_s——晴天时到达地球表面的地外太阳辐射透过率。

（2）风资源。我国风能区域等级划分标准见表 9-3。风能资源丰富区和次丰富区，具有较好的风能资源，为理想的风电场建设区；风能资源可利用区，有效风功率密度较低，但对电能紧缺地区还是有相当的利用价值。风能资源贫乏区的风功率密度很低，对大型并网型风力发电机组一般无利用价值。

表 9-3 我国风能区域等级划分标准

风能区域等级	年有效风功率密度（W/m²）	3~20m/s 风速的年累积小时数（h）	年平均风速
风能资源丰富区	>200	>5000	大于 6m/s
风能资源次丰富区	200~150	5000~4000	5.5m/s 左右
风能资源可利用区	150~100	4000~2000	5m/s 左右
风能资源贫乏区	<100	<2000	小于 4.5m/s

风功率密度等级在 GB/T 18710《风电场风能资源评估方法》中给出了 7 个级别，可根据地区风功率密度（见表 9-4），评估当地是否适宜发展风力发电。

表 9-4 风 功 率 密 度 等 级 表

高度	10m		30m		50m	
风功率密度等级	风功率密度（W/m²）	年平均风速参考值（m/s）	风功率密度（W/m²）	年平均风速参考值（m/s）	风功率密度（W/m²）	年平均风速参考值（m/s）
1	<100	4.4	<160	5.1	<200	5.6
2	100～150	5.1	160～240	5.9	200～300	6.4
3	150～200	5.6	240～320	6.5	300～400	7.0
4	200～250	6.0	320～400	7.0	400～500	7.5
5	250～300	6.4	400～480	7.4	500～600	8.0
6	300～400	7.0	480～640	8.2	600～800	8.8
7	400～1000	9.4	640～1600	11.0	800～2000	11.9

设定时段的平均风功率密度 D_{wp}（W/m²）计算方法如下

$$D_{wp} = \frac{1}{2n}\sum_{i=1}^{n}\rho v_i^3 \qquad (9-2)$$

式中　　n ——在设定时段内的记录数；

　　　　ρ ——空气密度，kg/m³；

　　　　v_i ——第 i 次记录的风速，m/s。

9.2　电 源 接 入 技 术 原 则

9.2.1　接入电压等级

电源接入的电压等级应根据接入配电网相关供电区域电源的规划总容量、分期投入容量、机组容量、电源在系统中的地位、供电范围内配电网结构和配电网内原有电压等级的配置、电源到公共连接点的电气距离等因素来选定。电源并网电压等级一般可参照表 9-5。

表 9-5 电 源 并 网 电 压 等 级

电源总容量范围	并网电压等级
8kW 及以下	220V
8～400kW	380V
400kW～6MW	10kV
6～50MW	35、66、110kV

9.2.2 接入点

接入 35～110kV 配电网的电源，宜采用专线方式并网；接入 10kV 配电网的电源可采用专线接入变电站低压侧或开关站的出线侧，在满足电网安全运行及电能质量要求时，也可采用 T 接方式并网。

分布式电源接入点的选择应根据其电压等级及周边电网情况确定，具体见表 9–6。

表 9–6 分布式电源接入点选择推荐表

电压等级	接入点
35kV	用户开关站、配电室或箱式变电站母线
10kV	用户开关站、配电室或箱式变电站母线、环网单元
380/220V	用户配电室、箱式变电站低压母线或用户计量配电箱

9.2.3 电气计算要求

（1）潮流计算。

1）对于常规电源，潮流计算应包括设计水平年有代表性的正常最大、最小负荷运行方式，检修运行方式以及事故运行方式，还应计算常规电源最大出力时对应的运行方式。当常规电源（光伏发电、风力发电）出力具备随机性且容量较大时，应分析典型方式下电源出力变化引起的线路功率和节点电压波动，应避免出现线路功率或节点电压越限。潮流计算应对过渡年和远景年有代表性的运行方式进行计算。应通过潮流计算，检验常规电源接入电网方案，选择导线截面和电气设备的主要参数。

2）对于分布式电源，潮流计算无需对分布式电源送出线路进行 N–1 校核。分布式电源接入配电网时，应对设计水平年有代表性的电源出力和不同负荷组合的运行方式，检修运行方式，以及事故运行方式进行分析，必要时进行潮流计算以校核该地区潮流分布情况及上级电源通道输送能力。应考虑分布式电源项目投运后 2～3 年相关地区（本项目公共连接点上级变电站所有低压侧出线覆盖地区）预计投运的其他分布式电源项目，并纳入潮流计算。

（2）短路计算。

1）对于常规电源，短路电流计算应包括常规电源并网点及附近节点本期及远景规划年最大运行方式的三相短路电流。电气设备选型应满足短路电流计算的要求。

2）对于分布式电源，在分布式电源最大运行方式下，对分布式电源并网点及相关节点进行三相短路电流计算。必要时宜增加单相短路电流计算。短路电流计算为现有保护装置的整定和更换，以及设备选型提供依据，当已有设备短路电流开断能力不满足短路计算结果时，应提出限流措施或解决方案。分布式变流器型发电系统提供的短路电流按 1.5 倍额定电流计算。分布式同步电机及感应电机型发电系统提供的短路电流按下式计算

$$I_{G} = \frac{U_{n}}{\sqrt{3}X''_{d}} \tag{9-3}$$

式中　U_n——同步电机及感应电机型发电系统出口基准电压；

　　　X''_d——同步电机或感应电机的直轴次暂态阻抗。

（3）稳定计算。

常规电源接入 110/35kV 配电网时应进行稳定计算，校验相关运行方式下的稳定水平。

同步电机类型的分布式电源接入 35、10kV 配电网时应进行稳定计算；其他类型的发电系统及接入 380/220V 系统的分布式电源，可省略稳定计算。

9.2.4　主要一次设备选择

对于常规电源，主要一次设备选择要求如下：

（1）常规电源升压站或输出汇总点的电气主接线方式，应根据电源规划容量、分期建设情况、供电范围、近区负荷情况、接入电压等级和出线回路数等条件，通过技术经济分析比较后确定。

（2）主变压器的参数应包括台数、额定电压、容量、阻抗、调压方式、调压范围、联结组别、分接头以及经电抗接地时的中性点接地方式，应符合 GB/T 17468、GB/T 6451、GB 24790 的有关规定。

（3）出力具备随机性的常规电源，无功补偿装置性能要求以及逆变器的电能质量、无功调节能力等要求应满足 GB/T 12325、GB/T 12326、GB/T 14549、GB/T 15543 的有关规定。其中，风力发电、光伏发电还应满足 GB/T 19963、GB/T 29319 的有关规定。

对于分布式电源，主要一次设备和主接线选择要求如下：

（1）分布式电源接入系统工程应选用参数、性能满足电网及分布式电源安全可靠运行的设备。

（2）分布式发电系统接地设计应满足 GB/T 50065 的要求。分布式电源接地方式应与配电网侧接地方式相协调，并应满足人身设备安全和保护配合的要求。采用 10kV 及以上电压等级直接并网的同步发电机中性点应经避雷器接地。

（3）变流器类型分布式电源接入容量超过本台区配电变压器额定容量25%时，配电变压器低压侧刀熔总开关应改造为低压总开关，并在配电变压器低压母线处装设反孤岛装置；低压总开关应与反孤岛装置间具备操作闭锁功能，母线间有联络时，联络开关也应与反孤岛装置间具备操作闭锁功能。

（4）分布式电源升压站或输出汇总点的电气主接线方式，应根据分布式电源规划容量、分期建设情况、供电范围、当地负荷情况、接入电压等级和出线回路数等条件，通过技术经济分析比较后确定，380/220V 采用单元或单母线接线，35、10kV 采用线变组或单母线接线。

（5）接有分布式电源的配电台区，不得与其他台区建立低压联络（配电室、箱式变低压母线间联络除外）。

（6）分布式电源升压变压器参数选择应包括台数、额定电压、容量、阻抗、调压方式、调压范围、联结组别、分接头以及中性点接地方式，应符合 GB 24790、GB/T 6451、GB/T 17468 的有关规定。变压器容量可根据实际情况选择。

（7）分布式电源送出线路导线截面选择应根据所需送出的容量、并网电压等级选取，并考虑分布式电源发电效率等因素；当接入公共电网时，应结合本地配电网规划与建设情况选择适合的导线。

（8）接入 380/220V 电网的分布式电源，在并网点应安装易操作、具有明显开断指示、具备开断故障电流能力的断路器。断路器可选用微型、塑壳式或万能断路器，根据短路电流水平选择设备开断能力，并应留有一定裕度，应具备电源端与负荷端反接能力。其中，变流器类型分布式电源并网点应安装低压并网专用开关，专用开关应具备失压跳闸及低电压闭锁合闸功能，失压跳闸定值宜整定为 $20\%U_N$、10s，检有压定值宜整定为大于 $85\%U_N$。接入 35、10kV 电网的分布式电源，在并网点应安装易操作、可闭锁、具有明显开断点、具备接地条件、可开断故障电流的开断设备。当分布式电源并网公共连接点为负荷开关时，宜改造为断路器，并根据短路电流水平选择设备开断能力，留有一定裕度。

9.2.5　保护与自动装置配置

对于常规电源，保护及自动装置配置见第 8 章 8.1 节继电保护及自动装置配置。

对于分布式电源，保护及自动装置配置如下：

（1）以 380/220V 电压等级接入的分布式电源，并网点和公共连接点的断路器应具备短路速断、延时保护功能和分励脱扣、失压跳闸及低压闭锁合闸等功能，同时应配置剩余电流保护。

（2）以 35、10kV 电压等级接入的分布式电源，关于送出线路继电保护配置如下：

1）采用专用线路接入用户变电站或开关站母线等时，宜配置（方向）过流保护；接入配电网的分布式电源容量较大且可能导致电流保护不满足保护"四性"要求时，可配置距离保护；当上述两种保护无法整定或配合困难时，可增配纵联电流差动保护。

2）采用"T"接方式接入用户配电网时，为了保证用户其他负荷的供电可靠性，宜在分布式电源站侧配置电流速断保护反应内部故障。

3）应对分布式电源送出线路相邻线路现有保护、开关和电流互感器进行校验，当不满足要求时，应调整保护配置，必要时按双侧电源线路完善保护配置。

（3）分布式电源系统设有母线时，可不设专用母线保护，发生故障时可由母线有源连接元件的后备保护切除故障。如后备保护时限不能满足稳定要求，可配置相应保护装置，快速切除母线故障。

（4）应对分布式电源系统接入侧的变电站或母线保护进行校验，若不能满足要求时，则变电站或开关站侧应配置保护装置，快速切除母线故障。

（5）变流器必须具备快速检测孤岛功能，检测到孤岛后立即断开与电网连接，防孤岛保护应与继电保护配置、频率电压异常紧急控制装置和低电压穿越装置相互配合。

（6）接入35、10kV系统的变流器型分布式电源应配置防孤岛保护装置，同步电机、感应电机型分布式电源无需配置防孤岛保护装置，分布式电源切除时间应与线路保护、重合闸、备自投等配合，以避免非同期合闸。

（7）分布式电源接入配电网的安全自动装置应实现频率电压异常紧急控制功能，按照整定值跳开并网点断路器。

（8）分布式电源35、10kV电压等级接入配电网时，应在并网点设置安全自动装置；若35、10kV线路保护具备失压跳闸及低压闭锁功能，也可不配置。

（9）380/220V电压等级接入时，不独立配置安全自动装置。

（10）分布式电源本体应具备故障和异常工作状态报警和保护的功能。

（11）经同步电机直接接入配电网的分布式电源，应在必要位置配置同期装置。

（12）经感应电机直接接入配电网的分布式电源，应保证其并网过程不对系统产生严重不良影响，必要时采取适当的并网措施，如可在并网点加装软并网设备。

（13）变流器型分布式电源接入配电网时，不配置同期装置。

9.3 常规电源接入设计

9.3.1 接入设计主要内容

常规电源的接入设计主要包括以下内容：

（1）收集常规电源相关的电力系统概况，包括：系统装机规模及电源结构、负荷水平及负荷特性等；与常规电源接入电压等级相关的电网情况；省级或地区电网（必要时含近区电网）与周边电网的送、受电情况；电网主要运行指标，如发电利用小时数、调峰状况等。

（2）梳理设计常规电源概述，包括：所在位置、本期建设规模、规划容量、年发电量、年利用小时、运行特性等。对于扩建电源，还应说明现有电源概况、扩建条件等。

（3）介绍相关地区电网发展规划的负荷预测结果和情况。概述相关地区电力资源的分布与特点、电源建设规划、电源结构及发展变化趋势等，列出规划研究期内规划电源的建设进度和机组退役计划。阐述和分析设计水平年和展望年（包括设计电源投产前）电网发展规划情况。

（4）分析常规电源在系统中的作用和地位。

（5）制定常规电源一次接入系统方案，包括：接入系统原则、工程投产前电网概况、电力电量平衡、接入系统方案（接入点、接入电压等级等）、电气计算（潮流分析、短路电流计算、稳定计算、无功平衡计算)、电能质量分析(电压偏差、谐波等)等。

(6)对常规电源升压站、开关站电气主接线及有关电气设备参数提出要求。

(7)制定常规电源二次接入系统方案,包括:系统继电保护与安全自动装置方案、调度自动化、电能计量装置及电能量远方终端配置方案等。

(8)制定常规电源系统通信方案。

(9)制定接入系统设计投资估算。列出系统一次部分、二次部分(含通信)设备清单和投资估算。

9.3.2 常规电源典型接入方案

常规电源接入配电网的典型方案见表 9-7。

表 9-7　　　　　　　　　　常规电源接入配电网典型方案

接入电压等级	接入方案	一次系统接线示意图
110、35kV 专线接入	通过专用线路直接接入变电站,建议接入容量大于 6MW	
110、35kV 线路T 接入	通过 T 接接入架空线路或电缆分支箱,建议接入容量大于 6MW	

9.4 分布式电源接入设计

为保障分布式电源及时、可靠接入,以下两种类型分布式电源(不含小水电)接入设计可参照以下内容。

第一类:10kV 及以下电压等级接入,且单个并网点总装机容量不超过 6MW 的分布式电源。

第二类：35kV 电压等级接入，年自发自用电量大于 50%的分布式电源；或 10kV 电压等级接入且单个并网点总装机容量超过 6MW，年自发自用电量大于 50%的分布式电源。

9.4.1 接入设计主要内容

接入设计主要包括以下内容：

（1）收集与分布式电源接入相关的电力系统概况，包括：系统装机规模及电源结构、负荷水平及负荷特性等；电网概况，电网存在的问题等；电网主要运行指标，如综合电压合格率、线损率等。

（2）梳理分布式电源概况，包括：所在位置、本期建设规模、规划容量、年发电量、年利用小时、运行特性等。

（3）掌握分布式电源相关的电网发展规划，包括：负荷预测结果、分布式电源规划、电网发展规划。

（4）分析分布式电源在系统中的作用和地位。

（5）制定分布式电源一次接入系统方案，包括：接入系统原则、接入系统方案（接入点、接入电压等级等）、电气计算（潮流分析、短路电流计算、无功平衡计算）、电能质量分析（电压偏差、谐波等）等。

（6）制定分布式电源二次接入系统方案，包括：系统继电保护与安全自动装置方案、调度自动化、电能计量等。

（7）制定分布式电源系统通信方案。

（8）确定接入系统工程投资。

9.4.2 接入设计优化方法

由于分布式电源接入配电网以后，对电网损耗会产生较大的影响，因此合理选择分布式电源接入点，满足减少网络损耗、提高电能质量等目标是接入方案设计的重要内容。目前，在分布式电源接入方案设计中，优化目标主要包括投资成本最小、电能损耗最小、供电可靠性最高等，见表 9-8。

表 9-8 分布式电源接入方案优化方法

优化方法	原 理	目标函数
投资成本最小	考虑分布式电源的设备综合成本和安装成本最小为目标的优化计算	$$\min\left[\sum_{i=1}^{n}(C_{1i}+C_{2i})p_i\right]$$ 式中：n 为分布式电源总数；p_i 为第 i 个分布式电源额定容量；C_{1i}、C_{2i} 分别为第 i 个分布式电源单位容量设备综合成本和安装成本

优化方法	原　　理	目标函数
电能损耗最小	分布电源接入配电网改变了系统潮流分布，一般会减小支路潮流流动，从而有利于减少网损。但是当分布式电源注入容量过高时，支路潮流流动反而可能增大，网损也有可能增加	$$\min[P_{LOSS}(p_1, p_2, \cdots, p_n)]$$ 式中：P_{LOSS} 为系统网损，与规划分布式电源的位置和容量有关
供电可靠性最大	将可靠性指标加入到目标函数中，计及配电网发生故障时，DG 仍继续向所在的独立电网输电。此种假设要求目标函数包含节点孤岛运行的停电损失	$$\min\left[\sum_{i=1}^{n} T_i \sum_{j=0}^{3} \lambda_j (P_{Li} - p_i)\right]$$ 式中：T_i 表示 i 节点孤岛运行持续时间，j 为负荷等级（j 为 0 代表特别重要的负荷）；λ_j 为负荷等级的重要性权重系数（即不同等级负荷的单位缺电量造成的社会损失比例）

9.4.3　分布式光伏典型接入方案

分布式光伏接入配电网的典型方案见表 9–9。

表 9–9　　　　　　　　　　　分布式光伏接入配电网典型方案

接入电压等级	接入方案	一次系统接线示意图
10kV 单点接入	采用 1 回线路将分布式光伏接入用户开关站、配电室或箱式变电站，建议接入容量在 400kW～6MW 之间	
380V 单点接入	采用 1 回线路将分布式光伏接入 380V 用户配电室或箱式变电站，建议接入容量不大于 400kW	

接入电压等级	接入方案	一次系统接线示意图
10kV 多点接入	采用多回线路将分布式光伏接入用户 10kV 开关站、配电室或箱式变电站。建议接入容量在 400kW～6MW 之间	
380V 多点接入	通过多回线路接入用户配电箱、配电室或箱式变电站低压母线。建议接入容量不大于 400kW，8kW 及以下可单相接入	
10kV/380V 多点接入	按照就近分散接入，就地平衡消纳的原则进行设计。通过 1 回或多回 380V 线路接入用户配电箱、配电室或箱式变电站低压母线	

9.4.4 分布式风电典型接入方案

分布式风电接入配电网的典型方案见表 9-10。

表 9-10 分布式风电接入配电网典型方案

接入电压等级	接入方案	一次系统接线示意图
10kV 单点接入	采用 1 回线路专线接入用户 10kV 开关站、配电室或箱式变电站，建议接入容量在 400kW～6MW 之间	公共连接点 公共电网变电站 10kV 母线 用户进线开关 用户10kV开关站/配电室/箱式变压器 并网点 用户内部负荷 风电站
380V 单点接入	采用 1 回线路接入用户配电室或箱式变电站低压母线，建议接入容量不大于 400kW	公共连接点 公用电网箱式变压器或配电室 380V低压母线 并网点 用户内部负荷 分布式风电站

9.4.5 分布式燃机典型接入方案

分布式燃机接入配电网的典型方案见表 9-11。

表 9-11 分布式燃机接入配电网典型方案

接入电压等级	接入方案	一次系统接线示意图
10kV 单点接入	采用 1 回线路单点接入用户 10kV 开关站、配电室或箱式变电站，建议接入容量在 400kW～6MW 之间	公共连接点 公共电网10kV开关站、配电室或箱式变压器 用户进线开关 用户10kV母线/配电室/箱式变压器 并网点 用户内部负荷 燃机电站

接入电压等级	接入方案	一次系统接线示意图
10kV 多点接入	采用 1 回线路多点接入用户 10kV 开关站、配电室或箱式变电站，建议接入容量在 400kW～6MW 之间	
380V 单点接入	采用 1 回线路接入用户配电室或箱式变电站 380V 母线，接入容量建议不大于 400kW	

9.5 微 电 网

9.5.1 微电网的定义

微电网是一种由分布式电源、用电负荷、监控、保护和自动化装置等组成（必要时含储能装置）的能够基本实现内部电力电量平衡的小型供用电系统。微电网分为并网型和独立型。最早是由美国在 20 世纪 90 年代提出，目的是通过发展微电网技术提高电力系统的供电可靠性，避免大停电事故造成的供电中断。欧盟和日本将微电网作为高渗透率分布式电源并网的解决方案，推动微电网融入智能配电网框架体系。

目前，我国开展的微电网工程既有安装在海岛孤网运行的微电网，也有与城市配电网或偏远农牧区并网运行的微电网。这些微电网的主要特点为：

（1）"微型"。主要体现在电压等级低，一般在 35kV 及以下；系统规模小，系统容量（最大用电负荷）原则上不大于 20MW。

（2）"清洁"。电源以当地可再生能源发电为主，或以天然气多联供等能源综合利用为目标的发电型式，鼓励采用燃料电池等新型清洁技术。其中，可再生能源装机容量占比在50%以上，或天然气多联供系统综合能源利用效率在70%以上。

（3）"自治"。微电网内部具有保障负荷用电与电气设备独立运行的控制系统，具备电力供需自我平衡运行和黑启动能力，独立运行时能保障重要负荷连续供电（不低于 2h）。微电网与外部电网的年交换电量一般不超过年用电量的 50%。

（4）"友好"。微电网与外部电网的交换功率和交换时段具有可控性，可与并入电网实现备用、调峰、需求侧响应等双向服务，满足用户用电质量要求，实现与并入电网的友好互动，用户的友好用能。

9.5.2 微电网的结构

图 9-1 给出一种典型的微电网结构。系统由电/热负荷、分布式电源及储能系统组成，并通过配电变压器的 0.38kV 母线与配电网连接。微电网的运行模式分为并网模式和独立模式。在并网模式下，微电网与配电网保持全部或部分连接，从配电网输入或输出电力；当配电网中出现任何扰动，微电网就转换到独立模式，从而保证对优先级负荷的供电。具体的运行方式包括：当断开 QF4 时，整个微电网解列运行，微电网作为自主系统，馈线Ⅰ、Ⅱ、Ⅲ上的全部负荷由微电源供电；当断开 QF1 和 QF3 时，馈线Ⅰ和馈线Ⅱ分别独立运行，微电源优先向所在馈线上的负荷供电。

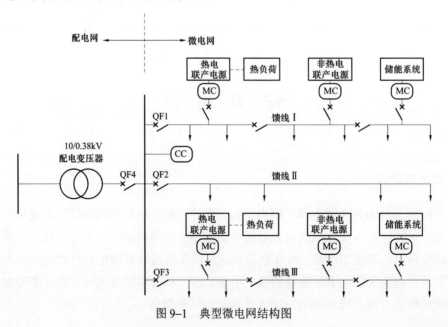

图 9-1 典型微电网结构图

图中，MC 代表微电源控制器，主要功能是独立控制微电网中电源的潮流和负荷侧的电压波形，实现对扰动和负荷变化的快速响应，保证微电网系统独立运行方式下的安全和可靠。CC 代表中央控制器，主要是通过 MC 对微电网进行总的运行控制和保护，保证微电网系统整体能够满足系统电压和频率要求，并实现微电网能量的优化调度。

9.5.3 微电网规划设计需要考虑的问题

从电网角度看，微电网的主要优势是可以将其作为系统内的一个受控实体，按照电网运行的规则独立运行，而不影响配电网的可靠性和安全性；从电力用户角度看，微电网有利于改善供电可靠性，降低线损，维持电压运行在规定的范围内，并就地满足其对电/热的供应需求。由于微电网容量较小，因此当微电网与配电网互联时不会对电网的稳定性产生影响。微电网规划设计的目的是在对负荷需求和可再生能源资源预测基础上，确定微电网系统结构及设备配置，尽可能实现经济性、环保性及能源利用效率最优。

（1）需求分析。微电网规划设计中所涉及的风、光等资源情况与负荷需求等信息可通过历史记录数据进行分析。根据历史负荷数据和微电网覆盖范围内电力发展总体规划要求，对 3～5 年微电网规划期内的负荷需求进行预测。一般是利用风速、光照强度与负荷等信息的全年 8760h 的历史数据，对微电网的运行情况进行统计分析，预测未来微电网的可再生能源和负荷需求。此外，选取若干典型日来代表可再生能源与负荷的全年变化特性，但获取小时级、半小时级甚至分钟级的现场历史气象信息的难度较大，特别是对于偏远地区或海岛，应用研究时有一定的局限性。对于微电网内的风力资源、太阳能资源等资源的数据采集和分析可按照 GB/T 18710、GB 50797 等要求进行。

（2）规划设计。在上述需求分析基础上，微电网规划设计需要考虑的内容主要包括分布式电源配置、网架结构及布局设计等。分布式电源配置应统筹考虑经济性、可靠性和环保性等要求，优先考虑可再生能源的利用；应因地制宜地确定微电网电源构成，应充分考虑发电设备的技术特性、负荷需求、运行策略，通过电力电量平衡分析确定。微电网网架结构应充分考虑区域地理特征及规划方案并根据需求对不同设计方案进行技术经济比较，合理确定。微电网应综合考虑供电可靠性、运行灵活、操作检修方便和便于过渡或扩建等要求，经技术经济比较选择适用的接线形式。微电网的电压等级应根据微电网容量选择，并考虑典型运行方式下发电及负荷情况，通过技术经济比选确定。微电网内部电源布局宜根据规划用地情况就近配置。微电网内部配电设施的布局应根据负荷的分布，考虑微电网所在区域的负荷发展规划，通过比较或优化确定设计方案。

（3）经济社会效益分析。对微电网进行经济性分析时，资金投入主要包括分布式电源、储能、控制器等的初始投资成本、运行维护成本、设备更换成本、燃料成本、排污惩罚、停电惩罚、并网运行时的购电成本等；项目收益主要来自卖电、节能减排效益、改善可靠性效益、政策补贴、延缓电网投资及资产处置过程中产生的残值等。由于微电网规划设计周期时间较长，有时需要长达数十年，因此微电网经济性分析过程中通常会计及利率和通胀率等对规划年现金流的影响，以使各方案具有经济可比性。微电网社会效益评价包括化石能源节约量、CO_2 气体排放减少量、能源结构改善程度、无电地区供电解决成效、产业发展和地方经济发展促进水平等方面。

10 电力用户接入

电力用户是配电网服务的主要对象之一，电力用户接入配电网的业扩工程需纳入配电网规划统筹考虑，接入方案应符合配电网典型目标网架要求，并根据用户用电性质、用电容量、用电需求、用户发展规划，结合供电条件等因素，进行技术经济比较后确定。

电力用户接入应满足配电网和用户安全用电的要求，确保用户对电网电能质量的影响符合国家标准的规定。向电力用户供电的线路、接线方式应满足用户的供电可靠性的要求，供电能力应满足用户近期和中远期的电力需求，无功补偿装置配置应符合国家和电力行业标准规定，计量方式、计量点设置、计量装置配置应正确合理。用户用电性质应分类正确，根据需要合理选择供电电压等级，用户接入工程在符合配电网典型目标网架的基础上，原则上就近选择接入电源点，确保用户受电端有合格的电能质量。欧美等发达国家关于用户接入有明确的规划设计要求，如英国通过在配电网规划导则中制定用户供电技术要求，从用户分类、供电电压等级、供电基本原则等方面提出用户接入的相关要求；法国将用户分为普通配电用户和特定用户，从入网接线、接入变电站建设改造、计量和建设费用分摊等方面提出不同的规划设计标准。

本章从电力用户定义及分类、接入技术原则、接入设计等方面，分析介绍电力用户接入设计的一般流程和内容。

10.1 电力用户概述

10.1.1 电力用户定义

电力用户指从供电企业接受电力供应的一方，具有具体用电行为的单位或个人，即电能产品的消费者。任何单位或个人要使用电能，都需向电网企业提出申请，并依法办理相关手续且签订供用电合同后，即成为电力用户，又称电力客户。

10.1.2 电力用户分类

为了满足不同的管理需要，电力用户可以按照电量统计、电价计费、电能计量等不同的口径分为多种类型。从规划设计的角度来看，电力公司一般应按照用户对可靠性的要求，为重要电力用户配置双电源、双回路或多电源；按照用户对电网电能质量的影响，制定电能质量治理措施；按照出现的新型用电负荷，提出多元化负荷用户的接入要求。

（1）按供电可靠性要求划分。电力用户按照供电可靠性的需求可分为重要用户和普通用户。重要用户指在国家或地区（城市）的社会、政治、经济生活中占有重要地位，对其中断供电将可能造成人身伤亡、较大环境污染、较大政治影响、较大经济损失、社会公共秩序严重混乱的用电单位或对供电可靠性有特殊要求的用电场所。重要用户认定一般由各级供电企业或电力用户提出，经当地政府有关部门批准。

（2）按电能质量影响划分。具有冲击负荷、波动负荷和不对称负荷的用户为特殊用户，包括畸变负荷用户、冲击负荷用户、波动负荷用户、不对称负荷用户、电压敏感负荷用户和高层建筑用户等。具体分类见表 10-1。

表 10-1　　　　　　　　　　特 殊 用 户 分 类

特殊用户分类	负 荷 类 型
畸变负荷用户	各种硅整流器、变频调速装置、电弧炉、电气化铁道、空调等设备
冲击负荷用户、波动负荷用户	短路试验负荷、电气化铁道、电弧炉、电焊机、轧钢机等
不对称负荷用户	电弧炉、电气机车以及单相负荷等
电压敏感负荷用户	IT 行业、微电子技术控制的生产线
高层建筑用户	高层建筑

（3）多元化负荷。多元化负荷主要是指电动汽车、储能系统和电能替代技术相对应的电力用户。其中电动汽车主要包括公交车、出租车、公务车、私家车、环卫物流车等；储能系统包含电化学储能和电磁储能；电能替代技术主要包括热泵、电采暖、电蓄能、农业电力灌溉等。

10.2　电力用户接入技术原则

10.2.1　接入电压等级

电力用户接入系统的电压等级应根据当地电网条件、用户分级、用电最大需量或受电设备总容量，经过技术经济比较后确定。除有特殊需要，接入电压等级一般可参照表 10-2 确定。

表 10-2　　　　　　　　　　　　　　电力用户接入电压等级

接入电压等级	用电设备容量	受电变压器容量
220V	10kW 及以下设备容量	—
380V	100kW 及以下	50kVA 及以下
10kV	—	50kVA～10MVA
35kV	—	5～40MVA
66kV	—	15～40MVA
110kV	—	20～100MVA

注　1. 无 35kV 电压等级的，10kV 电压等级受电变压器总容量为 50kVA 至 20MVA。

2. 供电半径超过本级电压规定时，可按高一级电压供电。

3. 具有冲击负荷、波动负荷、非对称负荷的客户，应先对电能质量进行治理，必要时宜采用由系统变电站新建线路或提高电压等级供电的供电方式。

（1）低压供电。

1）用户单相用电设备总容量在 10kW 及以下时可采用低压 220V 供电，如供电半径较小，用电设备总容量可扩大到 16kW。

2）用户用电设备总容量在 100kW 及以下或受电变压器容量在 50kVA 及以下时，可采用低压 380V 供电。在用电负荷密度较高的地区，经过技术经济比较，采用低压供电的技术经济性明显优于高压供电时，低压供电的容量可适当提高。

3）农村地区低压供电容量，应根据当地农村电网综合配变小容量、密布点的配置原则及供电半径、供电电压（380/220V）确定。

（2）高压供电。

1）用户用电设备总容量在 50kVA～10MVA 时（含 10MVA），宜采用 10kV 供电。无 35kV 电压等级的地区，10kV 电压等级的变压器容量可扩大到 20MVA。

2）用户用电设备总容量在 5～40MVA 时，宜采用 35kV 供电。

3）有 66kV 电压等级的电网，客户用电设备总容量在 15～40MVA 时，宜采用 66kV 供电。

4）用户用电设备总容量在 20～100MVA 时，宜采用 110kV 电压等级供电。

（3）临时供电。

基建施工、市政建设、抗旱打井、防汛排涝、抢险救灾、集会演出等非永久性用电，可实施临时供电。具体供电电压等级取决于用电容量和当地的供电条件。

（4）居住区住宅以及公共服务设施用电容量的确定。

综合考虑所在城市的性质、社会经济、气候、民族、习俗及家庭能源使用的种类。住宅用电每户容量宜不小于 8kW。配电变压器容量的需用系数，应根据住宅户数和各地区用电水平，由当地供电企业确定。

10.2.2　供电电源点确定

（1）基本原则。

1）电源点应具备足够的供电能力，能提供合格的电能质量，以满足客户的用电需求；在选择电源点时应充分考虑各种相关因素，确保电网和客户端变电所的安全运行。

2）对多个可选的电源点，应进行技术经济比较后确定。

3）根据客户的负荷性质和用电需求，确定电源点的回路数和种类。

4）根据城市地形、地貌和城市道路规划要求，就近选择电源点。路径应短捷顺直，减少与道路交叉，避免近电远供、迂回供电。

（2）电源点选择。

1）用户接入配电网的电源点选择，应与配电网规划紧密衔接，统筹考虑电网发展、变电站间隔利用、廊道资源、建设时序等因素，综合确定供电电源。

2）用户接入中压配电网，应满足中压线路的供电安全要求，每个中压分段上接入的多个用户构成的组负荷不超过 2MW。当新增用户报装容量超过组负荷的容量要求时，应考虑接入不同的中压分段。10kV 用户接入不应引起中压线路和 35、110（66）kV 变压器过载运行。

3）用户接入低压配电网，应满足低压线路（配电变压器）的供电安全要求。低压用户接入不应引起低压线路和配电变压器过载运行，不应引起末端用户的电压质量问题。

（3）供电电源配置。

1）供电电源配置应依据客户的负荷等级、用电性质、用电容量、当地供电条件等因素进行技术经济比较，与客户协商确定。

a. 对具有一级负荷的客户应采用双电源供电，对具有二级负荷的客户应采用双电源或双回路供电。其保安电源应符合独立电源的条件。该类客户应自备应急电源，同时应配备非电性质的应急措施。

b. 对三级负荷的客户可采用单电源供电。

2）双电源、多电源供电时宜采用同一电压等级电源供电。

3）应根据客户的负荷性质及其对用电可靠性要求和城乡发展规划，选择采用架空线路、电缆线路或架空–电缆混合线路供电。

10.2.3　电气主接线

（1）电气主接线的要求。

1）具有两回线路供电的一级负荷客户，其电气主接线的确定应符合下列要求：

a. 35kV 及以上电压等级应采用单母线分段接线或双母线接线，装设两台及以上主变压器。低压侧应采用单母线分段接线。

b. 10kV 电压等级应采用单母线分段接线，装设两台及以上变压器。0.38kV 侧应采用单母线分段接线。

2）具有两回线路供电的二级负荷客户，其电气主接线的确定应符合下列要求：

a. 35kV 及以上电压等级宜采用桥形、单母线分段、线路变压器组接线。装设两台及以上主变压器。低压侧应采用单母线分段接线。

b. 10kV 电压等级宜采用单母线分段、线路变压器组接线。装设两台及以上变压器。0.38kV 侧应采用单母线分段接线。

c. 单回线路供电的三级负荷客户，其电气主接线，采用单母线或线路变压器组接线。

（2）运行方式。

1）一级负荷客户可采用以下运行方式：

a. 两回及以上进线同时运行互为备用。

b. 一回进线主供、另一回线路热备用。

2）二级负荷客户可采用以下运行方式：

a. 两回及以上进线同时运行。

b. 一回进线主供、另一回路冷备用。

3）不允许出现高压侧合环运行的方式。

10.2.4　电能计量

（1）电能计量点。

电能计量点应设定在供电设施与受电设施的产权分界处。如产权分界处不适宜装表的，对专线供电的高压客户，可在供电变电站的出线侧出口装表计量；对公用线路供电的高压客户，可在客户受电装置的低压侧计量。

（2）电能计量方式。

1）低压供电的客户，负荷电流为 60A 及以下时，电能计量装置接线宜采用直接接入式；负荷电流为 60A 以上时，宜采用经电流互感器接入式。

2）高压供电的客户，宜在高压侧计量；但对 10kV 供电且容量在 315kVA 及以下、35kV 供电且容量在 500kVA 及以下的，高压侧计量确有困难时，可在低压侧计量，即采用高供低计方式。

3）有两路及以上线路分别来自不同供电点或有多个受电点的客户，应分别装设电能计量装置。

4）客户一个受电点内不同电价类别的用电，应分别装设计费电能计量装置。

5）有送、受电量的地方电网和有自备电厂的客户，应在并网点上装设送、受电电能计量装置。

（3）接线方式。

接入中性点绝缘系统的电能计量装置，宜采用三相三线接线方式；接入中性点非绝缘系统的电能计量装置，应采用三相四线接线方式。

（4）电能计量装置的配置。

各类电能计量装置配置的电能表、互感器的准确度等级应不低于表 10-3 所示值。

表 10-3   电能表、互感器准确度等级

容量范围	电能计量装置类别	准确度等级			
		有功电能表	无功电能表	电压互感器	电流互感器
$S \geqslant 10\,000$kVA	I	0.2S 或 0.5S	2.0	0.2	0.2S（或 0.2*）
10 000kVA>$S \geqslant$2000kVA	II	0.5S 或 0.5	2.0	0.2	0.2S（或 0.2*）
2000kVA>$S \geqslant$315kVA	III	1.0	2.0	0.5	0.5S
$S<$315kVA	IV	2.0	3.0	0.5	0.5S
单相供电（$P<$10kW）	V	2.0	—	—	0.5S

注 0.2*级电流互感器仅指发电机出口电能计量装置中配用。

10.2.5 电能质量和无功补偿

（1）电能质量。用户接入配电网后公共连接点处的电能质量，在谐波、间谐波、电压偏差、电压不平衡、直流分量等方面应满足 GB/T 12325、GB/T 12326、GB/T 14549、GB/T 15543 的要求。

对于特殊电力用户，应委托有资质的专业机构出具非线性负荷设备接入电网的电能质量评估报告（其中大容量非线性客户，须提供省级及以上专业机构出具的电能质量评估报告）。

按照"谁污染、谁治理"、"同步设计、同步施工、同步投运、同步达标"的原则，在供电方案中，明确特殊用户治理电能质量的具体措施。

（2）无功补偿。无功补偿应参照第 7 章 7.3 的要求进行配置。

100kVA 及以上高压供电的电力客户，在高峰负荷时的功率因数不宜低于 0.95；其他电力客户和大、中型电力排灌站、趸购转售电企业，功率因数不宜低于 0.9；农业用电功率因数不宜低于 0.85。

10.2.6 继电保护与自动装置配置

继电保护和自动装置的设置应符合 GB/T 50062《电力装置的继电保护和自动装置设计规范》、GB/T 14285《继电保护和安全自动装置技术规程》的规定。

（1）保护方式配置。

1）进线保护的配置应符合下列规定：

a. 110kV 及以上进线保护的配置，应根据经评审后的二次接入系统设计确定。

b. 35kV、10kV 进线应装设三段式电流保护；对小电阻接地系统，宜装设零序保护；对于有自备电源的客户可采用距离保护或纵联保护。

2）主变压器保护的配置应符合下列规定：

a. 容量在 0.4MVA 及以上车间内油浸变压器和 0.8MVA 及以上油浸变压器，均应装设瓦斯保护。其余非电量保护按照变压器厂家要求配置。

b. 电压在 10kV 及以下、容量在 10MVA 以下单独运行的变压器，采用电流速断保护

和过电流保护分别作为变压器主保护和后备保护。

c. 电压在 10kV 及以上、容量在 10MVA 及以上单独运行的变压器，以及 6.3MVA 及以上并列运行的变压器，采用纵差保护和过电流保护（或复压过电流）分别作为变压器主保护和后备保护。对于电压为 10kV 的重要变压器或容量为 2MVA 及以上的变压器，当电流速断保护灵敏度不符合要求时也可采用纵差保护作为变压器主保护。

3）110kV 双母线宜配置专用母线保护。

（2）备用电源自动投入装置。

1）备用电源自动投入装置，应具有保护动作闭锁的功能。

2）10～110kV 侧进线断路器处，不宜装设自动投入装置。

3）0.38kV 侧，采用具有故障闭锁的"自投不自复"或"手投手复"的切换方式，不宜采用"自投自复"的切换方式。

4）一级负荷客户，宜在变压器低压侧的分段开关处，装设自动投入装置，自动投入装置应具备可靠的闭锁功能。其他负荷性质客户，不宜装设自动投入装置。

10.3 电力用户接入设计

10.3.1 电力用户接入设计内容

电力用户接入的规划设计主要内容是指根据用户用电容量、用电性质和电网现行情况及规划要求，确定可行的系统供电方案。主要内容包括：

（1）根据用户电力负荷对供电可靠性的要求及中断供电在政治、经济上所造成损失或影响的程度进行分级。

（2）根据用户的用电容量、用电性质、用电时间，以及用电负荷的重要程度，考虑当地公共电网现状、通道等社会资源利用效率及其发展规划等因素，经技术经济比较后确定供电电源电压等级以及高压供电、低压供电、临时供电等供电方式。

（3）根据配电网规划及现有系统可开放容量，确定用户的电源点。

（4）根据用电负荷的重要程度确定多电源供电方式，提出保安电源、自备应急电源的应急措施的配置要求。

（5）根据不同用户性质，确定用电容量和变压器容量。

（6）根据不同电压等级及负荷性质确定电气主接线形式和运行方式。

（7）根据地区供电条件、负荷性质、用电容量和运行方式确定主变压器的台数和容量。

（8）同时，还需要确定电能计量、电能质量治理、无功补偿、继电保护、自动装置等方面配置要求。在工程设计中，进一步明确相应的电气设备选型。

制订用户接入方案设计时，用户接入方案应符合电网建设、改造和发展规划的要求，满足客户近期、远期对电力的需求，并留有发展裕度。同时，用户接入应严格控制专线数量，以节约通道和间隔资源，提高电网利用效率。

10.3.2 重要电力用户接入要求

（1）重要用户分级。

根据供电可靠性的要求以及中断供电危害程度，重要用户可进一步细化分类为特级、一级、二级重要用户和临时性重要用户。电力用户具体分级标准如下：

特级重要用户，指在管理国家事务中具有特别重要作用，中断供电将可能危害国家安全的电力用户。

一级重要用户，是指中断供电将可能产生下列后果之一的电力用户：

1）直接引发人身伤亡的；

2）造成严重环境污染的；

3）发生中毒、爆炸或火灾的；

4）造成重大政治影响的；

5）造成重大经济损失的；

6）造成较大范围社会公共秩序严重混乱的。

二级重要用户，是指中断供电将可能产生下列后果之一的电力用户：

1）造成较大环境污染的；

2）造成较大政治影响的；

3）造成较大经济损失的；

4）造成一定范围社会公共秩序严重混乱的。

临时性重要电力用户，是指需要临时特殊供电保障的电力用户。

（2）各行业重要用户。

根据目前不同类型重要电力用户的断电后果，将重要电力用户分为工业类和社会类两类，工业类分为煤矿及非煤矿山、危险化学品、冶金、电子及制造业和军工5类；社会类分为党政司法机关和国际组织、广播电视、通信、信息安全、公共事业、交通运输、医疗卫生和人员密集场所8类。分类结果见表10-4。

表 10-4 重要电力用户所在行业分类

大类	具体行业分类	重要电力用户
工业类	煤矿及非煤矿山	煤矿
		非煤矿山
	危险化学品	石油化工
		盐化工
		煤化工
		精细化工

大类	具体行业分类	重要电力用户	
工业类		冶金	
	电子及制造业	芯片制造	
		显示器制造	
	军工	航天航空、国防试验基地	
		危险性军工生产	
社会类		党政司法机关、国际组织、各类应急指挥中心	
		通信	
		广播电视	
	信息安全	证券数据中心	
		银行	
	公用事业	供水、供热	
		污水处理	
		供气	
		天然气运输	
		石油运输	
	交通运输	民用运输机场	
		铁路、轨道交通、公路隧道	
		医疗卫生	
	人员密集场所	五星级以上宾馆饭店	
		高层商业办公楼	
		大型超市、购物中心	
		体育馆场馆、大型展览中心及其他重要场馆	

　　注　1. 本分类未涵盖全部行业，其他行业可参考本分类。

　　　　2. 不同地区重要电力用户分类可参照各地区发展情况确定。

（3）供电电源配置原则。

1）重要电力用户的供电电源一般包括主供电源和备用电源。重要电力用户的供电电源应依据其对供电可靠性的需求、负荷特性及用电设备特性、用电容量、对供电安全的要求、供电距离、当地公共电网现状、发展规划及所在行业的特定要求等因素，通过技术、经济比较后确定。

2）重要电力用户电压等级和供电电源数量应根据其用电需求、负荷特性和安全供电准则来确定。

3）重要电力用户应根据其生产特点、负荷特性等，合理配置非电性质的保安措施。

4）在地区公共电网无法满足重要电力用户的供电电源需求时，重要电力用户应根据自身需求，按照相关标准自行建设或配置独立电源。

（4）供电电源配置技术要求。

1）重要电力用户的供电电源应采用多电源、双电源或双回路供电。当任何一路或一路以上电源发生故障时，至少仍有一路电源应能对保安负荷持续供电。

2）特级重要电力用户宜采用双电源或多路电源供电；一级重要电力用户宜采用双电源供电；二级重要电力用户宜采用双回路供电。重要电力用户典型供电模式，包括适用范围及其供电方式参考见表 10-5。

表 10-5　　　　　　　　　　　重要电力用户供电方式的典型模式

名称	类别	典 型 模 式
三电源供电（模式Ⅰ）	模式Ⅰ.1	三路电源来自三个变电站，全专线进线
	模式Ⅰ.2	三路电源来自两个变电站，两路专线进线，一路环网/手拉手公网供电进线
	模式Ⅰ.3	三路电源来自两个变电站，两路专线进线，一路辐射公网供电进线
双电源供电（模式Ⅱ）	模式Ⅱ.1	双电源（不同方向变电站）专线供电
	模式Ⅱ.2	双电源（不同方向变电站）一路专线、一路环网/手拉手公网供电
	模式Ⅱ.3	双电源（不同方向变电站）一路专线、一路辐射公网供电
	模式Ⅱ.4	双电源（不同方向变电站）两路环网/手拉手公网供电进线
	模式Ⅱ.5	双电源（不同方向变电站）两路辐射公网供电进线
	模式Ⅱ.6	双电源（同一变电站不同母线）一路专线、一路辐射公网供电
	模式Ⅱ.7	双电源（同一变电站不同母线）两路辐射公网供电
双回路供电（模式Ⅲ）	模式Ⅲ.1	双回路专线供电
	模式Ⅲ.2	双回路一路专线、一路环网/手拉手公网进线供电
	模式Ⅲ.3	双回路一路专线、一路辐射公网进线供电
	模式Ⅲ.4	双回路两路辐射公网进线供电

注　重要电力用户应尽量避免采用单电源供电方式。

3）临时性重要电力用户按照用电负荷的重要性，在条件允许情况下，可以通过临时敷设线路等方式满足双回路或两路以上电源供电条件。

4）重要电力用户供电电源的切换时间和切换方式宜满足重要电力用户允许断电时间的要求。切换时间不能满足重要负荷允许断电时间要求的，重要电力用户应自行采取技术手段解决。

5）重要电力用户供电系统应当简单可靠，简化电压层级，重要电力用户的供电系统设计应按 GB 50052 执行。如果用户对电能质量有特殊需求，应当自行加装电能质量控制装置。

6）双电源或多路电源供电的重要电力用户，宜采用同级电压供电。但根据不同负荷需要及地区供电条件，亦可采用不同电压供电。采用双电源或双回路的同一重要电力用户，不应采用同杆架设供电。

（5）自备应急电源配置原则。

电网中可以作为自备应急电源的包括自备电厂、发动机驱动发电机组（包括柴油发动机发电机组、汽油发动机发电机组、燃气发动机发电机组）、静态储能装置（包括不间断电源 UPS、EPS、蓄电池、干电池）、动态储能装置（飞轮储能装置）、移动发电设备（包括装有电源装置的专用车、小型移动式发电）等和其他新型电源装置。

1）重要电力用户应自行配置应急电源，电源容量至少应满足全部保安负荷正常供电的要求。有条件的可设置专用应急母线。

2）自备应急电源的配置应依据保安负荷的允许断电时间、容量、停电影响等负荷特性，按照各类应急电源在启动时间、切换方式、容量大小、持续供电时间、电能质量、节能环保、适用场所等方面的技术性能，选取合理的自备应急电源。重要电力用户自备应急电源选择参考见表 10-6。

表 10-6　　　　　　　　　　重要电力用户自备应急电源选择参考

应急条件需求		自备应急电源推荐结果	
允许停电时间	容量（kW）	推荐自备应急电源	推荐理由
零秒级	0~400	UPS	目前只有 UPS 在线工作方式能够满足零秒的切换，其他自备应急电源均很难满足
	400~2000	动态 UPS	大容量零秒切换的应急发电机目前最优的是动态 UPS，将 UPS 与发电机组合的方式价格贵且性能低
毫秒级	0~10	UPS	毫秒级切换的自备应急电源主要有 UPS、HEPS 和动态 UPS 三种，其中 HEPS 和动态 UPS 容量普遍较大，因此在 10kW 内首选 UPS
	10~300	UPS/HEPS	在 10~300kW 间，自备应急电源可选 UPS 和 HEPS，HEPS 的价格约为 UPS 的 70%到 80%，但 UPS 技术相对成熟，用户可根据自身需要在二者之间选择
	300~800	HEPS	UPS 随着容量增加价格迅速增加，因此应急负荷在 300kW 以上，建议使用大容量的 HEPS
秒级（10s 内）	0~600	EPS	秒级的切换可以不需要高价格的毫秒级切换的自备应急电源，而符合毫秒级切换的自备应急电源主要有 EPS 和燃气发电机，在小容量应急负荷 EPS 明显具有优势，价格约为燃气发电机的 1/4，因此首选 EPS
	500~2000	燃气发电机	EPS 很难做到大容量，否则价格会突增，因此大容量秒级的应急负荷首选燃气发电机
分钟级	0~800	EPS/柴油发电机	EPS 与柴油发电机均符合要求，EPS 比柴油发电机贵大约 40%，但 EPS 比柴油发电机节能、省电，因此用户可根据自身需求对二者进行选择
	800~2500，>2500	柴油发电机	EPS 很难做到大容量，因此首选柴油发电机，其性价比最高

3）重要电力用户应具备自备应急电源接入条件，有特殊供电需求及临时重要电力用户，应配置应急发电车接入装置。

4）自备应急电源应符合国家有关安全、消防、节能、环保等技术规范和标准要求。

（6）自备应急电源配置技术要求。

1）允许断电时间的技术要求：

a. 重要负荷允许断电时间为毫秒级的，用户应选用满足相应技术条件的静态储能不间断电源或动态储能不间断电源，且采用在线运行的运行方式。

b. 重要负荷允许断电时间为秒级的，用户应选用满足相应技术条件的静态储能电源、快速自动启动发电机组等电源，且自备应急电源应具有自动切换功能。

c. 重要负荷允许断电时间为分钟级的，用户应选用满足相应技术条件的发电机组等电源，可采用手动方式启动自备发电机。

2）自备应急电源需求容量的技术要求：

a. 自备应急电源需求容量达到百兆瓦级的，用户可选用满足相应技术条件的独立于电网的自备电厂等自备应急电源。

b. 自备应急电源需求容量达到兆瓦级的，用户应选用满足相应技术条件的大容量发电机组、动态储能装置、大容量静态储能装置（如 EPS）等自备应急电源；如选用往复式内燃机驱动的交流发电机组，可参照 GB/T 2820.1《往复式内燃机驱动的交流发电机组》的要求执行。

c. 自备应急电源需求容量达到百千瓦级的，用户可选用满足相应技术条件的中等容量静态储能不间断电源（如 UPS）或小型发电机组等自备应急电源。

d. 自备应急电源需求容量达到千瓦级的，用户可选用满足相应技术条件的小容量静态储能电源（如小型移动式 UPS、蓄电池、干电池）等自备应急电源。

3）持续供电时间和供电质量的技术要求：

a. 对于持续供电时间要求在标准条件下 12h 以内，对供电质量要求不高的重要负荷，可选用满足相应技术条件的一般发电机组作为自备应急电源。

b. 对于持续供电时间要求在标准条件下 12h 以内，对供电质量要求较高的重要负荷，可选用满足相应技术条件的供电质量高的发电机组、动态储能不间断供电装置、静态储能装置与发电机组的组合作为自备应急电源。

c. 对于持续供电时间要求在标准条件下 2h 以内，对供电质量要求较高的重要负荷，可选用满足相应技术条件的大容量静态储能装置作为自备应急电源。

d. 对于持续供电时间要求在标准条件下 30min 以内，对供电质量要求较高的重要负荷，可选用满足相应技术条件的小容量静态储能装置作为自备应急电源。

4）对于环保和防火等有特殊要求的用电场所，应选用满足相应要求的自备应急电源。

10.3.3 特殊电力用户接入要求

（1）畸变负荷用户接入。各类工矿企业和运输以及家用电器等用电的非线性负荷，如各种硅整流器、变频调速装置、电弧炉、电气化铁道、空调等设备，引起电网电压及电流的畸变，通称谐波源。谐波会造成大量的危害（如电机发热、振动、损耗增大、继电保护误动、电容器烧坏、仪表不准、通信干扰等）。用户注入电网的谐波电流必须符合相关标准要求，否则应采取措施，如加装无源或有源滤波器、静止无功补偿装置、电力电容器加装串联电抗器等。

（2）冲击负荷及波动负荷用户接入。冲击负荷及波动负荷（如短路试验负荷、电气化铁道、电弧炉、电焊机、轧钢机等）引起电网电压波动、闪变，使电能质量严重恶化，危及电机等电力设备正常运行，引起灯光闪烁，影响生产和生活。这类负荷应经过治理后符合电能质量的相关要求，方可接入。

为限制冲击、波动等负荷对电网产生电压波动和闪变，除要求用户采取就地安装静止无功补偿设备和改善其运行工况等措施外，也可根据项目接入系统研究报告和电网实际情况制定可靠的供电方案，必要时可采用提高接入系统电压等级、增加供电电源的短路容量，以及减少线路阻抗等措施。

（3）不对称负荷用户。不对称负荷（如电弧炉、电气机车以及单相负荷等）将引起负序电流（零序电流），从而导致三相电压不平衡，会造成许多危害（如使电机发热、振动，继电保护误动，低压中性线过载等）。电网中的电压不平衡度通常以负序电压与正序电压之比的百分数来衡量。电网中电压不平衡度必须符合电能质量要求，否则应采取平衡化的技术措施（如调整三相负荷）。380/220V 用户，在 30A 以下的单相负荷，可以单相供电，超过 30A 的一般应采用三相供电。中压用户若采用单相供电时，应力求将多台单相负荷设备均衡分布在三相线路上。

（4）电压敏感负荷用户。一些特殊用户，如 IT 行业、微电子技术控制的生产线，电压暂降、波动和谐波等将造成连续生产中断和严重损失或显著影响产品质量。一般应根据负荷性质，由用户自行装设电能质量补偿装置，如动态电压恢复器（DVR）、快速固态切换开关以及有源滤波器（APF）等。

（5）高层建筑用户。

1）19 层及以上的办公楼、高级宾馆或高度超过 50m 以上的科研楼、图书馆、档案馆和大型公共场馆等建筑，由于其功能复杂，停电后或发生火灾后损失严重，除提供正常电源与备用电源外，用户应自备应急保安电源。

2）高层建筑应根据供电方式预留变、配电所和电能表的适当位置，配电室根据负荷大小，可以集中布置，也可以分散布置，还可以在建筑物内分在几层，分别在负荷中心布置。

3）设置在高层建筑物内的配电室必须采用干式变压器和无油断路器的配电装置。

4）贴附在高层建筑外侧的配电室应采用无油断路器和干式变压器，如采用充油变压器时必须设置在专用房间内。高层建筑物的配电室、变压器室、低压配电室等，必须有火灾报警装置和自动灭火装置。

10.3.4 多元化负荷用户接入要求

（1）电动汽车充换电设施接入要求。

1）电动汽车类型。

电动汽车包括纯电动汽车（BEV）、混合动力汽车（HEV）、串联式混合动力汽车（SHEV）、并联式混合动力汽车（PHEV）、混联式混合动力汽车和燃料电池电动汽车

（PCEV）。

纯电动汽车是由电动机驱动的汽车，电动机的驱动电能来源于车载可充电蓄电池或其他能量储存装置；混合动力汽车能够至少从下述两类车载储存的能量中获得动力的汽车：可消耗的燃料或可再充电能/能量储存装置；串联式混合动力汽车是指车辆的驱动力只来源于电动机的混合动力汽车；并联式混合动力汽车是指车辆的驱动力由电动机及发动机同时或单独供给的混合动力汽车；混联式混合动力汽车是指同时具有串联式、并联式驱动方式的混合动力汽车；燃料电池电动汽车以燃料电池作为动力电源的汽车。

2）充电设备类型。

a. 交流充电桩为固定在路边或停车设施内的一个充电设备，利用专用充电接口，为具有车载充电机的电动汽车提供交流电能，并具有相应的通信、计费和安全防护功能，充电桩由桩体、电气模块、计量模块等部分组成，充电桩的输入端与交流电网直接连接。交流充电桩一般系统简单，占地面积小，操作方便，可安装于电动汽车充电站、公共停车场、住宅小区停车场、大型商场停车场等场所，使用简便，是重要的电动汽车充电设施。常用交流充电桩可分为一桩一充式、一桩双充式以及壁挂式。

b. 直流充电机是一种将电网交流电能变换为直流电能，采用传导方式为电动汽车动力电池充电，提供人机操作界面及直流接口，并具备相应测控保护功能的专用装置。主要用于大型车辆的常规充电和快速充电，以及中小型车辆的快速充电。由于直流充电机的电压及电流在一定范围内连续可调，一般按照 0.2~0.5C 的充电电流，直流充电的时间在 2~5h。目前有些电池可以支持 1~2C 的充电电流，充电时间在 30min~1h。

直流充电机目前主要有相控整流和高频开关整流两种整流模式。其中：相控整流模式单机功率大，易于实现大电流、高电压充电，可靠性高，技术成熟，性价比高，易于维修，适用于大功率的充电机，有一定的谐波干扰；高频开关整流模式系统效率高，体积小，谐波干扰小，可采用多模块并机工作模式，多模块自主均流，在线插拔，多机热备份工作，体积小，系统可靠性高，适用于中小型功率的充电机。

3）充换电设施分类。充换电设施是指与电动汽车发生电能交换的相关设施的总称，一般包括充电站、充换电站、电池配送中心、集中或分散布置的充电桩等。其中，充电设备是指与电动汽车或动力蓄电池相连接，并为其提供电能的设备，一般包括非车载充电机、车载充电机、充电桩等；充电站是指采用整车充电模式为电动汽车提供电能的场所，主要由三台及以上电动汽车充电设备、至少一台非车载充电机，以及相关供电设备、监控设备等组成；充换电站是指同时可为电动汽车提供整车充电服务和电池更换服务的场所；电池配送中心是指对动力蓄电池集中进行充电，并为电池更换站提供电池配送服务的场所，也可称为电池集中充电站。

4）接入电压等级。充换电设施的供电电压等级应根据充换电设施的负荷，经过技术经济比较后确定。供电电压等级一般可参照表 10-7 确定。当供电半径超过本级电压规定时，应采用高一级电压供电。

表 10-7 充换电设施电压等级

供电电压等级	充换电设施负荷
220V	10kW 及以下单相设备
380V	100kW 及以下
10kV	100kW 以上

5）接入点选择。220V 充电设备，宜接入低压配电箱；380V 充电设备，宜接入配电变压器的低压母线。接入 10kV 的充换电设施，容量小于 3000kVA 宜接入公用电网 10kV 线路或接入环网柜、电缆分支箱等，容量大于 3000kVA 的充换电设施宜专线接入。

6）供电电源。充换电设施供电电源点应具备足够的供电能力，提供合格的电能质量，并确保电网和充换电设施的安全运行。供电电源点应根据城市地形、地貌和道路规划选择，路径应短捷顺直，避免近电远供、交叉迂回。

具有重大政治、经济、安全意义的充换电站，或中断供电将对公共交通造成较大影响或影响重要单位的正常工作的充换电站，可作为二级重要用户，其他可作为一般用户。属于二级重要用户的充换电设施宜采用双回路供电，属于一般用户的充换电设施可采用单回线路供电。

7）无功补偿。充换电设施的无功补偿应采用集中补偿和分散就地补偿相结合，电网补充与用户补偿相结合的方式。接入 10kV 及以上电网的充换电设施功率因数应不低于 0.95，非车载充电机功率因数应不低于 0.9，不能满足要求的应安装就地无功补偿装置。

8）谐波治理。充换电设施产生的谐波电压和谐波电流，应满足 GB/T 14549《电能质量　公用电网谐波》的有关规定。非车载充电机按输入侧的谐波电流和功率因数分为 A 级设备和 B 级设备。对 A 级设备，可不对谐波和无功电流进行补偿；对于 B 级设备，应对谐波和无功电流进行补偿，补偿后注入公共连接点的谐波电流允许值应符合表 10-8 的要求。

表 10-8 非车载充电机输入侧谐波电流含有率和输入功率因数

参数　　　分级	A 级设备	B 级设备
输入功率因数	不小于 0.95	不小于 0.90
输入谐波电流含量	电流总谐波畸变率小于等于 8%	各次谐波含有率小于等于 30%

注　A 指带有源功率因数校正的非车载充电机。
　　B 指不带有源功率因数校正的非车载充电机。

9）典型接入方案。电动汽车充换电设施接入配电网的典型方案见表 10-9。

表 10-9 电动汽车充换电设施接入配电网典型方案

接入电压等级	接入方案	一次系统接线示意图
充电设备 220/380V 放射式接入	由配电变压器的低压侧引出多条独立线路,供给各个独立的充电设备	
充电设备 220/380V 树干式接入	多个充电设备"T"接到低压线路上,这类方式可用于排列整齐的用电设备,如停车场或居民区停车位的充电设备安装	
10kV 单回路接入	充换电站采用 1 回线路接入 10kV 线路	
	充换电站接入 10kV 环网柜、电缆分支箱	

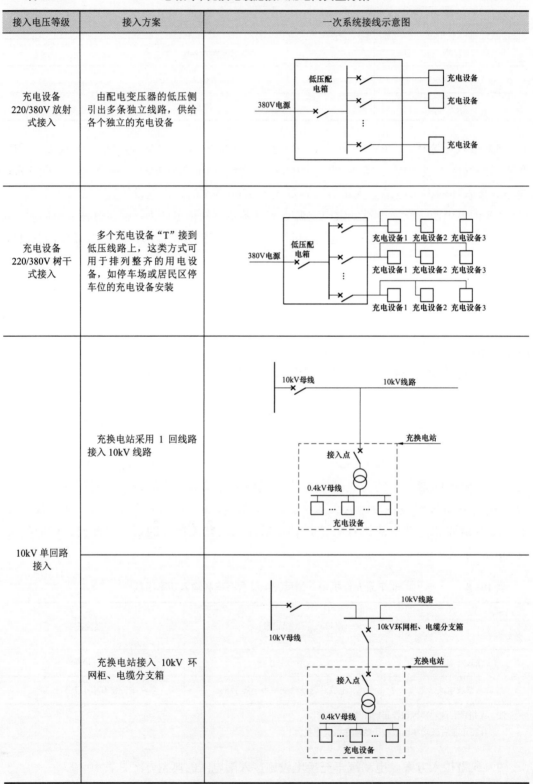

接入电压等级	接入方案	一次系统接线示意图
10kV 单回路接入	充换电站采用 1 回 10kV 专线接入	
10kV 双回路或双电源接入	采用 2 回 10kV 线路向同一充换电站供电	
	采用 2 回分别来自两个不同变电站，或来自不同电源进线的同一变电站内两段母线，为同一充换电站供电	

（2）储能系统接入要求。

1）储能系统类型。储能系统作为可循环存储、转换及释放电能的设备系统，在配电网中能够起到削峰填谷、平抑可再生能源电源波动、提供紧急功率支撑等积极作用。典型的储能方式包括电池储能、超导储能、超级电容储能和飞轮储能。

电池储能是将电能转化为化学能的一种储能方式，需要时可将化学能转换为电能。按照电池的化学材料，电池储能可以分为铅酸电池、镍镉电池、锂离子电池、钠硫电池、全钒液流电池等，其性能参数见表 10-10。

表 10-10　　　　　　　　　　　电池储能系统的性能比较

电池种类	功率上限	能量密度 （Wh/kg）	功率密度 （W/kg）	循环寿命（次）	充放电效率 （%）	自放电 （%/月）
铅酸电池	几十兆瓦	35～50	75～300	500～1500	0～80	2～5
镍镉电池	几十兆瓦	75	150～300	2500	0～70	5～20
钠硫电池	十几兆瓦	150～240	90～230	500	0～90	—
全钒液流电池	几百千瓦	80～130	50～140	13 000	0～80	—
锂离子电池	几十千瓦	150～200	200～315	1000～10 000	0～95	0～1

超导储能是利用超导线圈将电磁能直接储存起来，需要时再将电磁能返回电网或其他负载。超导储能一般由超导线圈及低温容器、制冷装置、交流装置和测控系统组成。超导储能可以分为低温超导储能和高温超导储能两种类型。与其他储能方式相比，超导储能具有很高的转换效率（可到95%），响应速度迅速（毫秒级），功率密度和能量密度大，寿命长、污染小等优势，但其装置成本和运行成本都很高。

超级电容器是一种具有超级储电能力、可提供强脉冲功率的物理二次电源，是根据电化学双层理论研制，所以也称为双电层电容器。目前，超级电容器的容量可达到 0.5～1000F，工作电压 12～400V，最大放电电流 400～2000A，充放电的循环寿命在 10 万次以上，能在–40～60℃的环境中正常工作。

飞轮储能是指利用电动机带动飞轮高速旋转，在需要的时候再用飞轮带动发电机发电的储能方式。飞轮储能主要包括转子系统、轴承系统和能量转换系统三个部分构成，其主要优点在于充放电次数无限且无污染，但能量密度不够高、自放电率高，如停止充电，能量在几到几十个小时内就会自行耗尽。

2）接入电压等级。储能系统可通过三相或单相接入配电网，200kW 以上储能系统宜接入 10kV 及以上电压等级配电网；200kW 及以下储能系统接入 220/380V 电压等级配电网。

3）接地系统。通过 10～35kV 电压等级接入的储能系统接地方式应与其接入的配电网侧系统接地方式保持一致，并应满足人身设备安全和保护配合的要求。通过 380V 电压等级并网的储能系统应安装有防止过电压的保护装置，并应装设终端剩余电流保护器。

4）电能质量。储能系统接入配电网后公共连接点处的电能质量，在谐波、间谐波、电压偏差、电压不平衡、直流分量等方面应满足国家相关标准的要求。

5）功率控制与电压调节。储能系统应具备有功功率和无功功率调节控制能力。储能系统的启停和充放电切换不应引起公共连接点处的电能质量指标超出规定范围。由储能系统切除或充放电切换引起的公共连接点功率变化率不应超过电网调度部门规定的限值。

　　储能系统参与电网电压调节的方式包括调节其无功功率、调节无功补偿量等。通过220/380V 电压等级接入的储能系统功率因数应控制在 0.98（超前）～0.98（滞后）范围。通过 10～35kV 电压等级接入的储能系统应能在功率因数 0.98（超前）～0.98（滞后）范围内连续可调。

$\mathit{11}$ 电 能 质 量

电能质量是配电网规划设计中需要考虑的重要因素之一，合理的配电网规划设计方案应能满足工业生产、经济社会和人民生活对电能质量的需求，高品质电能质量对于保障电网安全经济运行、提升工业产品质量、促进节能降耗等均具有重要意义。

电能质量描述的是通过公用电网供给用户端的交流电能的品质，理想状态的公用电网应该以恒定的频率，正弦波形和标准电压对用户供电。由于系统中的发电机、变压器、输电线路和各种设备的非线性和不对称性以及运行操作、外来干扰和各种故障的原因，令这种理想的状态并不存在。电能质量包括电压质量、电流质量，从电能质量管理角度可分为供电质量和用电质量，其主要指标包括频率偏差、电压偏差、电压波动与闪变、三相不平衡、波形畸变（谐波）以及供电连续性等。国内外目前改善电能质量的措施包括两个方面：一是在规划设计阶段充分考虑负荷特性、网架结构、供电能力和调压能力等，通过加强电能质量监测、配电变压器增容、加大低压线径等技术手段，保证电网供电质量；二是根据电能质量评估标准，分析关键用户电能质量敏感度，按需安装电能质量治理设备，及时解决配电网中各种电能质量问题。

本章分别介绍了电能质量的主要技术指标定义、计算方法、不同电压等级下允许限值，分析各电能质量问题产生的原因及相应的治理措施，供配电网规划设计参考。

11.1 电 压 质 量

11.1.1 电压偏差

（1）计算方法。供电系统在正常运行方式下，某一节点的实际电压与系统标称电压之差对系统标称电压的百分数称为该节点的电压偏差。其数学表达式为

$$\Delta U = \frac{U_{re} - U_N}{U_N} \times 100\% \tag{11-1}$$

式中　　ΔU ——电压偏差，%；

U_{re} ——实际电压，kV；

U_N ——系统标称电压，kV。

供电电压偏差的测量方法为：获得电压有效值的基本测量时间窗口应为 10 周波，并且每个测量时间窗口应该与紧邻的测量时间窗口接近且不重叠，连续测量并计算电压有效值的平均值，最终计算获得供电电压偏差值。

（2）限值要求。GB/T 12325《电能质量 供电电压偏差》对电压偏差的具体规定如下：

1）110（66）、35kV 供电电压的正、负偏差的绝对值之和不超过标称电压的 10%[1]。

2）10kV 及以下三相供电电压允许偏差为标称电压的 ±7%。

3）220V 单相供电电压允许偏差为标称电压的 7%与−10%。

（3）电压合格率。按照监测点的电压偏差进行统计，电网电压监测分为 A、B、C、D 四类监测点。A 类监测点为地区供电负荷的变电站和发电厂的 20、10（6）kV 母线电压；B 类监测点为 20、35、66kV 专线供电和 110kV 及以上供电电压；C 类监测点为 20、35、66kV 非专线供电的和 10（6）kV 供电电压，每 10MW 负荷至少应设一个电压监测点；D 类监测点为 380/220V 低压网络供电电压，每百台配电变压器至少设 2 个电压监测点，且监测点应设在有代表性的低压配电网首末两端和部分重要电力用户处。

电压合格率是指实际运行电压偏差在限值范围内累计运行时间与对应的总运行统计时间的百分比，统计的时间单位为 min，通常每次以月（或周、季、年）的时间为电压监测的总时间，供电电压偏差超限的时间累计之和为电压超限时间，监测点电压合格率计算公式如下

$$\gamma_0 = \left(1 - \frac{T_u}{T_s}\right) \times 100\% \tag{11-2}$$

式中　γ_0——电压合格率，%；

　　　T_u——电压超限时间，min；

　　　T_s——总运行统计时间，min。

电网年度综合电压合格率计算公式如下

$$\gamma = 0.5 \times \gamma_A + 0.5 \times \left(\frac{\gamma_B + \gamma_C + \gamma_D}{3}\right) \tag{11-3}$$

式中　γ_A——A 类监测点年度电压合格率，%；

　　　γ_B——B 类监测点年度电压合格率，%；

　　　γ_C——C 类监测点年度电压合格率，%；

　　　γ_D——D 类监测点年度电压合格率，%。

各类检测点年度电压合格率的计算公式如下

$$\gamma_X = \frac{\sum_{j=1}^{m} \frac{\sum_{i=1}^{n} \gamma_{Oij}}{n}}{m} \tag{11-4}$$

---

[1] 如供电电压上下偏差同号（均为正或负）时，按较大的偏差绝对值作为衡量依据。

式中　γ_{Oij}——该类监测点的电压合格率，%；

　　　n——该类监测点的电压检测点个数；

　　　m——年度电压合格率统计月数。

（4）低电压治理与改善措施。

低电压问题一般发生在农网地区，主要是指 220V 电力用户正常用电时段的电压低于 200V，负荷高峰时段低于 190V 的现象。低电压问题的根源在于负荷与电网非正常匹配，涉及管理和技术两方面原因。其中，管理原因主要包括三相负荷不平衡调整不及时、无功设备自动投切率不高和综合管理的动态机制不健全等；技术原因主要包括网架结构不合理、配电变压器容量配置不足、供电半径过长、导线截面偏小、无功设备配置不足等。

1）管理类低电压问题解决方式：

a. 加强低压用户负荷需求管理，满足台区内客户用电基本需求。

b. 切实加强台区基础管理，开展三相不平衡治理，调整配变三相负荷。

c. 加强电力设备运行维护管理，及时处理电压无功设备存在的缺陷，避免因线路损耗大、电压压降大而产生低电压。

2）技术类低电压问题解决方式。技术类低电压问题按影响程度分为台区低电压和用户低电压。其中，变电站出口低电压、中压配网线路末端低电压、无功补偿不足是产生台区低电压的主要原因；低压线路供电距离长、线径小等是造成局部用户低电压的主要原因。

a. 台区低电压。

a）增加电源点，缩小供电半径。建设改造 35～110kV 变电站，提升农网供电能力，缩短 10kV 供电半径；对 35kV 供电线路超长（如超 60km）的 35kV 变电站，进行升压改造或根据电网发展就近接入；对线路供电半径超 30km 的，可采取建设小容量紧凑型 35kV 变电站；当同一变电站 50% 以上的 10kV 线路供电半径大于 15km，或该变电站供区内存在"低电压"情况的行政村数量大于 30% 时，可增加变电站布点。

b）提升 10kV 线路供电能力。对供电半径大于 15km、小于 30km 的 10kV 重载和过载线路，优先采取在供电区域内将负荷转移到其他 10kV 线路的方式进行改造，其次开展新增变电站出线回路数，对现有负荷进行再分配的方式改造；若区域内 5 年发展规划中无新增变电站布点建设计划，可采取加大导线截面或同杆架设线路转移负荷的方式进行改造；对于迂回供电、供电半径长且电压损耗大的 10kV 线路，可采取优化线路结构，缩短供电半径，减小电压损失的方式进行改造。

c）提升变电站调压能力。新建变电站原则上全部采用有载调压变压器；将运行时限超过 15 年的无载调压主变压器，结合电网建设改造逐步更换为有载调压主变压器；对运行时限低于 15 年的无载调压主变压器，可采取不增加抽头的方式改造为有载调压变压器。

d）提升配电变压器调压能力。对接于 10kV 线路末端的配电变压器，可选用分头定制型配电变压器（如采用分头为 $^{+0}_{-4} \times 2.5\%$、$^{+1}_{-3} \times 2.5\%$ 的配电变压器）进行改造。

e）提升 10kV 线路调压能力。一是对供电半径大于 30km，规划期内无变电站建设计划，合理供电半径以后所带配电变压器数量超过 35 台，所带低压用户长期存在"低电压"现象的 10kV 线路，可采用加装线路自动调压器的方式进行改造；对供电半径大于 15km、小于 30km，所带低压用户存在"低电压"情况的 10kV 线路，可采取提高线路供电能力的方式进行改造。

f）提升变电站无功补偿能效。进行全网无功优化补偿，根据无功需求和无功优化补偿模式，开展电网无功优化补偿建设；根据负荷特点优化变电站电容器的容量配置和分组：对于电容器组，一般不应少于两组，对于集合式电容器，可配置两台不同容量电容器，实现多种组合方式；有条件地区，可采用动态平滑调节无功补偿装置。

g）提升 10kV 线路无功补偿能力。在采取多项治理措施后，功率因数仍低于 0.85 的 10kV 线路，可安装线路分散无功自动跟踪补偿装置。

b. 用户低电压。

a）新增配电台区。对长期存在农村配电台区过载及用户低电压问题的区域，优先采取小容量、密布点方式进行改造，缩短低压供电半径，提高供电能力。校核供电半径满足要求时，对因季节性负荷波动较大造成过载的农村配电台区，可采用组合变供电的方式进行改造；对因日负荷波动较大造成短时过载的配电台区，可采用增大变压器容量或更换过载能力较强变压器的方式进行改造；对供电半径大于 500m 且后端有一定数量低压用户数，可采取增加配电变压器布点的方式进行改造，所带低压用户数极少，可采用加装调压器的方式加以解决。

b）主干线三相四线改造。所有严重的用户"低电压"，主要是单相供电引起。对于三相配电变压器，因台区出口低压仅短距离主干线为三相四线供电，其他线路主要以低压单相配出导致的低电压问题，应首先考虑单线改三相，满足用户电压质量同时解决三相动力电问题。

c）提升用户侧无功补偿能力。一是对功率因数不达标的 100kVA 及以上专用变压器用户，应在用户侧配置无功补偿装置；对低压用户 5kW 以上电动机开展随器无功补偿，减少低压线路无功传输功率。二是提升公用配电变压器无功集中补偿能力。在 100kVA 及以上公用配电变压器低压侧，安装无功自动跟踪补偿装置；对无功需求大，配电变压器二次侧首端电压低的 80kVA 及以下配电变压器，安装无功自动跟踪补偿装置；根据农村负荷波动特点，优化公用配电变压器电容器容量组合，提高电容器投入率。

11.1.2　三相不平衡

（1）计算方法。三相不平衡度是电能质量的重要指标之一。电力系统在正常运行方式下，三相电压（电流）不平衡度根据对称分量法，电压（电流）的负序基波分量均方根值与正序基波分量均方根值之比定义为该电压（电流）的三相不平衡度，即

$$\begin{cases} \varepsilon_U = U_2 / U_1 \times 100\% \\ \varepsilon_I = I_2 / I_1 \times 100\% \end{cases} \tag{11-5}$$

式中　ε_U——三相电压不平衡度；

　　　ε_I——三相电流不平衡度；

　　　U_1——电压正序分量均方根值，kV；

　　　U_2——电压负序分量均方根值，kV；

　　　I_1——电流正序分量均方根值，kA；

　　　I_2——电流负序分量均方根值，kA。

在有零序分量的三相系统中应用对称分量法分别求出正序分量和负序分量，由式（11-5）求出不平衡度。在没有零序分量的三相系统中，当已知三相量 a、b、c 时，用下式求不平衡度

$$\varepsilon = \sqrt{\frac{1-\sqrt{3-6L}}{1+\sqrt{3-6L}}} \times 100\% \tag{11-6}$$

$$L = (a^4 + b^4 + c^4)/(a^2 + b^2 + c^2)^2$$

式中　L——中间系数。

工程上为了估算某个不对称负荷在公共连接点上造成的三相电压不平衡度，可用式（11-7）进行近似计算

$$\varepsilon_U \approx \frac{\sqrt{3}I_2 U_L}{10^3 S_d} \times 100\% \tag{11-7}$$

式中　I_2——负荷电流的负序分量，A；

　　　U_L——公共连接点的线电压均方根值，kV；

　　　S_d——公共连接点的三相短路容量，MVA。

在三相对称系统中，由于在某一相上增设了单相负荷而引起的三相电压不平衡度也可按式（11-8）估算

$$\varepsilon_U \approx \frac{S_L}{S_d} \times 100\% \tag{11-8}$$

式中　S_L——单相负荷容量，MVA；

　　　S_d——计算点的三相短路容量，MVA。

（2）限值要求。GB/T 15543《电能质量　三相电压不平衡》规定：

1）电力系统公共连接点，电网正常运行时，负序电压不平衡度不超过2%，短时不得超过4%。

2）接于公共连接点的每个用户，引起该点负序电压不平衡度允许值一般为1.3%，短时不超过2.6%。根据连接点的负荷状况以及邻近发电机、继电保护和自动装置安全运行要求，该允许值可作适当变动，但必须满足1）的规定。

（3）改善措施。改善系统三相不平衡的常用方法有如下几种：

1）将不对称负荷合理分布于三相中，使汇集点各相负荷尽可能平衡。

2）将不对称负荷分散接于不同的供电点，减少集中连接造成的不平衡度过大。

3）将不对称负荷接入高一级电压供电。电压等级越高，系统短路容量越大，不对称负荷在系统总负荷中所占的比例就越小，电压三相不平衡度也随之减小。

4）将不对称负荷采用单独的变压器供电。

5）采用特殊接线的平衡变压器供电。

6）加装三相平衡装置。

（4）应用实例。额定电压为380V 的 3 台单相负荷，其参数如下：负荷 I 的额定容量为 $S_1 = 7.6\ kVA$，功率因数 $\cos\varphi_1 = 1$；负荷 II 的额定容量为 $S_2 = 7.6\ kVA$，功率因数 $\cos\varphi_2 = 0.866$；负荷 III 的额定容量为 $S_3 = 7.6\ kVA$，功率因数 $\cos\varphi_3 = 0.707$。试求不同接线方式时的三相电流不平衡度。

3 个单相负荷共有 6 种不同的接线，见表 11-1。

表 11-1　　　　　　　　　　　　　不 同 接 线 方 式

接线方式	负荷 I	负荷 II	负荷 III	电流不平衡度
1	AB 相	BC 相	CA 相	26.11%
2	AB 相	CA 相	BC 相	21.55%
3	BC 相	AB 相	CA 相	21.51%
4	BC 相	CA 相	AB 相	26.11%
5	CA 相	BC 相	AB 相	21.42%
6	CA 相	AB 相	BC 相	26.02%

a. 以方式 1 为例，计算 ε_1，首先计算三个负荷的阻抗如下

$$Z_1 = U_N^2 / S_1(\cos\varphi_1 + j\sin\varphi_1) = 19$$
$$Z_2 = U_N^2 / S_2(\cos\varphi_2 + j\sin\varphi_2) = 19\times(0.886 + j0.5)$$
$$Z_3 = U_N^2 / S_3(\cos\varphi_3 + j\sin\varphi_3) = 19\times(0.707 + j0.707)$$

b. 计算每个负荷上流过的额定电流为

$$I_1 = \frac{U_{AB}}{Z_1} = \frac{380}{19} = 20$$
$$I_2 = \frac{U_{BC}}{Z_2} = \frac{380\times(\cos240° + j\sin240°)}{19\times(0.886 + j0.5)} = 20\times(-0.886 - j0.5)$$
$$I_3 = \frac{U_{CA}}{Z_3} = \frac{380\times(\cos120° + j\sin120°)}{19\times(0.707 + j0.707)} = 20\times(0.259 + j0.996)$$

A、B、C 三相线电流为

$$I_B = I_2 - I_1 = 20\times(-1.886 - j0.5)$$
$$I_C = I_3 - I_2 = 20\times(1.145 + j1.496)$$
$$I_A = I_1 - I_3 = 20\times(0.741 - j0.996)$$

c. 根据对称分量即可求出线电流的正、负序分量分别为

$$\dot{I}_1 = \frac{1}{3}(I_A + \alpha I_B + \alpha^2 I_C) = 32.82\angle -55.14°$$

$$\dot{I}_2 = \frac{1}{3}(I_A + \alpha^2 I_B + \alpha I_C) = 8.57\angle 117.38°$$

d. 计算三相电流不平衡度

$$\varepsilon_I = \frac{8.57}{32.82} = 26.11\%$$

同理，可计算出其余 5 种接线方式下的三相电流不平衡度，具体计算结果见表 11-1。对比结果可以看出，采用方式 5 的接线方式时，ε_I 最小。

11.1.3 电压波动

（1）计算方法。电压波动是指电压均方根值一系列的变动或连续的改变，其变化周期大于工频周期。电压波动常用相对电压变动量来描述，电压波动取值为一系列电压均方根值变化中的相邻两个极值之差与标称电压的相对百分数。

$$d = \frac{U_{max} - U_{min}}{U_N} \times 100\% \qquad (11-9)$$

式中 U_{max} ——最大电压均方根值；

       U_{min} ——最小电压均方根值；

       U_N ——标称电压。

在配电系统运行中，电压波动现象有可能多次出现，变化过程可能是规则的、不规则的，或是随机的。为了便于对不同的电压波动过程采用不同的评价方法，在电压质量标准化工作中，将可能出现的电压波动图形整合为四种形式，如图 11-1 所示。图（a）所示例如单一阻性负荷投切引起的电压波动。图（b）所示电压波动幅值可能相等或不等，可能为正跃变或者为负跃变，如多重负荷投切引起的电压波动。图（c）所示如非线性电阻负荷运行引起的电压波动。图（d）所示如循环的或随机的功率波动负荷运行引起的电压波动。

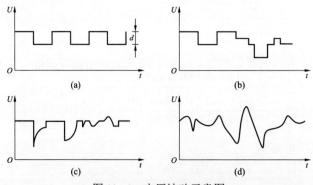

图 11-1 电压波动示意图

（a）周期性等幅矩形电压波动；（b）一系列不规则时间间隔阶跃电压波动；
（c）非全阶跃式可明显分离的电压波动；（d）一系列随机的或连续电压波动

（2）限值要求。根据用电设备的工作特点和对电压特性的影响，波动性负荷可分为两大类型：一类是由于频繁启动和间歇通电时常引起电压按一定规律周期变动的负荷，如轧钢机和绞车、电动机、电焊机等；另一类是引起供电点出现连续的不规则的随机电压变动的负荷，如炼钢电弧炉等。

GB/T 12326《电能质量电压波动和闪变》中对各级电压在一定频度范围内的电压波动限值作了规定，见表 11-2。

表 11-2 各级电网电压波动限值

变动频率 r（h⁻¹）	波动限值 d	
	380/220V、10kV、35kV	110（66）kV
r ≤1	4%	3%
1＜r≤10	3%*	2.5%*
10＜r≤100	2%	1.5%
100＜r≤1000	1.25%	1%

对于变动频度少于 1 次/日的，电压波动限值还可放宽。对于随机性不规则的电压波动，如电弧炉负荷引起的电压波动，表中标*的值为其限值。

11.2 电 网 谐 波

11.2.1 主要谐波源

系统中产生谐波的设备即谐波源，是具有非线性特性的用电设备。目前，电力系统的谐波源就其非线性特性而言主要有三大类：

1）铁磁饱和型：各种铁芯设备，如变压器、电抗器等，其铁磁饱和特性呈现非线性。

2）电子开关型：主要为各种交直流换流装置、双向晶闸管可控开关设备以及 PWM 变频器等电力电子设备。

3）电弧型：交流电弧炉和交流电焊机等。

这些设备即使提供理想的正弦波电压，其工作电流也是非正弦的，即有谐波电流的存在。其谐波电流含量主要决定于设备本身的特性、工作状况以及施加给它的电压，而与系统的参数关系不大，属于谐波恒流源。

谐波的污染与危害主要表现在对电力与信号的干扰影响方面，包括：

（1）电力方面。

1）旋转电机等的（换流变压器过负荷）附加谐波损耗与发热，缩短使用寿命。

2）谐波谐振过电压，造成电气元件及设备的故障与损坏。

3）电能计量错误。

（2）信号干扰方面。

1）对通信系统产生电磁干扰，使通信质量下降。

2）导致重要的和敏感的自动控制、保护装置不正确动作。

3）危害到功率处理器自身的正常运行。

11.2.2　谐波分析

某次谐波分量的大小，常以该次谐波的均方根值与基波均方根值的百分比表示，称为该次谐波的含有率 HR_h，h 次谐波电流和谐波电压的含有率计算如下

$$\begin{cases} HRI_h = I_h / I_1 \times 100\% \\ HRU_h = U_h / U_1 \times 100\% \end{cases} \quad (11-10)$$

式中　　I_h ——第 h 次谐波电流的均方根值，kA；

　　　　U_h ——第 h 次谐波电压的均方根值，kV；

　　　　I_1 ——基波电流的均方根值，kA；

　　　　U_1 ——基波电压的均方根值，kV。

畸变波形因谐波引起的偏离正弦波形的程度，以总谐波畸变率 THD 表示，它等于各次谐波均方根值的平方和的平方根值与基波均方根值的百分比。电流和电压总谐波畸变率 THD_I、THD_U 为

$$\begin{cases} THD_I = \dfrac{\sqrt{\sum\limits_{h=2}^{\infty}(I_h)^2}}{I_1} \times 100\% \\[4mm] THD_U = \dfrac{\sqrt{\sum\limits_{h=2}^{\infty}(U_h)^2}}{U_1} \times 100\% \end{cases} \quad (11-11)$$

11.2.3　谐波电压限值和谐波电流允许值

（1）不同谐波源的谐波叠加计算。当系统中两个谐波源分别产生的同次谐波 A_{hi} 和 A_{hj} 之间的相位角 θ_h 是确定时，其合成的同次谐波按余弦定理计算

$$M_h = \sqrt{A_{hi}^2 + A_{hj}^2 + 2A_{hi}A_{hj}\cos\theta_h} \quad (11-12)$$

当同次谐波 A_{hi} 和 A_{hj} 之间的相位角为随机变量时，可按式（11-13）进行合成。

$$M_h = \sqrt{A_{hi}^2 + A_{hj}^2 + K_h A_{hi}A_{hj}} \quad (11-13)$$

式中　　K_h ——同次谐波 A_{hi} 和 A_{hj} 的随机系数。

K_h 采用概率统计分析结果，K_h 的估计值见表 11-3。

表11-3 K_h 的 取 值

h	3	5	7	11	13	9，>13，偶次
K_h	1.62	1.28	0.72	0.18	0.08	0

计算两个以上同次谐波叠加时，应首先将两个谐波叠加，然后再与第3个谐波源产生的同次谐波相叠加，以此类推。

（2）低压配电系统电压总谐波畸变率允许值。低压配电系统的电压总谐波畸变率允许值是确定中压、高压各级电力系统电压总谐波畸变率的基础。根据国外经验和我国电力系统中谐波影响的具体情况，低压380V配电系统的电压总谐波畸变率允许值为5%，主要分析如下：

1）对于交流感应电动机，根据定子绕组等值发热条件，可以求出等值负序电压与谐波电压的关系。考虑在正常负序电压2%的情况下，不应显著地缩短电机的寿命，允许电压总谐波畸变率约为5%。

2）根据电容器的过电压和过电流能力，分析了各次谐波电流和基波电压的叠加后得出，为避免因局部放电或发热而使电容器的寿命显著缩短，低压配电系统电压总谐波畸变率应控制在5%以内。

3）具有代表性的计算机生产厂家，对计算机电源电压总谐波畸变率的要求为 3%～5%。GB 50174《电子信息系统机房设计规范》中，A 级标准的电源电压总谐波畸变率要求是 5%。

4）固态继电保护装置及远动装置，要求向其供电的电源电压总谐波畸变率在 5%以内。

（3）各级电网谐波电压含有率允许值。当低压配电系统电压总谐波畸变率为5%时，随着配电系统电压等级的升高，各级高压配电系统电压总谐波畸变率逐渐降低。具体见表11-4。

表11-4   公用配电系统谐波电压（相电压）的允许值

供电电压等级（kV）	谐波电压畸变率总极限值	不同谐波电压畸变率极限值	
		奇次	偶次
0.38	5.0	4.0	2.0
6～10	4.0	3.2	1.6
35～66	3.0	2.4	1.2
110	2.0	1.6	0.8

（4）用户注入配电系统的谐波电流允许值。控制配电系统的谐波电压，就必须限制谐波源注入配电系统的谐波电流，确定用户注入配电系统的谐波电流允许值的方法如下：

1）首先确定谐波源在本级配电系统引起的总谐波电压允许值。由于各级配电系统电压谐波畸变率中，包含有上一级配电系统的谐波传递到本级配电系统的谐波电压，所以按谐波叠加原理，扣除上一级配电系统传递到本级配电系统的谐波电压后，才是允许本级配电系统谐波源生成的谐波电压。

2）求得允许谐波源在本级配电系统生成的谐波电压后，即可求出在一个公共连接点的各谐波源注入配电系统的各次总谐波电流允许值，见表 11-5。

表 11-5 　　　　　　　　　　　　**注入公共连接点的谐波电流允许值**

标称电压（kV）	基准短路容量（MVA）	谐波次数及谐波电流允许值（A）											
		2	3	4	5	6	7	8	9	10	11	12	13
0.38	10	78	62	39	62	26	44	19	21	16	28	13	24
6	100	43	34	21	34	14	24	11	11	8.5	16	7.1	13
10	100	26	20	13	20	8.5	15	6.4	6.8	5.1	9.3	4.3	7.9
35	250	15	12	7.7	12	5.1	8.8	3.8	4.1	3.1	5.6	2.6	4.7
66	500	16	13	8.1	13	5.4	9.3	4.1	4.3	3.3	5.9	2.7	5.0
110	750	12	9.6	6.0	9.6	4.0	6.8	3.0	3.2	2.4	4.3	2.0	3.7

标称电压（kV）	基准短路容量（MVA）	谐波次数及谐波电流允许值（A）											
		14	15	16	17	18	19	20	21	22	23	24	25
0.38	10	11	12	9.7	18	8.6	16	7.8	8.9	7.1	14	6.5	12
6	100	6.1	6.8	5.3	10	4.7	9.0	4.3	4.9	3.9	7.4	3.6	6.8
10	100	3.7	4.1	3.2	6.0	2.8	5.4	2.6	2.9	2.3	4.5	2.1	4.1
35	250	2.2	2.5	1.9	3.6	1.7	3.2	1.5	1.8	1.4	2.7	1.3	2.5
66	500	2.3	2.6	2.0	3.8	1.8	3.4	1.6	1.9	1.5	2.8	1.4	2.6
110	750	1.7	1.9	1.5	2.8	1.3	2.5	1.2	1.4	1.1	2.1	1.0	1.9

表 11-5 中的谐波电流允许值，指公共连接点的所有用户向该点注入的各次总谐波电流分量。该谐波电流允许值是按表中的基准短路容量计算得出的，即

$$I_h = \frac{10 S_d HRU_h}{\sqrt{3} U_N h} \tag{11-14}$$

式中　　S_d——公共连接点的三相短路容量，MVA；

　　　　U_N——系统标称电压，kV。

当连接点的实际短路容量不同于表中的基准短路容量时，连接点的谐波电流允许值应按系统实际的最小短路容量进行换算，即

$$I_h = \frac{S_{d1}}{S_{d2}} I_{hp} \tag{11-15}$$

式中　　I_h——短路容量为 S_{d1} 时的第 h 次谐波电流允许值，A；

　　　　S_{d1}——公共连接点的最小短路容量，MVA；

S_{d2}——基准短路容量，MVA；

I_{hp}——表 11-5 中的第 h 次谐波电流允许值，A。

按以上方法换算，得出公共连接点所有用户向配电系统注入的各次总谐波电流允许值后，即可用下式算出同一公共连接点允许第 i 个用户注入的第 h 次谐波电流的允许值如下

$$I_{hi} = I_h \left(\frac{S_i}{S_T} \right)^{\frac{1}{\alpha}} \tag{11-16}$$

式中　I_h——按式（11-15）换算后的第 h 次谐波电流允许值，A；

S_i——第 i 个用户的用电协议容量，MVA；

S_T——公共连接点的供电设备容量，MVA；

α——相位叠加系数，按表 11-6 取值。

表 11-6　　　　　　　　　　α 的 取 值

h	3	5	7	11	13	9	>13	偶次
α	1.1	1.2	1.4	1.8	1.9	2.0		

12 潮流计算

电力系统潮流计算是研究电力系统稳态运行情况的一种最广泛、最基本和最重要的电气计算，是根据给定的电力系统接线方式、参数和运行条件确定电力系统各部分稳态运行参量的计算。通常给定的运行条件有系统中各电源和负荷节点的功率、枢纽点电压、平衡节点的电压和相角，待求的运行状态参量包括各节点的电压及相角、流经各元件的功率和网络的功率损耗等。

电力系统潮流计算的结果是电力系统稳定计算和故障分析的基础。在配电网规划方案的分析时，需进行潮流计算以比较规划方案或运行方式的可行性、可靠性和经济性。传统经典潮流计算方法有牛顿法和 P–Q 分解法，随着人工智能理论的发展，遗传算法、人工神经网络、模糊算法也逐渐被引入潮流计算。配电网潮流算法主要有回路阻抗法、改进牛顿法、快速解耦法、前推回代法等。由于分布式电源大规模接入配电网，新型配电网潮流优化和最优潮流算法的研究已成为国内外配电网潮流计算的研究方向。

本章从标幺值、潮流计算、功率损耗和电能损耗计算、供电安全分析等方面，分析介绍配电网潮流计算的一般流程和内容。

12.1　标　幺　值

为了便于进行配电系统的电气计算，通常采用标幺值。标幺值是指实际有名值（任意单位）与基准值（与实际有名值同单位）之比。标幺值参数有利于进行参数对比并简化计算，容量、电压、电流、阻抗的标幺值参数为

$$\begin{cases} S^* = S / S_{\mathrm{B}} \\ U^* = U / U_{\mathrm{B}} \\ I^* = I / I_{\mathrm{B}} \\ Z^* = Z / Z_{\mathrm{B}} \end{cases} \tag{12-1}$$

式中　S、U、I、Z ——以有名值单位表示的容量、电压、电流和阻抗；

S_{B}、U_{B}、I_{B}、Z_{B} ——以基准量表示的容量、电压、电流、阻抗；

S^*、U^*、I^*、Z^* ——计算得到的容量、电压、电流、阻抗的标幺值。

在工程计算中，基准容量可采用任意值或等于一个电源或数个电源的总容量。为了计算方便，基准容量❶通常取 100MVA 或 1000MVA。基准电压一般取线路平均额定电压，其等级为：230kV、115kV、37kV、10.5kV、6.3kV、3.15kV、0.4kV、0.23kV。当基准容量和基准电压取定后，基准电流及基准阻抗可表示为

$$\begin{cases} I_B = S_B/(\sqrt{3}U_B) \\ Z_B = U_B/(\sqrt{3}I_B) = U_B^2/S_B \end{cases} \quad (12-2)$$

表 12-1 为各级电压常用基准值。

表 12-1 　　　　　各级电压常用基准值（S_B=100MVA）

基准电压（kV）	230	115	37	10.5	6.3	3.15	0.4	0.23
基准电流（kA）	0.25	0.5	1.56	5.5	9.16	18.3	144.3	251
基准阻抗（Ω）	529	132	13.7	1.1	0.397	0.099 2	0.001 6	0.000 53

12.2 潮 流 计 算

12.2.1 计算内容与输入参数

潮流计算的目的是根据给定的运行条件和拓扑结构确定网络的运行状态，是供电能力校核、线损分析、短路电流计算、供电安全水平分析、可靠性计算和无功规划计算的基础，应按典型方式对基准年、规划水平年的配电网进行潮流计算，典型方式包括最大运行方式、最小运行方式和正常运行方式等。内容包括：

（1）分析不同运行方式下电网结构的合理性；

（2）校验网络各节点的电压是否满足要求；

（3）分析设备负载情况。

计算中，元件的计算模型采用单相等效电路，各元件的计算参数如表 12-2 所示。

表 12-2 　　　　　　　　潮流计算元件的计算参数

元件名称	基础参数	约束参数
母线	电压幅值、电压相角	电压幅值的最大值、最小值
电源	有功功率、无功功率	有功和无功功率的最大值、最小值
负荷	有功功率、无功功率	无
线路	电阻、电抗、电纳、电流	无

❶ 为了提高数据的通用性，如无特殊要求，建议取 100MVA。

续表

元件名称	基础参数	约束参数
变压器	电阻、电抗、电导、电纳、变比	有载调压变压器变比最大值、最小值
无功补偿	无功功率容量	无

注 为保证系统正常运行或由于受系统限制，必须满足所求得的参数不能超过一个给定范围，这个范围的参数称为约束参数。

目前，潮流计算可依靠计算分析软件实现，常用的输入数据要求及来源如表 12-3 所示。

表 12-3 计算参数的数据要求

元件名称	计算参数	单位	数据来源
母线	电压幅值	kV	通过软件计算结果得出，或结合实际运行工况通过人工录入
	电压相角	(°)	
电源和负荷	有功功率	kW	
	无功功率	kvar	
线路	电阻、电抗	Ω	根据铭牌标识或规格，结合实测参数或典型参数，计算录入
	电导、电纳	S	
	电流	kA	
变压器	电阻、电抗	Ω	根据铭牌标识或规格，结合实测参数或典型参数，计算录入
	电导、电纳	S	
	变比	无量纲	
无功补偿	容量	kvar	无功补偿也可以用容抗和感抗表示，计算时需要根据额定电压，将补偿功率转换为无功负荷

12.2.2 开式网络潮流计算

（1）计算方法。开式网络中只含有一个电源点，通过辐射状网络向若干个负荷节点进行供电。为了便于计算分析，通常可将电源点称为根节点，最末端的负荷节点称为叶节点，处于中间位置的负荷节点称为非叶节点。图 12-1 为一种典型的辐射状的开式网络。

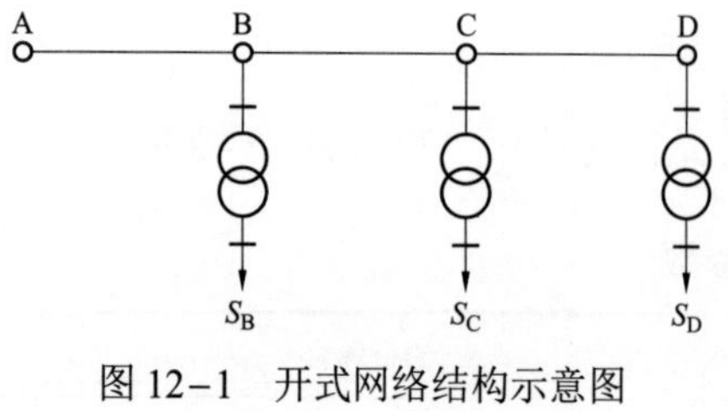

图 12-1 中，供电点 A 通过馈电干线向负荷节点 B、C 和 D 供电，因此 A 为根节点，B、C 为非叶节点，D 为叶节点。一般情况下，已知量仅有 A 点的电压和各负荷节点的功率。

开式网络由于网架结构和数据质量等原因，为了求解网络中各节点的电压水平和线路上的功率分布，一般采用"前推回代"的思路，分别计算节点电压和节点功率的近似解，再通过循环迭代提高近似解的精度。

图 12-1 开式网络结构示意图

第一步（前推）：用 D 点的额定电压 U_N 和功率 S_D，逆着功率传输方向，依次计算各段线路阻抗中的功率损耗和功率分布，即

$$S_{ij}''^{(k)} = S_j^{(k)} + \sum_{m \in N_j} S_{jm}'^{(k)} \tag{12-3}$$

$$\Delta S_{ij}^{(k)} = \frac{(P_{ij}''^{(k)})^2 + (Q_{ij}''^{(k)})^2}{(U_j^{(k)})^2}(r_{ij} + jx_{ij}) \tag{12-4}$$

$$S_{ij}'^{(k)} = S_{ij}''^{(k)} + \Delta S_{ij}^{(k)} \tag{12-5}$$

式中　　$S_{ij}''^{(k)}$——第 k 次迭代线路 ij 注入节点 j 的功率，MVA；

$\quad\quad\quad S_j^{(k)}$——第 k 次迭代节点 j 的功率，MVA；

$\quad\quad\quad S_{jm}'^{(k)}$——第 k 次迭代节点 j 注入线路 jm 的功率，MVA；

$\quad\quad\quad \Delta S_{ij}^{(k)}$——第 k 次迭代线路 ij 上的功率损耗，MVA；

$\quad\quad\quad P_{ij}''^{(k)}$——第 k 次迭代线路 ij 注入节点 j 的有功功率，MW；

$\quad\quad\quad Q_{ij}''^{(k)}$——第 k 次迭代线路 ij 注入节点 j 的无功功率，Mvar；

$\quad r_{ij}$ 和 x_{ij}——线路 ij 的电阻和电抗，Ω；

$\quad\quad\quad U_j^{(k)}$——第 k 次迭代节点 j 的电压，kV；

$\quad\quad\quad S_{ij}'^{(k)}$——第 k 次迭代节点 i 注入线路 ij 的功率，MVA。

对于第一轮的迭代计算，节点电压取为给定的初值，一般为网络的额定电压。

第二步（回代）：利用第一步所得的支路首端功率和本支路始节点的电压（对电源点为已知电压），从电源点开始逐条支路进行计算，求得各支路终节点的电压，其计算公式为

$$U_j^{(k+1)} = \sqrt{\left(U_i^{(k+1)} - \frac{P_{ij}'^{(k)}r_{ij} + Q_{ij}'^{(k)}x_{ij}}{U_i^{(k+1)}}\right)^2 + \left(\frac{P_{ij}'^{(k)}x_{ij} - Q_{ij}'^{(k)}r_{ij}}{U_i^{(k+1)}}\right)^2} \tag{12-6}$$

对于规模不大的网络，可手工计算，精度要求不高时作一次计算即可。对于规模较大的网络，应考虑采用计算机进行计算。

当图 12-1 的网络中与节点 C 相接的是电源点（分布式电源）时，严格地讲，该网络已不能算是开式网络了（开式网络只有一个电源点，任一负荷点只能从唯一的路径取得电能）。但是，该网络在结构上仍是辐射状网络，如果该电源点的功率已经给定，还可以按开式网络处理，可以将该电源点当作是一个功率为 $-S_C$ 的反负荷。

（2）应用实例。开式网络结构示意图如图 12-2 所示。各支路阻抗和节点负荷功率为：$z_{ab} = (0.54 + j0.65)$ Ω，$z_{cd} = (0.6 + j0.35)$Ω，$z_{be} = (0.72 + j0.75)$Ω，$z_{ef} = (1.0 + j0.55)$Ω，$z_{eg} = (0.65 + j0.35)$ Ω，$z_{bh} = (0.9 + j0.5)$Ω，$S_b = (0.6 + j0.45)$kVA，$S_c = (0.4 + j0.3)$kVA，$S_d = (0.4 + j0.28)$kVA，$S_e = (0.6 + j0.4)$ kVA，$S_f = (0.4 + j0.3)$ kVA，$S_g = (0.5 + j0.35)$ kVA，

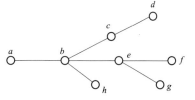

图 12-2　开式网络结构示意图

$S_h = (0.5 + j0.4)$ kVA。设供电点 a 的电压为 10.5kV，电压允许误差为 1V。取电压初值 $U^{(0)} = 10$ kV，作潮流计算。

首先，确定功率损耗计算的支路顺序为 cd，bc，ef，eg，be，bh，ab。每一轮计算的第一步是按式（12-3）～式（12-5）依上列支路顺序计算各支路的功率损耗和功率分布；

第二步用式（12-6）按上列相反的顺序作电压计算。计算结果如表 12-4 和表 12-5 所示。

表 12-4 迭代过程中各支路的首端功率 kVA

迭代线路	前推	回代
S_{cd}	0.401 43+j0.280 83	0.401 42+j0.280 83
S_{bc}	0.807 50+j0.585 73	0.807 40+j0.585 65
S_{ef}	0.402 50+j0.301 38	0.402 55+j0.301 40
S_{eg}	0.502 42+j0.351 30	0.502 46+j0.351 32
S_{be}	1.529 21+j1.077 98	1.529 45+j1.078 19
S_{bh}	0.503 69+j0.402 05	0.503 62+j0.402 01
S_{ab}	3.538 49+j2.633 84	3.535 59+j2.630 35

表 12-5 迭代过程中各节点电压 kV

迭代节点	前推	回代
U_b	10.155 53	10.155 7
U_c	10.077 2	10.077 6
U_d	10.043 5	10.043 9
U_e	9.967 4	9.967 7
U_f	9.910 3	9.910 7
U_g	9.922 3	9.922 6
U_h	10.090 9	10.091 2

12.2.3 闭式网络潮流计算

（1）计算方法。电力系统功率方程是复功率方程，对于 n 个节点的网络，可列写 $2n$ 个方程，但是却有 $6n$ 个变量。这样，n 个节点电力系统的潮流方程的一般形式是

$$\frac{P_i - jQ_i}{\dot{U}_i} = \sum_{j=1}^{n} Y_{ij}\dot{U}_j \quad (i=1,2,\cdots,n) \tag{12-7}$$

式中　P_i、Q_i——节点 i 的注入有功功率，kW，无功功率，kvar；

　　　$\dot{U}_i$、$\dot{U}_j$——节点 i 和节点 j 的复数电压值，kV；

　　　Y_{ij}——节点 i 和节点 j 之间的互导纳，S。

将式（12-7）的实部和虚部分开，对每一节点可得两个实数方程，在直角坐标系下，计算变量为 P、Q、U_x、U_y，其中 U_x、U_y 分别为电压 $\dot{U}$ 的实部与虚部；在极坐标系下，计算变量为 P、Q、U、δ，其中 U、δ 分别为电压 $\dot{U}$ 的幅值与相角。因此，必须给定其中的两个，而留下两个作为待求变量，方程组才可以求解。根据电力系统的实际运行条件，按给定变量的不同，一般将节点分为以下三种类型。

1）PQ 节点。这类节点的有功功率 P 和无功功率 Q 是给定的，节点电压（U，δ）是待求量。通常变电站都是这一类型的节点。由于没有发电设备，故其发电功率为零。有些

情况下，系统中某些发电厂送出的功率在一定时间内为固定时，该发电厂母线也作为 PQ 节点。因此，电力系统中的绝大多数节点属于这一类型。

网络中还有一类既不接发电机，又没有负荷的联络节点（亦称浮游节点），也可以当作 PQ 节点，其 PQ 给定值为零。

2）PV 节点。这类节点的有功功率 P 和电压幅值 U 是给定的，节点的无功功率 Q 和电压的相角 δ 是待求量。这类节点必须有足够的可调无功容量，用以维持给定的电压幅值，因而又称之为电压控制节点。一般是选择有一定无功储备的发电机和具有可调无功电源设备的变电站作为 PV 节点。在电力系统中，这一类节点的数目很少。

3）平衡节点。在潮流分布算出以前，网络中的功率损失是未知的，因此，网络中至少有一个节点的有功功率 P 不能给定，这个节点承担了系统的有功功率平衡，故称之为平衡节点。另外必须选定一个节点，指定其电压相位为零，作为计算各节点电压相位的参考，这个节点称为基准节点。基准节点的电压幅值也是给定的。为了计算上的方便，常将平衡节点和基准节点选为同一个节点，习惯上称之为平衡节点。平衡节点只有一个，它的电压幅值和相位已给定，而其有功功率和无功功率是待求量。

（2）应用实例。电源点是一座 2×150MVA 的 220kV 变电站，其 220kV 侧主接线为双母线接线，110kV 侧和 10kV 侧主接线为单母分段接线。110kV 电网为双辐射式结构，包括 3 座 2×40MVA 变电站和 6 条架空线路，其中 110kV 变电站高、低压侧主接线均为单母分段接线。配电网地理接线示意图如图 12-3 所示。

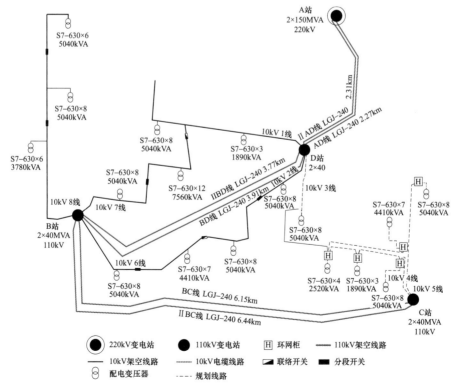

图 12-3　配电网地理接线示意图

相关电气计算分析的设施、设备主要参数详见表 12-6~表 12-9。

表 12-6　　　　　　　　　　**110~220kV 变电站基本信息**

变电站	电压等级（kV）	电压序列（kV）	容量构成（MVA）	主变压器名称	主变压器型号
A 站	220	220/110/10	2×150	A 站 1#	SFPSZ9-150000/220
				A 站 2#	SFPSZ9-150000/220
B 站	110	110/10	2×40	B 站 1#	SFZ9-40000/110
				B 站 2#	SFZ9-40000/110
C 站	110	110/10	2×40	C 站 1#	SFZ9-40000/110
				C 站 2#	SFZ9-40000/110
D 站	110	110/10	2×40	D 站 1#	SFZ9-40000/110
				D 站 2#	SFZ9-40000/110

表 12-7　　　　　　　　　　**110kV 线 路 基 本 信 息**

序号	名称	型号	长度（km）
1	AD 线	LGJ-240	2.27
2	IIAD 线	LGJ-240	2.31
3	DB 线	LGJ-240	3.91
4	IIDB 线	LGJ-240	3.77
5	BC 线	LGJ-240	6.15
6	IIBC 线	LGJ-240	6.44

表 12-8　　　　　　　　　　**110~10kV 导线电气参数表**

型号	导线截面积（mm²）	电压等级（kV）	是否电缆	是否绝缘	正序电阻（Ω/km）	零序电阻（Ω/km）	负序电阻（Ω/km）	正序电抗（Ω/km）	零序电抗（Ω/km）	负序电抗（Ω/km）	正序电纳（μS/km）	零序电纳（μS/km）	负序电纳（μS/km）	正序电导（μS/km）	零序电导（μS/km）	负序电导（μS/km）
LGJ-240	240	110	否	否	0.131	0.181	0.131	0.388	1.164	0.388	2.7	2.72	2.68	0	0	0
LGJ-240	240	10	否	否	0.132	0.182	0.132	0.362	1.086	0.362	2	2.02	1.98	0	0	0

表 12-9　　　　　　　　　　**220~110kV 变压器电气参数表**

型号	容量（MVA）	变比	中压侧主变压器容量（MVA）	低压侧主变压器容量（MVA）	空载电流百分比	高低压侧短路电压百分比	高中压侧短路电压百分比	中低压侧短路电压百分比	空载损耗（kW）	高中压侧短路损耗（kW）	高低压侧短路损耗（kW）	中低压侧短路损耗（kW）
SFPSZ9-150000/220	150	220±8×1.25%/121/10.5	150	75	0.19%	13.5%	10%	7.47%	131.5	473.1	196.3	146.3
SFZ9-40000/110	40	110±8×1.25%/10.5	—	40	0.49%	12.79%	9.98%	6.43%	38.3	—	137.3	—

首先，绘制该系统的电气接线图（见图 12-4）。

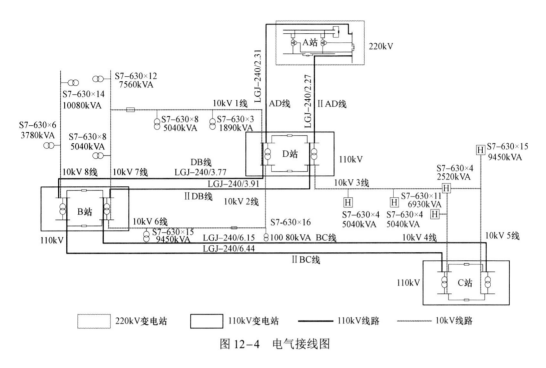

图 12-4　电气接线图

110kV 电网潮流图及计算结果如图 12-5 和表 12-10～表 12-12 所示。

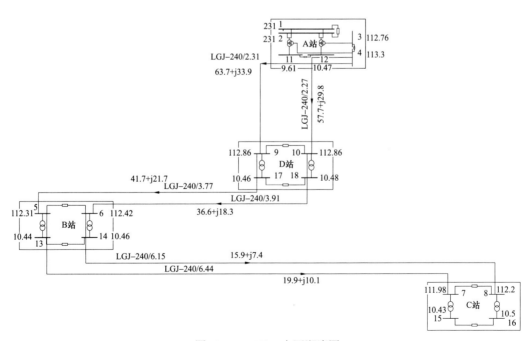

图 12-5　110kV 电网潮流图

表 12-10 110kV 变电站母线节点电压幅值与相角

节点名称	所属变电站	电压幅值（kV）	角度（°）
1	A 站	231	−0.004
2	A 站	231	−0.005
3	A 站	122.76	−3.358
4	A 站	113.3	−9.77
5	B 站	112.31	−10.223
6	B 站	112.42	−10.18
7	C 站	111.98	−10.416
8	C 站	112.2	−10.33
9	D 站	112.86	−9.964
10	D 站	112.86	−9.988

表 12-11 110kV 线 路 潮 流

名称	有功潮流（MW）	无功潮流（Mvar）
AD 线	57.713	29.844
IIAD 线	63.694	33.856
DB 线	36.632	18.335
IIDB 线	41.682	21.718
BC 线	15.883	7.423
IIBC 线	19.911	10.125

表 12-12 10kV 线 路 潮 流

变电站	出线	有功负荷（kW）	无功负荷（kvar）	出口功率因数	出口电压（kV）	出口电流（A）
D 站	10kV1 线	1994.6	964.8	0.9	10.5	122
	10kV2 线	1870.3	905.8	0.9	10.5	114
	10kV3 线	1870.3	905.8	0.9	10.5	114
C 站	10kV4 线	1574.0	761.6	0.9	10.5	96
	10kV5 线	1713.0	827.4	0.9	10.5	105
B 站	10kV6 线	2912.9	1407.5	0.9	10.5	178
	10kV7 线	2072.7	1003.8	0.9	10.5	127
	10kV8 线	2336.9	1131.7	0.9	10.5	143

12.3　功率损耗和电能损耗计算

12.3.1　功率损耗计算

计算一般配电线路的功率损耗，若已知线路的负荷电流时，则该段线路的有功功率和无功功率损耗分别为

$$\begin{cases} \Delta P = 3I^2 R \\ \Delta Q = 3I^2 X \end{cases} \tag{12-8}$$

式中　I——线路电流，A；

R——线路电阻，Ω；

X——线路电抗，Ω。

若已知该段线路的负荷功率时，则其有功功率和无功功率损耗分别可写作

$$\begin{cases} \Delta P = \dfrac{S^2}{U^2} R = \dfrac{P^2+Q^2}{U^2} R = \left(\dfrac{P}{U\cos\varphi}\right)^2 R \\ \Delta Q = \dfrac{S^2}{U^2} X = \dfrac{P^2+Q^2}{U^2} X = \left(\dfrac{P}{U\cos\varphi}\right)^2 X \end{cases} \tag{12-9}$$

式中　$\cos\varphi$——该段线路负荷的功率因数。

式（12-8）和式（12-9）中 P、Q、ΔP、ΔQ 均为三相，U 为线电压。

变压器的功率损耗主要是变压器绕组电阻上的铜损和绕组漏抗无功损耗，以及铁芯中有功损耗和励磁无功功率损耗。在计算潮流时，双绕组变压器用 τ 形等值电路表示，变压器励磁回路的电导和电纳一般接在电源侧。变压器绕组中的铜损和漏抗损耗与通过变压器的功率有关，变压器铁芯的有功损耗和励磁功率则与通过变压器的功率无关，仅与变压器的容量和所加的电压有关。计算双绕组变压器的功率损耗可采用式（12-10）。

$$\begin{cases} \Delta P_T = \dfrac{S^2}{nS_e^2} \times \dfrac{U_e^2}{U^2} \Delta P_c + n\Delta P_0 \dfrac{U^2}{U_e^2} \\ \Delta Q_T = \dfrac{U_{k(\%)}S^2}{100nS_e} \times \dfrac{U_e^2}{U^2} + nI_{0(\%)}S_e \dfrac{U^2}{U_e^2} \end{cases} \tag{12-10}$$

在不考虑电压变化的情况下，若取电压 $U \approx U_e$，亦可简化改写为

$$\begin{cases} \Delta P_T = \dfrac{1}{n} \times \dfrac{P^2+Q^2}{U^2} R_T + n\Delta P_0 \\ \Delta Q_T = \dfrac{1}{n} \times \dfrac{P^2+Q^2}{U^2} X_T + nI_{0(\%)}S_e \end{cases} \tag{12-11}$$

式中　　n ——变压器并列运行台数；

S_e ——变压器的额定容量，MVA；

S ——变压器的总通过容量，MVA；

U ——变压器端电压，kV；

U_e ——变压器额定电压，kV；

R_T ——变压器电阻，Ω；

X_T ——变压器漏抗，Ω；

ΔP_c ——变压器的短路损耗，MW；

ΔP_0 ——变压器的空载损耗，MW；

$I_{0(\%)}$ ——变压器的空载电流，%；

$U_{k(\%)}$ ——变压器的短路电压，%。

对三绕组和自耦变压器，应根据每一绕组的电阻、漏抗及其通过容量分别计算，并计算其空载损耗和励磁功率，即

$$\begin{cases} \Delta P = \Delta P_0 + \dfrac{P_1^2+Q_1^2}{U_1^2}R_{T1} + \dfrac{P_2^2+Q_2^2}{U_2^2}R_{T2} + \dfrac{P_3^2+Q_3^2}{U_3^2}R_{T3} \\ \Delta Q = I_{0(\%)}S_n + \dfrac{P_1^2+Q_1^2}{U_1^2}X_{T1} + \dfrac{P_2^2+Q_2^2}{U_2^2}X_{T2} + \dfrac{P_3^2+Q_3^2}{U_3^2}X_{T3} \end{cases} \tag{12-12}$$

式中　　R_{T1}、R_{T2}、R_{T3} ——变压器各绕组的电阻值，Ω；

X_{T1}、X_{T2}、X_{T3} ——变压器各绕组的电抗值，Ω；

P_1、P_2、P_3 ——各绕组通过的有功功率，MW；

Q_1、Q_2、Q_3 ——各绕组通过的无功功率，Mvar；

U_1、U_2、U_3 ——各绕组相应的计算电压，kV。

12.3.2　电能损耗计算

（1）基本原理。由于电网运行方式经常变化，因此各条线路及变压器通过功率也相应发生变化，其功率损耗也随时间而变化。在分析线路或系统运行的经济性时应该根据不同功率及其相应时间逐段进行计算以求得全年的电能损失 $\Delta A = \int_0^T \dfrac{P_t^2}{U_t^2(\cos\varphi_t)^2}R_t \mathrm{d}t$ ，这种计算虽较严格，但工作量较大，实用计算中一般采用最大负荷利用小时数 $T_{\max}$ 和损耗小时数 τ 的关系（见表 12-13）来计算。损耗小时数为全年电能损耗 ΔA 除以最大负荷时的功率损耗 $\Delta P_{\max}$，即 $\tau = \Delta A / \Delta P_{\max}$。由公式可知 τ 不仅与 $T_{\max}$ 有关，而且与线路、变压器等通过功率的功率因数有关。

（2）配电网元件线损计算。电网中不同元件的年电能损耗可采用如下方法进行计算。

1）架空线路

$$\Delta A = \Delta P_{yp} \times 8760 + \Delta P_{\max}\tau \tag{12-13}$$

式中　ΔP_{yp}——年平均电晕损耗，MW。

表 12-13　　　　　　　最大负荷利用小时数 T_{max} 与损耗小时 τ 的关系表

功率因数 损耗小时数 τ 最大负荷利用小时数 T_{max}	0.8	0.85	0.9	0.95	1.0
2000	1500	1200	1000	800	700
2500	1700	1500	1250	1100	950
3000	2000	1800	1600	1400	1250
3500	2350	2150	2000	1800	1000
4000	2750	2600	2400	2200	2000
4500	3150	3000	2900	2700	2500
5000	3600	3500	3400	3200	3000
5500	4100	4000	3950	3750	3600
6000	4650	4600	4500	4350	4200
6500	5250	5300	5100	5000	4850
7000	5950	5900	5800	5700	5600
7500	6650	6600	6550	6500	6400
8000	7400	—	7250	—	7250

2）电缆线路

$$\Delta A = \Delta P_{wj} \times 8760 + \Delta P_{max}\tau \qquad (12-14)$$

式中　ΔP_{wj}——电缆介质损耗，MW。

3）变压器（双绕组和三绕组）

$$\begin{cases} \Delta A_{双} = \Delta P_0 T + \Delta P_c \dfrac{S^2}{S_n^2}\tau \\[2mm] \Delta A_{三} = \Delta P_0 T + \Delta P_{c1}\dfrac{S_1^2}{S_n^2}\tau_1 + \Delta P_{c2}\dfrac{S_2^2}{S_n^2}\tau_2 + \Delta P_{c3}\dfrac{S_3^2}{S_n^2}\tau_3 \end{cases} \qquad (12-15)$$

式中　T——变压器运行时间，h；

　　　τ_1——高压侧损耗小时数，h；

　　　τ_2——中压侧损耗小时数，h；

　　　τ_3——低压侧损耗小时数，h。

4）电容器

$$\Delta A = 0.003 Q_e T \qquad (12-16)$$

式中　Q_e——电容器容量，MVA；

　　　T——电容器运行时间，h。

5） 电抗器

$$\Delta A = \Delta P_e T \qquad (12-17)$$

式中　ΔP_e——额定电压下的功率损耗，MW；

　　　T——电抗器运行时间，h。

（3）配电网网络线损计算。

1）等值电阻计算法。等值电阻法将复杂的配电线路简化成一个等值损耗电阻，计算其线损。计算中，假设线路总电流按每个负载点配电变压器的容量占该线路配电变压器总容量的比例，分配到各处负载点上，且每个负载点的功率因数 $\cos\varphi$ 相同。

通常情况下，导线电阻不是恒定的，在电源频率一定的情况下，其阻值随导线温度的变化而变化。在简化计算中，一般常把导线电阻分为三个分量考虑。因此，等值电阻法的计算步骤如下：

a. 计算网络的基本等值电阻 R_{dz}

$$R_{dz} = \frac{1}{S_{n\Sigma}^2} \sum_{i=1}^{n} S_{ni}^2 R_{idz} \qquad (12-18)$$

式中　$S_{n\Sigma}$——线路配电变压器容量之和，kVA；

　　　S_{ni}——第 i 计算段后配电变压器容量之和，kVA；

　　　R_{idz}——第 i 计算段导线电阻（20℃时），Ω。

b. 基本电阻计算，考虑在环境温度为20℃时的导线电阻值

$$R_{idz} = rl \qquad (12-19)$$

式中　r——导线电阻率，Ω/km；

　　　l——导线长度，km。

c. 温度附加电阻计算，考虑环境温度变化后，引起的增加值为

$$R_{dzT} = \alpha(t_p - 20)R_{dz} \qquad (12-20)$$

式中　α——导线温度系数，铜、铝导线 $\alpha = 0.004/℃$；

　　　t_p——平均环境温度，℃。

d. 负载电流附加电阻计算，考虑负荷电流通过导线电阻时发热又使导线温度升高，引起的增加值为

$$R_{dzI} = \sum_{i=1}^{n} \beta_i R_{idz} \qquad (12-21)$$

$$\beta_i = 0.2 \left(\frac{I_i}{I_{iMH20}} \right)^2 \qquad (12-22)$$

式中　β_i——第 i 个计算段负载电流引起的导线附加电阻系数，架空导线最高持续允许温度为70℃；

　　　I_{iMH20}——第 i 个计算段导线在环境温度20℃时，持续允许通过的最大载流量。

e. 计算总的等值电阻

$$R_{\Sigma dz} = R_{dz} + R_{dzT} + R_{dzI} \qquad (12-23)$$

f. 总的线损计算

$$\Delta A = \sum A_b + \sum A_l = \sum A_b + 3\left(\sum I_{if}\right)^2 R_{\Sigma dz} T \tag{12-24}$$

式中　$\sum A$ ——总的线路损耗；

　　　$\sum A_b$ ——所有配电变压器的损耗之和；

　　　$\sum A_l$ ——各台配电变压器的均方根电流之和。

在计算总的线损时，采用了均方根电流法。该方法是根据线路出线端电流，计算出均方根电流 I_{if} 和平均电流 I_{pj}，即

$$I_{if} = K_x I_{pj} \tag{12-25}$$

式中　K_x ——形状系数，其取值与负荷率、功率因数有关。简化计算时，可以用二阶梯持续负荷曲线的形状系数的平均值进行计算。即

$$K_x = 0.5 + \frac{(1+\alpha)^2}{8\alpha} \tag{12-26}$$

式中　α ——最小负荷率，是负荷曲线中最小负荷与最大负荷的比值。

K_x 与 α 的关系如表 12-14 所示。

表 12-14　　　　　　　　　　　形状系数平均值与最小负荷率的关系

α	0.1	0.2	0.3	0.4	0.5	0.6	0.7	0.8	0.9	1.0
K_x	1.418	1.183	1.097	1.055	1.031	1.017	1.008	1.003	1.001	1.00

2）分散损耗系数法。分散损耗系数法用于配电线路负荷沿线分布有一定规律时的简化计算。该方法根据配电线路出口总的均方根电流、负荷沿线分布形式和主干线参数直接求出总损耗。

分散系数是指分支线的功率损耗与末端集中负荷时的功率损耗之比 G'，或分支线的功率损耗与负荷均匀分布时的功率损耗之比 G，如表 12-15 所示。

表 12-15　　　　　　　　　　　典型分布负荷的分散系数

序号	负荷分布类型	负荷分布示意图	G	G'
1	末端集中分布		3.0	1.0
2	沿线均匀分布		1.0	0.333
3	沿线渐增分布		1.6	0.533
4	沿线渐减分布		0.6	0.20
5	中间较分布		1.14	0.38

设配电线路是按一个末端集中负荷供电，线路出口总的均方根电流为 I_{if}，线路电阻为 R，则电能损耗为

$$\Delta A = 3I_{\text{if}}^2 RT \tag{12-27}$$

当分支线路的负荷数量相同时，电能损耗为

$$\Delta A = 3I_{\text{if}}^2 RTG \quad \text{或} \quad \Delta A = 3I_{\text{if}}^2 RTG' \tag{12-28}$$

需要注意的是，如分支线的长度和截面不同时，导线的长度应进行折算。

3）损失因数法。损失因数法也称最大电流法，它是利用均方根电流与最大电流的等效关系进行电能损耗计算的方法。损失因数 F 等于计算时段内（日、月、季、年）的平均功率损失 ΔP_{pj} 与最大负荷功率损失 ΔP_{zd} 的比值，即

$$F = \frac{\Delta P_{\text{pj}}}{\Delta P_{\text{zd}}} = \frac{I_{\text{if}}^2}{I_{\text{zd}}^2} = \left(\frac{I_{\text{if}}}{I_{\text{pj}}}\right)^2 \left(\frac{I_{\text{pj}}}{I_{\text{zd}}}\right)^2 = K_{\text{x}}^2 f^2 \tag{12-29}$$

式中 f——负荷率。

通过损失因数 F，可以用最大负荷时的功率损耗计算时段 T 内的电能损耗值，即

$$\Delta A = 3I_{\text{zd}}^2 RFT = \Delta P_{\text{zd}} FT \tag{12-30}$$

损失因数的大小与电力结构、损耗种类、负荷分布及负荷曲线形状等因素有关，特别与负荷率 f 及最小负荷率 α 关系紧密。损失因数 F 可采用以下近似公式计算。

a. 洛桑德损耗因数公式

当 $f \geqslant 0.5 + (1+\alpha)$ 时

$$F = f - \frac{(f-\alpha^2)(1-f)}{1+f-2\alpha}$$

当 $f < 0.5 + (1+\alpha)$ 时

$$F = f - \frac{(1-f)(f+\alpha-2f\alpha)}{2-f-\alpha}$$

b. 当 $f \geqslant 0.5$ 时，按直线变化的持续负荷曲线计算 F 值

$$F = \alpha + \frac{(1-\alpha)^2}{3}$$

当 $f < 0.5$ 时，按二阶梯的持续负荷曲线计算 F 值

$$F = f(1+\alpha) - \alpha$$

c. 对负荷点很多的配电网，若负荷的错峰效应使负荷曲线的最大负荷持续时间很短时，可以采用更简化的公式，即

$$F = 0.2f + 0.8f^2$$

通常，配电网电能损耗采用"110kV 及以下综合线损率"和"10kV 及以下综合线损率"

2 项指标反映，这两项指标一般是根据电网某年的供售电量统计数据得到。计算公式如下

$$110kV及以下综合线损率 = \frac{110kV及以下配电网供电量 - 110kV及以下配电网售电量}{110kV及以下配电网供电量}$$

$$(12-31)$$

$$10kV及以下综合线损率 = \frac{10kV及以下配电网供电量 - 10kV及以下配电网售电量}{10kV及以下配电网供电量}$$

$$(12-32)$$

12.4　供　电　安　全　分　析

（1）基本要求。供电安全分析是潮流计算的高级应用，其实质是检验电力网络在非健全状态下的功率分布和转供能力，涉及的电网元件、参数、结果与潮流计算要求相同，通常是对电力网络中所有线路和变压器进行校验。

通常情况下，35～110kV 电网校核 N–1 的元件主要包括线路和主变，计算时需考虑下级电网的互联转供能力；10kV 线路 N–1 校验对象为线路中一个分段（包括架空线路的一个分段，电缆线路的一个环网单元或一段电缆进线本体）。N–1 校核考虑最严重的情况，本电压等级满足 N–1，或本电压等级不能满足 N–1 但能通过下级电网转供的，其 N–1 校核结果才为通过。

当发现电力网络不能满足 N–1 要求时，应根据建设能力和用电需求，优化规划方案，解决薄弱环节。对于 35～110kV 网架，必要时需进行"N–1–1"校验，其含义为：35～110kV 电网中一台变压器或一条线路计划停运情况下，同级电网中相关联的另一台变压器或一条线路因故障退出运行。

（2）应用实例。仍以 12.2 节所示的电网为例，分析电网的供电安全情况。

1）第一步，计算 110kV 线路输送的视在功率。根据 110kV 线路潮流计算结果，计算正常运行方式下的各条 110kV 线路的视在功率见表 12–16。

表 12–16　　　　　　　　110kV 线 路 视 在 功 率

名称	有功潮流（MW）	无功潮流（Mvar）	视在功率（MVA）
AD 线	57.713	29.844	64.97
IIAD 线	63.694	33.856	72.13
DB 线	36.632	18.335	40.96
IIDB 线	41.682	21.718	47.00
BC 线	15.883	7.423	17.53
IIBC 线	19.911	10.125	22.34

根据表中结果，变电站 A 到变电站 D 之间实际传输容量为 137.11MVA，变电站 D 到变电站 B 之间的实际传输容量为 87.96MVA，变电站 B 到变电站 C 之间的实际传输容量为 39.87MVA。

2）第二步，110kV 线路 N–1 判断。根据架空线路的极限传输容量，LGJ–240 的导线最大传输容量为 116.22MVA。变电站 A 到变电站 D 之间的传输容量超过 LGJ–240 导线的最大传输容量，AD 线和 IIAD 线 N–1 不能通过。校验结果见表 12–17。

表 12–17　　　　　　　　　　　　110kV 线路 N–1 校验结果

线路	N–1 是否通过	线路	N–1 是否通过
AD 线	否	IIAD 线	否
DB 线	是	IIDB 线	是
BC 线	是	IIBC 线	是

3）第三步，110kV 变电站主变压器 N–1 校验。根据 110kV 变电站所带 10kV 线路的潮流计算结果，计算正常运行方式下的各 110kV 变电站的视在功率见表 12–18。

表 12–18　　　　　　　　　　　　110kV 变电站负荷视在功率

变电站	出线	有功负荷（kW）	无功负荷（kvar）	视在功率（kVA）
D 站	10kV1 线	1994.6	964.8	2215.69
	10kV2 线	1870.3	905.8	2078.10
	10kV3 线	1870.3	905.8	2078.10
C 站	10kV4 线	1574	761.6	1748.57
	10kV5 线	1713	827.4	1902.36
B 站	10kV6 线	2912.9	1407.5	3235.13
	10kV7 线	2072.7	1003.8	2302.98
	10kV8 线	2336.9	1131.7	2596.51

经计算，各变电站所带 10kV 线路的最大负荷均不超过变电站单台变压器容量 40MVA，因此能够满足主变压器 N–1 校验结果。校验结果见表 12–19。

表 12–19　　　　　　　　　　　　110kV 主变压器 N–1 校验结果

变电站	主变压器名称	N–1 是否通过
B 站	B 站 1#	是
	B 站 2#	是
C 站	C 站 1#	是
	C 站 2#	是
D 站	D 站 1#	是
	D 站 2#	是

4）第四步，10kV 线路 N–1 校验。从图 12–4 所示的电气接线图看，10kV 线路的联络情况为：110kV 变电站 D 的 10kV1 线与 110kV 变电站 B 的 10kV 7 线形成联络；110kV 变电站 D 的 10kV 2 线与 110kV 变电站 B 的 10kV6 线形成联络；110kV 变电站 D 的 10kV 3 线与 110kV 变电站 C 的 10kV 4 线和 10kV 5 线形成联络。只有 110kV 变电站 B 的 10kV 8 线没有形成联络。

形成联络的 10kV 线路所带负荷最大不超过 4MW，每个分段所带的负荷不超过 2MW，能够满足 N–1 转供要求。只有 110kV 变电站 B 的 10kV8 线无法转移负荷，不能通过 N–1 校验。校验结果见表 12–20。

表 12–20   10kV 线路 N–1 校验结果

变电站	线路名称	N–1 是否通过
D 站	10kV1 线	是
	10kV2 线	是
	10kV3 线	是
C 站	10kV4 线	是
	10kV5 线	是
B 站	10kV6 线	是
	10kV7 线	是
	10kV8 线	否

13 短路电流计算

短路电流是电力系统运行中，相与相之间或相与地之间发生非正常连接（即短路）时流过的电流，电流值远大于额定电流，直接取决于短路点距离电源的电气距离。配电网中发生短路时，短路电流会使配电设备过热或受电动力作用而遭到损坏，同时网络内的电压大幅降低，破坏了配电网设备的正常工作条件。为了消除或减轻短路电流的损害，缩小短路故障影响范围，在配电网规划设计中需要计算短路电流，以正确地选择电气设备、设计继电保护和选用限制短路电流的元件。

短路电流计算通常根据不同的网络结构，采用不同的数学模型和算法。在配电网中常采用的计算方法有基于潮流计算的专家系统法，基于叠加原理的叠加计算法，基于网格化简的网孔等值法，基于前推回代法的故障电流补偿法和当前节点回代法，以及考虑分布式电源影响的改进算法。国外关于短路电流计算主要有欧洲 IEC 标准算法和美国 ANSI 标准算法，其中，IEC 标准算法在电源数据描述、变压器模型抽象、网络结构区分等方面更为复杂和细致。

本章将从短路电流计算目的和内容、短路电流计算方法及实例、短路电流限制措施等方面，分析配电网规划设计中短路电流的实用化计算方法和要求。

13.1　计算目的和内容

13.1.1　计算的目的和作用

短路电流计算是配电网规划设计中必须进行的计算分析工作，其主要目的包括：

（1）选择和校验电气设备；

（2）继电保护装置选型和整定计算；

（3）分析电力系统故障及稳定性能，选择限制短路电流的措施；

（4）确定电力线路对通信线路的影响。

为选择和校验电气设备、载流导体和整定供电系统的继电保护装置，需要计算三相短路电流；为校验继电保护装置的灵敏度，需要计算不对称短路电流；为校验电气设备及载流导体的动稳定和热稳定，需要计算短路冲击电流、稳态短路电流及短路容量；对瞬时动作的低压断路器，需要计算冲击电流有效值来进行动稳定校验。

13.1.2 元件参数计算

（1）正序电抗。

1）同步电机

$$X_{1*}'' = \frac{X_d''(\%)}{100} \times \frac{S_B}{S_N} \qquad (13-1)$$

2）变压器

$$X_{1*} = \frac{U_d(\%)}{100} \times \frac{S_B}{S_N} \qquad (13-2)$$

3）架空线路及电缆线路

$$X_{1*} = X_1 \times \frac{S_B}{U_B^2} \qquad (13-3)$$

式中　　$X_d''(\%)$ ——同步电机次暂态电抗；

　　　　$U_d(\%)$ ——变压器短路电压；

　　　　X_1 ——架空线路及电缆线路阻抗值，Ω；

　　　　S_N ——元件的额定容量，MVA。

当变压器为三绕组变压器时，变压器各绕组短路电压计算方法为

$$\left. \begin{aligned} U_{d1}(\%) &= \frac{1}{2}\left[U_{d高-中}(\%) + U_{d高-低}(\%) - U_{d中-低}(\%)\right] \\ U_{d2}(\%) &= \frac{1}{2}\left[U_{d高-中}(\%) + U_{d中-低}(\%) - U_{d高-低}(\%)\right] \\ U_{d3}(\%) &= \frac{1}{2}\left[U_{d高-低}(\%) + U_{d中-低}(\%) - U_{d高-中}(\%)\right] \end{aligned} \right\} \qquad (13-4)$$

式中　　$U_{d1}(\%)$ ——变压器高压侧短路电压；

　　　　$U_{d2}(\%)$ ——变压器中压侧短路电压；

　　　　$U_{d3}(\%)$ ——变压器低压侧短路电压；

　　$U_{d高-中}(\%)$ ——变压器高—中压短路电压；

　　$U_{d高-低}(\%)$ ——变压器高—低压短路电压；

　　$U_{d中-低}(\%)$ ——变压器中—低压短路电压。

（2）负序电抗。除同步电机外，其他元件的负序电抗等于正序电抗，同步电机的负序电抗为

$$X_{2*} = \frac{X_2(\%)}{100} \times \frac{S_B}{S_N} \qquad (13-5)$$

式中　　$X_2(\%)$ ——负序电抗有名值。

（3）零序电抗的计算。

1）同步电机

$$X_{0*} = \frac{X_0(\%)}{100} \times \frac{S_B}{S_N} \qquad (13-6)$$

2）变压器。当三相变压器的绕组接成三角形或中性点不接地的星形时，从三角形或不接地星形一边来看，由于零序电流不能通过，变压器的零序电抗总是无限大。只有当变压器的绕组接成星形，并且中性点接地时，从星形侧来看变压器，零序电抗才是有限的。

YNd 变压器 I 侧的零序等值电抗为

$$X_0 = X_{10} + \frac{X_{20} X_{\mu 0}}{X_{20} + X_{\mu 0}} \approx X_{10} + X_{20} \qquad (13-7)$$

YNy 变压器 I 侧的零序等值电抗为

$$X_0 = X_{10} + X_{\mu 0} \qquad (13-8)$$

式中　X_{10}、X_{20}——变压器 I、II 侧的零序漏抗；

　　　$X_{\mu 0}$——变压器的零序励磁电抗。

3）架空线路及电缆线路

架空线路根据不同避雷线类型及线路架设方式，其零值电抗取值范围为

$$X_0 = (2 \sim 5.5)X_1 \qquad (13-9)$$

电缆线路要通过测试才能取得准确的零序阻抗，在规划设计和近似计算中，可取

$$X_0 = (3.5 \sim 4.6)X_1 \qquad (13-10)$$

13.1.3　元件标幺值参数

下面给出一些常见的变压器和线路的典型电抗标幺值参数。

（1）常用变压器短路电抗标幺值见表 13-1～表 13-4。

表 13-1　110kV/35kV/10kV 三绕组电力变压器短路电抗标幺值（S_B=100MVA）

额定容量（kVA）	短路阻抗			短路阻抗标幺值范围		
	高-中	高-低	中-低	高压	中压	低压
6300	10.5%	18%～19%	6.5%	1.75～1.83	−0.16～−0.08	1.11～1.19
8000	10.5%	18%～19%	6.5%	1.38～0.78	−0.13～−0.06	0.88～0.94
10 000	10.5%	18%～19%	6.5%	1.10～0.63	−0.10～−0.05	0.70～0.75
12 500	10.5%	18%～19%	6.5%	0.88～0.50	−0.08～−0.04	0.56～0.60
16 000	10.5%	17.5%～18.5%	6.5%	0.69～0.39	−0.06～−0.03	0.44～0.47
20 000	10.5%	18%～19%	6.5%	0.55～0.31	−0.05～−0.03	0.35～0.38
25 000	10.5%	18%～19%	6.5%	0.44～0.25	−0.04～−0.02	0.28～0.30
31 500	10.5%	18%～19%	6.5%	0.35～0.20	−0.03～−0.02	0.22～0.24

额定容量（kVA）	短路阻抗			短路阻抗标幺值范围		
	高-中	高-低	中-低	高压	中压	低压
40 000	10.5%	18%～19%	6.5%	0.28～0.16	−0.03～−0.01	0.18～0.19
50 000	10.5%	18%～19%	6.5%	0.22～0.13	−0.02～−0.01	0.14～0.15
63 000	10.5%	18%～19%	6.5%	0.17～0.10	−0.02～−0.01	0.11～0.12

表 13-2　110（66）kV/10kV 双绕组电力变压器短路电抗标幺值（S_B=100MVA）

额定容量（kVA）	110kV 油浸式配电变压器		66kV 油浸式配电变压器	
	短路阻抗	标幺值 X^*	短路阻抗	标幺值 X^*
630	—	—	8%	12.70
800	—	—	8%	10.00
1000	—	—	8%	8.00
1250	—	—	8%	6.40
1600	—	—	8%	5.00
2000	—	—	8%	4.00
2500	—	—	8%	3.20
3150	—	—	8%	2.54
4000	—	—	8%	2.00
5000	—	—	8%	1.60
6300	10.5%	1.67	9%～11%	1.43～1.75
8000	10.5%	1.31	9%～11%	1.13～1.38
10 000	10.5%	1.05	9%～11%	0.90～1.10
12 500	10.5%	0.84	9%～11%	0.72～0.88
16 000	10.5%	0.66	9%～11%	0.56～0.69
20 000	10.5%	0.53	9%～11%	0.45～0.55
25 000	10.5%	0.42	9%～11%	0.36～0.44
31 500	10.5%	0.33	9%～11%	0.29～0.35
40 000	10.5%	0.26	9%～11%	0.23～0.28
50 000	10.5%	0.21	10%～12%	0.20～0.24
63 000	10.5%	0.17	10%～12%	0.16～0.19
75 000	12%～18%	0.16～0.24	—	—
90 000	12%～18%	0.13～0.20	—	—
120 000	12%～18%	0.10～0.15	—	—
150 000	12%～18%	0.08～0.12	—	—
180 000	12%～18%	0.07～0.10	—	—

表 13-3 　　　35/10kV 双绕组电力变压器短路电抗标幺值（S_B=100MVA）

额定容量（kVA）	油浸式配电变压器		干式配电变压器	
	短路阻抗	标幺值 X^*	短路阻抗	标幺值 X^*
630	6.5%	10.3	—	—
800	6.5%	8.1	6%	7.5
1000	6.5%	6.5	6%	6.0
1250	6.5%	5.2	6%	4.8
1600	6.5%	4.1	6%	3.8
2000	6.5%	3.3	7%	3.5
2500	6.5%	2.6	7%	2.8
3150	7%	2.2	8%	2.5
4000	7%	1.8	8%	2.0
5000	7%	1.4	8%	1.6
6300	7.5%	1.2	8%	1.3
8000	7.5%	0.9	9%	1.1
10 000	7.5%	0.8	9%	0.9
12 500	8%	0.6	9%	0.7
16 000	8%	0.5	9%	0.6
20 000	8%	0.4	9%	0.5
25 000	10.5%	0.4	10%	0.40
31 500	10.5%	0.3	10%	0.32

表 13-4 　　　10/0.38kV 双绕组配电变压器短路电抗标幺值（S_B=100MVA）

额定容量（kVA）	油浸式配电变压器		干式配电变压器		非晶合金变压器	
	短路阻抗	标幺值 X^*	短路阻抗	标幺值 X^*	短路阻抗	标幺值 X^*
30	4%	133.3	4%	133.3	4%	133.33
50	4%	80.0	4%	80.0	4%	80.00
63	4%	63.5	4%	63.5	4%	63.49
80	4%	50.0	4%	50.0	4%	50.00
100	4%	40.0	4%	40.0	4%	40.00
125	4%	32.0	4%	32.0	4%	32.00
160	4%	25.0	4%	25.0	4%	25.00
200	4%	20.0	4%	20.0	4%	20.00
250	4%	16.0	4%	16.0	4%	16.00
315	4%	12.7	4%	12.7	4%	12.7
400	4%	10.0	4%	10.0	4%	10.0
500	4%	8.0	4%	8.0	4%	8.0
630	4.5%	7.1	6%	9.5	4.5%	7.14

额定容量（kVA）	油浸式配电变压器		干式配电变压器		非晶合金变压器	
	短路阻抗	标幺值 X^*	短路阻抗	标幺值 X^*	短路阻抗	标幺值 X^*
800	4.5%	5.6	6%	7.5	4.5%	5.63
1000	4.5%	4.5	6%	6.0	4.5%	4.50
1250	4.5%	3.6	6%	4.8	4.5%	3.60
1600	4.5%	2.8	8%	5.00	4.5%	2.81
2000	0.40	2.50	8%	4.00	5%	2.50
2500	0.32	2.00	8%	3.20	5%	2.00

（2）架空线路每千米电抗标幺值见表 13-5。

表 13-5 　　架空线路每千米电抗标幺值（$S_B=100\text{MVA}$）（千分位表示）

导线截面（mm²）　基准电压	16	25	35	50	70	95	120	150	185	240
6.3kV	1.048	1.012	0.988	0.957	0.032	0.932	0.889	0.872	0.854	0.831
10.5kV	0.378	0.364	0.356	0.345	0.336	0.328	0.32	0.314	0.308	0.299
37kV			0.032	0.032	0.031 4	0.030 7	0.029 8	0.029 2	0.028 3	0.027 7
115kV					0.003 27	0.003 15	0.003 09	0.003 05	0.002 99	0.002 93

注　1. 表内架空线电抗数值。

　　2. 当 6～10kV 时按 LJ 型铝绞线计算；当 35kV 时，按 LGJ 钢芯铝绞线计算。

13.2　计算方法及实例

13.2.1　三相短路电流计算

（1）计算方法。零秒三相短路电流的周期性分量（或称对称短路电流初始值）标幺值可按式（13-11）计算

$$I''_{d*} = \frac{1}{X_{dd*}}$$
（13-11）

式中　X_{dd*}——短路故障点的等值电抗（标幺值）。

（2）短路电流的特征参数。

1）次暂态短路电流 I''。刚发生短路时、短路电流周期分量的有效值。主要用来对电气设备的载流导体进行热稳定校验和整定继电保护装置。

2）稳态短路电流 i_d 及稳态短路电流有效值 I_d。短路瞬变过程结束转到稳定过程时（约需 0.2s）的短路电流瞬时值和有效值。主要用来对电气设备的载流导体进行热稳定校验和

整定继电保护装置。一般认为，次暂态短路电流 I'' 与稳态短路电流有效值 I_d 相等。

3）短路冲击电流 i_c。短路发生经半个周期（$f=50\,\text{Hz}$，$t=0.01\,\text{s}$）时所达到的短路电流瞬时最大值称为短路冲击电流。设备导体选择必须用三相短路冲击电流值进行动稳定校验。

4）短路电流最大有效值 I_c。短路发生经半个周期（$f=50\,\text{Hz}$，$t=0.01\,\text{s}$）时所达到的短路电流最大值的有效值，即短路冲击电流 i_c 的有效值，设备导体选择必须用三相短路冲击电流最大有效值进行动稳定校验。

$$\begin{cases} i_c = I_d\sqrt{2}K_c \\ I_c = I_d\sqrt{1+2(K_c-1)^2} \end{cases} \tag{13-12}$$

式中　　K_c——短路电流冲击系数，取决于短路回路中 X/R 的比值，X/R 不同，则 K_c 也不同，在工程实用计算中，通常取 $K_c=1.8$，则

$$\begin{cases} i_c = 2.55I_d \\ I_c = 1.52I_d \end{cases} \tag{13-13}$$

当在 1000kVA 及以下的变压器二次侧短路时，取 $K_c=1.3$，则

$$\begin{cases} i_c = 1.84I_d \\ I_c = 1.09I_d \end{cases} \tag{13-14}$$

5）短路容量。短路容量是衡量断路器切断短路电流大小的一个重要参数，在任何时候，断路器的切断能力都应大于短路容量。短路容量 S_d 的定义为

$$S_d = \sqrt{3}U_N I_d \tag{13-15}$$

式中　　U_N——线路额定电压，kV。

（3）应用实例。某 10kV 城市配电网如图 13-1 所示，110kV 变电站高压侧 110kV 母线短路容量为 6000MVA（短路电流 31.5kA），10kV 线路采用架空线路，主干线电抗标幺值按照 $0.308\Omega/\text{km}$ 考虑，SF 型变压器容量及线路各段长度均标在图中，试计算 d_1、d_2、d_3 点分别短路时的三相短路电流。

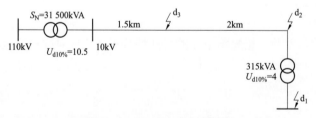

图 13-1　配电网接线示意图

1）计算电力元件的参数及标幺值。基准容量 $S_B=100\,\text{MVA}$，基准电压取各段的平均额定电压 U_B，如表 13-1 所示，则各元件的标幺值参数如下

110kV 系统：$X_{s*} = \dfrac{S_B}{S_d} = \dfrac{100}{6000} = 0.016\,7$

110kV 变压器：$X_{b1*} = \dfrac{U_d S_B}{100 S_N} = \dfrac{10.5 \times 100}{100 \times 31.5} = 0.333$

1.5km、10kV 架空线路：$X_{11*} = X_{0*} L_1 = 1.5 \times 0.308 = 0.462$

2.0km、10kV 架空线路：$X_{21*} = X_{0*} L_2 = 2.0 \times 0.308 = 0.616$

10kV 配电变压器：$X_{b2*} = \dfrac{U_d \times S_B}{100 \times S_N} = \dfrac{4 \times 100}{100 \times 0.315} = 12.7$

2）根据上述计算，可以画出系统的等值电路，如图 13-2 所示。

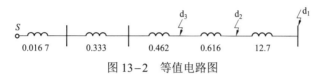

图 13-2 等值电路图

3）计算电源到各短路点的（短路回路）总电抗。

d_1 点：$X_{d1*} = 0.016\,7 + 0.333 + 0.462 + 0.616 + 12.7 = 14.127\,7$

d_2 点：$X_{d2*} = 0.016\,7 + 0.333 + 0.462 + 0.616 = 1.427\,7$

d_3 点：$X_{d3*} = 0.016\,7 + 0.333 + 0.462 = 0.811\,7$

4）求各短路点的三相短路电流。当求得各短路点到电源间的总电抗后，就可以求得各短路点的短路电流。

d_1 点：$I_{d1} = \dfrac{1}{14.127\,7} \times \dfrac{100}{\sqrt{3} \times 0.4} = 10.22$ （kA）

$\qquad I_{c1} = 1.09 \times 10.22 = 11.14$ （kA）

$\qquad i_{c1} = 1.84 \times 10.22 = 18.80$ （kA）

$\qquad S_{d1} = \dfrac{100}{14.127\,7} = 7.08$ （MVA）

d_2 点：$I_{d2} = \dfrac{1}{1.427\,7} \times \dfrac{100}{\sqrt{3} \times 10.5} = 3.85$ （kA）

$\qquad I_{c2} = 1.52 \times 3.85 = 5.85$ （kA）

$\qquad i_{c2} = 2.55 \times 3.85 = 9.82$ （kA）

$\qquad S_{d2} = \dfrac{100}{1.427\,7} = 70.04$ （MVA）

d_3 点：$I_{d3} = \dfrac{1}{0.811\,7} \times \dfrac{100}{\sqrt{3} \times 10.5} = 6.77$ （kA）

$\qquad I_{c3} = 1.52 \times 6.77 = 10.30$ （kA）

$\qquad i_{c3} = 2.55 \times 6.77 = 17.27$ （kA）

$\qquad S_{d3} = \dfrac{100}{0.811\,7} = 123.20$ （MVA）

13.2.2　不对称短路电流计算

（1）对称分量法。当发生单相接地、两相短路或两相接地短路故障时，破坏了系统的对称性。不对称短路电流通常借助于对称分量法进行计算。

三相网络中任一组不对称相量（电流、电压等）都可以分解为三组对称分量，即正序分量、负序分量和零序分量。由于三相对称网络中各对称分量的独立性，即正序电动势只产生正序电流和正序电压降，负序和零序亦然。因此，可利用叠加原理分别计算，然后从对称分量中求出实际的短路电流和电压值。

（2）正序等效定则。根据各种不对称短路的边界条件，可以把正、负、零序三个序网联成一个复合序网。该复合序网既反映了三个序网的回路方程，又能满足该不对称短路的边界条件。根据复合序网可以直观地求得短路电流和电压的各序分量。从不对称短路的复合序网中求解正序电流公式如下：

单相接地短路

$$I_{a1} = \frac{E_a}{X_{1\Sigma} + X_{2\Sigma} + X_{0\Sigma}} \qquad (13-16)$$

两相短路

$$I_{a1} = \frac{E_a}{X_{1\Sigma} + X_{2\Sigma}} \qquad (13-17)$$

两相接地短路

$$I_{a1} = \frac{E_a}{X_{1\Sigma} + \dfrac{X_{2\Sigma} X_{0\Sigma}}{X_{2\Sigma} + X_{0\Sigma}}} \qquad (13-18)$$

因此可以统一用式（13-19）表示，即

$$I_{a1} = \frac{E_a}{X_{1\Sigma} + X_{\Delta}^{(n)}} \qquad (13-19)$$

式中　$X_{1\Sigma}$——系统正序阻抗；

　　　$X_{2\Sigma}$——系统负序阻抗；

　　　$X_{0\Sigma}$——系统零序阻抗；

　　　$X_{\Delta}^{(n)}$——附加阻抗，与短路类型有关，上角符号（n）表示短路的类型。

各种短路时的 $X_{\Delta}^{(n)}$ 值为：

单相接地短路：$X_{\Delta}^{(1)} = X_{2\Sigma} + X_{0\Sigma}$；

两相短路：$X_{\Delta}^{(2)} = X_{2\Sigma}$；

两相接地短路：$X_{\Delta}^{(1,1)} = \dfrac{X_{2\Sigma} X_{0\Sigma}}{X_{2\Sigma} + X_{0\Sigma}}$；

三相短路：$X_{\Delta}^{(3)} = 0$。

13.3 限制短路电流的措施

13.3.1 短路电流限定要求

由于城乡电网的发展，各级电网的短路容量不断增大，不少城市配电网短路容量超过规程及导则中短路容量限值，甚至超过了断路器的开断容量。为保证配电网的开断电流与设备的动、热稳定电流得以配合，并满足目前我国的设备制造水平，配电网各电压等级的短路电流不应超过表 13-6 所列数值。

表 13-6 短 路 电 流 要 求

电压等级（kV）	短路电流限定值（kA）
110	31.5、40
66	31.5
35	25、31.5
10	16、20、25

注 1. 对于主变压器容量较大的 110kV 变电站（40MVA 及以上）、35kV 变电站（20MVA 及以上），其低压侧可选取表中较高的数值，对于主变压器容量较小的 110~35kV 变电站的低压侧可选取表中较低的数值。

2. 10kV 线路短路容量沿线路递减，配电设备可根据安装位置适当降低短路容量标准。

13.3.2 短路电流限制措施

（1）变压器选择。

1）选择合适的变压器容量。变电站中变压器台数及容量对电网的短路水平有很大的影响。从国内外情况看，变电站中使用变压器的台数大多为两台，最多不超过四台。以变电站装设两台主变压器为例，若变压器负荷率取 50%，当一台变压器故障时，另一台变压器承担全部负荷而不会过负荷，其优点是不必在相邻两变电站间建立联络线，负荷转供切换均在本站内进行；若变压器负荷率取 65%，意味着变压器容量可适当地选小一些，当一台变压器故障时，另一台变压器按 1.3 倍负荷倍数承受短时（2h）过负荷，其优点是经济性好，提高设备利用率，变压器容量相对较小，短路容量小。

2）选用高阻抗变压器。随着配电网的联系不断紧密和变电容量的增大，短路容量将增大，可选用阻抗较大的变压器限制短路电流。这时需要对变压器正常运行时的功率损耗和降低短路容量效果进行综合比较。

3）采用分裂变压器。分裂变压器正常工作时，不计激磁损耗时，高压绕组电流为 I，两个低压分裂绕组流过相同的电流（$I/2$）。高压绕组到低压绕组的穿越电抗为

$$X_{1-2} = X_1 + \frac{X_{2'}}{2} = X_1 + \frac{1}{4} X_{2'-2'}$$ （13-20）

式中　X_1 ——分裂变压器高压侧电抗；

$X_{2'}$ ——分裂变压器低压侧电抗；

X_{1-2} ——分裂变压器穿越电抗；

$X_{2'-2'}$ ——分裂变压器的分裂电抗。

分裂变压器正常工作时电抗值较小，而一个分裂绕组短路时，来自高压侧的短路电流将受到半穿越电抗 $X_{1-2'}$ 的限制，其值近似为正常工作电抗（穿越电抗 X_{1-2}）的 1.9 倍，很好地限制了短路电流。

（2）采用限流电抗器。按安装位置不同，限流电抗器可分为变压器低压侧串联电抗器、分段装电抗器及出线装电抗器三种。

1）低压侧串联电抗器。变压器低压侧串联电抗器可明显增加短路回路电抗，降低低压侧短路容量。

2）母线分段上装设电抗器。母线上发生短路故障或出线上发生短路故障时，来自高压侧的短路电流都受到限制，所以分段电抗器的优点就是限制短路电流的范围大。

3）出线上装设电抗器。出线上装设电抗器，对本线路的限流作用较母线分段电抗器要大得多。尤其是以电缆为引出线的城网，出线电抗器可有效地起到限制短路电流的目的。

（3）其他措施。

1）在电力系统的上级电网加强联系后，将次级电网解环运行；

2）变压器分列运行。

14 供电可靠性计算

配电网的供电可靠性是指配电系统为了满足用户的需求而提供的连续、可用、充裕、优质电力的能力，是对用户供电服务中的一项关键指标，反映了电力工业对国民经济电能需求的满足程度，已经成为衡量一个国家经济发达程度的标准之一。

在配电网规划中，供电可靠性目标值是一项重要规划指标，也是校核和比较规划方案合理性的重要依据。供电可靠性目标值需要根据规划水平年的目标网架、预测负荷水平和元件故障率参数，通过理论计算得出。可靠性理论分析方法有故障模式后果分析法、状态空间图评估法、网络简化法等，其中比较符合电网实际、使用比较广泛的是以元件组合关系为基础的故障模式分析法，国内已开发了相应的软件，并在配电网规划中获得了实际应用。为逐步与国际接轨，建设世界一流现代配电网，本书中各类供电区域的供电可靠性目标值选取，主要参考国外经济发达国家（地区）的供电可靠性水平及国内供电可靠性的现状水平综合得出。目前，部分发达国家由于负荷水平接近饱和、配电网结构趋于稳定、市政建设工程较少，而且配电网检修基本实现了不停电作业，电网中的计划停电时间极少（东京电力每年小于 1min），因此，在统计系统停电时间时，一般只统计故障停电时间，供电可靠性极高，如新加坡（户均年停电时间小于 0.5min）、东京核心区（户均年停电时间小于 5min）。与国外发达国家电网相比，国内电网的用户年停电时间中计划停电时间一般会占到 70%以上，因此，如何大幅度降低计划停电时间也是规划设计方案中需要重点考虑的内容之一。

本章将从供电可靠性统计内容、供电可靠性分析指标、供电可靠性计算方法等方面，分析配电网供电可靠性计算的实用化计算方法和要求。

14.1　供电可靠性统计内容

14.1.1　可靠性统计用户分类

（1）低压用户。低压用户是指以 380/220V 电压受电的用户。统计低压用户时，是以一个接受电网企业计量收费的电力用户作为一个低压用户统计单位。

（2）中压用户。中压用户是指以 10（20、6）kV 电压受电的用户。统计中压用户时，是以一个接受电网企业计量收费的中压电力用户作为一个中压用户统计单位（在低压用户供电可靠性统计工作普及之前，以 10（20、6）kV 供电系统中的公用配电变压器作为用户统计单位，即一台公用配电变压器作为一个中压用户统计单位）。

（3）高压用户。高压用户是指以 35kV 及以上电压受电的用户。统计高压用户时，是以一个用电单位的每一个受电降压变电站作为一个高压用户统计单位。

14.1.2　可靠性统计的系统状态

供电可靠性是反映配电网持续供电能力的重要指标，主要是通过电网停电持续时间分析系统的持续供电能力。配电网的停电性质分类如图 14-1 所示。

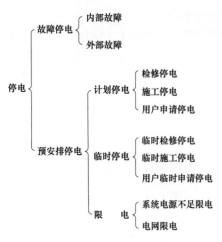

图 14-1　停电性质分类

（1）故障停电。故障停电是指配电网无论何种原因未能按规定程序向调度提出申请，并未在 6h（或按供电合同要求的时间）前得到批准且通知主要用户的停电，包括内部故障停电和外部故障停电。内部故障停电是指电网企业管辖范围以内的电网或设施故障引起的故障停电。外部故障停电是指电网企业管辖范围以外的电网或设施等故障引起的故障停电。

（2）预安排停电。预安排停电是指预先已做出安排，或在 6h 前得到调度批准（或按供用电合同要求的时间）并通知主要用户的停电。包括计划停电、临时停电和限电。

1）计划停电。计划停电是指有正式计划安排的停电，包括检修停电、施工停电及用户申请停电。其中检修停电是指按检修计划要求安排的停电。施工停电是指电网扩建、改造及迁移等施工引起的有计划安排的停电。用户申请停电是指由于用户本身的要求得到批准，且影响其他用户的停电。

2）临时停电。临时停电是指事先无正式计划安排，但在 6h（或按供电合同要求的时间）以前按规定程序经过批准并通知主要用户的停电，包括临时检修停电、临时施工停电及用户临时申请停电。临时检修停电是指系统在运行中发现危及安全运行、必须处理的缺陷而临时安排的停电。临时施工停电是事先未安排计划而又必须尽早安排的施工停电。用户临时申请停电指由于用户本身的特殊要求而得到批准，且影响其他用户的停电。

3）限电。限电是在配电网计划的运行方式下，根据电力的供求关系，对于求大于供的部分进行限量供应，包括系统电源不足限电、电网限电。系统电源不足限电指由于电力系统电源容量不足，由调度命令对用户以拉闸或不拉闸的方式限电。电网限电指由于供电系统本身设备容量不足，或供电系统异常，不能完成预定的计划供电而对用户的拉闸限电，或不拉闸限电。

从系统停电性质来看，影响配电网可靠性水平的主要因素是预安排停电，根据某区域统计数据，预安排停电占总停电时间 70%左右，故障停电占停电时间的 30%左右。在预安排停电中，主要以检修停电和施工停电为主，均占预安排停电的 48%左右；在故障停电中，因自然因素和外力因素造成的外部停电占 55%左右，因设备原因、运行维护及用户影响等内部因素造成的停电占故障停电的 45%左右。

14.2　供电可靠性分析指标

14.2.1　供电可靠性统计指标

（1）供电可靠率。在统计期间内，对用户有效供电时间总小时数与统计期间小时数的比值，记作 $RS-1$；若不计外部影响时，则记作 $RS-2$；若不计系统电源不足限电时，则记作 $RS-3$。计算方法如下：

$$RS-1=\left(1-\frac{用户平均停电时间}{统计期间时间}\right)\times100\% \tag{14-1}$$

$$RS-2=\left(1-\frac{用户平均停电时间-用户平均受外部影响停电时间}{统计期间时间}\right)\times100\% \tag{14-2}$$

$$RS-3=\left(1-\frac{用户平均停电时间-用户平均限电停电时间}{统计期间时间}\right)\times100\% \tag{14-3}$$

（2）用户平均停电时间。用户在统计期间内的平均停电小时数记作 $AIHC-1$（h/户）；若不计外部影响时，则记为 $AIHC-2$（h/户）；若不计系统电源不足限电时，则记作 $AIHC-3$（h/户）。计算方法如下：

$$\begin{aligned}AIHC-1&=\frac{\sum 每户每次停电时间}{总用户数}\\&=\frac{\sum(每次停电持续时间\times每次停电户数)}{总用户数}\end{aligned} \tag{14-4}$$

$$AIHC-2=(AIHC-1)-\frac{\sum(每次外部影响停电持续时间\times每次受其影响的停电户数)}{总用户数} \tag{14-5}$$

$$AIHC-3=(AIHC-1)-\frac{\sum(每次限电停电持续时间\times每次限电停电户数)}{总用户数} \tag{14-6}$$

（3）用户平均停电次数。用户在统计期内的平均停电次数，记作 $AITC-1$（次）；若不计外部影响时，则记为 $AITC-2$（次）；若不计系统电源不足限电时，则记作 $AITC-3$（次）。计算方法如下：

$$AITC-1=\frac{\sum 每次停电用户数}{总用户数} \qquad (14-7)$$

$$AITC-2=\frac{\sum 每次停电用户数-\sum 每次受外部影响的停电用户数}{总用户数} \qquad (14-8)$$

$$AITC-3=\frac{\sum 每次停电用户数-\sum 每次限电停电用户数}{总用户数} \qquad (14-9)$$

（4）用户平均短时停电次数。用户在统计期间内的平均短时停电次数，记作 *ATITC*（次/户）。

$$ATITC=\frac{\sum 每次短时停电用户数}{总用户数} \qquad (14-10)$$

（5）系统停电等效小时数。在统计期间内，将系统对用户停电的影响等效全系统（全部用户）停电的等效小时数，记作 *SIEH*（h）。

$$SIEH=\frac{\sum (每次停电容量\times 每次停电时间)}{系统供电总容量} \qquad (14-11)$$

14.2.2 供电可靠性预测指标

（1）系统平均停电频率指标（*SAIFI*）。系统平均停电频率指标是指每个由系统供电的用户在每单位时间内的平均停电次数。它可以用一年中用户停电的积累次数除以系统供电的总用户数来估计。

$$SAIFI=\frac{用户总停电次数}{总用户数}=\frac{\sum \lambda_i N_i}{\sum N_i} \qquad (14-12)$$

式中　　*SAIFI*——系统平均停电频率指标，次/（用户·年）；

　　　　λ_i——负荷点 i 的故障率；

　　　　N_i——负荷点 i 的用户数。

（2）用户平均停电频率指标（*CAIFI*）。用户平均停电频率指标是指每个受停电影响的用户在每一单位时间里经受的平均停电次数。它可以用一年中观察到的用户停电次数除以受停电影响的用户数来估计。每个受停电影响的用户每年只计算一次停电，不考虑用户在一年中实际经受的一次以上的停电次数。

$$CAIFI=\frac{用户总停电次数}{受停电影响的总用户数} \qquad (14-13)$$

式中　　*CAIFI*——用户平均停电频率指标，次/（停电用户·年）。

（3）系统平均停电持续时间指标（*SAIDI*）。系统平均停电持续时间指标是指每个由系统供电的用户在一年中经受的平均停电持续时间。它用一年中用户经受的停电持续时间的总和除以该年中由系统供电的用户总数来估计，即

$$SAIDI = \frac{用户停电持续时间的总和}{总用户数} = \frac{\sum U_i N_i}{\sum N_i} \qquad (14-14)$$

式中 $SAIDI$ ——系统平均停电持续时间指标，min/（用户·年）或 h/（用户·年）；

U_i ——负荷点 i 的年停电时间；

N_i ——负荷点 i 的用户数。

（4）用户平均停电持续时间指标（$CAIDI$）。用户平均停电持续时间指标是指一年中被停电的用户经受的平均停电持续时间，它可用一年中用户停电的持续时间的总和除以该年停电用户总户数来估计，即

$$CAIDI = \frac{用户停电持续时间的总和}{停电用户总户数} = \frac{\sum U_i N_i}{\sum \lambda_i N_i} \qquad (14-15)$$

式中 $CAIDI$ ——为用户平均停电持续时间指标，min/（停电用户·年）或 h/（停电用户·年）；

U_i ——负荷点 i 的年停电时间；

λ_i ——负荷点 i 的故障率；

N_i ——负荷点 i 的用户数。

（5）平均供电可用率指标（$ASAI$）。平均供电可用率指标是指一年中用户经受的不停电小时总数与用户要求的总供电小时数之比。用户要求的总供电小时数采用全年 12 个月平均运行的用户数乘以 8760，即

$$ASAI = \frac{用户总供电小时数}{用户要求的总供电小时数} = \frac{\sum N_i \times 8760 - \sum U_i N_i}{\sum N_i \times 8760} \qquad (14-16)$$

式中 $ASAI$ ——平均供电可用率指标；

8760——一年的小时数，h。

（6）平均供电不可用率指标（$ASUI$）。平均供电不可用率指标是指一年中用户的积累停电小时总数与用户要求的总供电小时数之比，即

$$ASUI = 1 - ASAI = \frac{用户的积累停电小时总数}{用户要求的总供电小时数} = \frac{\sum U_i N_i}{\sum N_i \times 8760} \qquad (14-17)$$

式中 $ASUI$ ——平均供电不可用率指标。

14.3 供电可靠性计算方法

14.3.1 故障计算模型

设施停运模型是配电网可靠性评估的基础。所谓停运，即指配电网设施由于故障、缺

陷或检修、维修、试验等原因，与电网断开而不带电的状态。设施停运停电率是反映电网停运的重要指标，是指在统计期间内，某类设施平均每100台（或100km）因停运而引起的停电次数，记作 REOI［次/（100台·年）（或100km·年）］。配电设施停运模型主要分为独立停运和相关停运。

独立停运按停运的性质可进一步分为强迫停运和预安排停运。其中强迫停运一般分为可修复停运和不可修复停运，而电力系统中发生的大部分停运是可修复的，也可能发生一些致命性的停运事件；预安排停运（例如设施维修或更换）是人为安排的，不是由失效引起的；半强迫停运是指介于上面两者之间，但必须在有限的时间内退出运行。

相关停运根据停运原因可分为共因停运、设施组停运、电站相关停运、连锁停运及环境相依失效，它们的共同特点是一个停运状态包含有多个设施的失效，如雷击导致同塔双回架空线路失效、变电站站内设备的失效导致的多条线路停运及保护的配合动作引起的连锁停运等。所有的相关停运往往都与之前的独立停运有关，是由于前面的独立停运引起的，因此独立停运是相关停运的基础。

（1）架空线路和电缆线路分别采用架空线路故障停电率和电缆线路故障停电率来评价其故障停电影响。由于线路导线本体及其附属设备故障均会影响线路故障停电率计算，因此元件模型可将线路导线本体及其附属设备统一归并到线路模型中。

架空线路故障停电率：在统计期间内，每100km架空线路故障停电次数，记作 ROFI［次/（100km·年）］。

$$架空线路故障停电率=\frac{架空线路故障停电次数}{架空线路(100km·年)} \tag{14-18}$$

电缆线路故障停电率：在统计期间内，每100km电缆线线路故障停电次数，记作 RCFI［次/（100km·年）］。

$$电缆线路故障停电率=\frac{电缆线路故障停电次数}{电缆线路(100km·年)} \tag{14-19}$$

（2）柱上设备中的避雷器、防鸟装置、高压电容器、高压计量箱、电压互感器不属主要电气连接设备，不影响网络主要拓扑结构，可忽略该类设备的模型。断路器、负荷开关、高压熔断器、隔离开关四类设备直接影响配电网网络拓扑结构和停电情况，一般采用出线断路器故障停电率和其他开关故障停电率反映。

出线断路器故障停电率：在统计期间内，每100台出线断路器故障停电次数，记作 RBFI［次/（100台·年）］。

$$出线断路器故障停电率=\frac{出线断路器故障停电次数}{出线断路器(100台·年)} \tag{14-20}$$

其他开关故障停电率：在统计期间内，每100台其他开关故障停电次数，记作 RSFI［次/（100台·年）］。

$$其他开关故障停电率 = \frac{其他开关故障停电次数}{其他开关(100台 \cdot 年)} \qquad (14-21)$$

（3）变压器台架、高压引线、低压配电设施、避雷器故障不影响变压器故障停电率计算，因此进行忽略，只保留变压器的模型，一般采用变压器故障停电率反映。

变压器故障停电率：在统计期间内，每 100 台变压器故障停电次数，记作 RTFI[次/（100 台·年）]。

$$变压器故障停电率 = \frac{变压器故障停电次数}{变压器(100台 \cdot 年)} \qquad (14-22)$$

此外，箱式变电站应考虑其内部的断路器、负荷开关、熔断器和变压器模型；开关站和环网柜应考虑其中的断路器、负荷开关、熔断器、隔离开关模型。

14.3.2 可靠性计算方法

（1）计算方法。目前，有关配电网可靠性预测评估的方法很多，有故障模式后果分析法、可靠度预测分析法、状态空间图评估法、近似法及网络简化法等，其中使用较为广泛，并已经实践证明比较实际、能够反映配电网结构和运行特性的，是以元件组合关系为基础的故障模式后果分析法。

故障模式后果分析法，就是利用元件可靠性数据，在计算系统故障指标之前先选定某些合适的故障判据（即可靠性准则），然后根据判据将系统状态分为完好和故障两大类的一种检验方法。具体做法是建立故障模式后果表，查清每个基本故障事件及其后果，然后加以综合分析。这是分析配电网可靠性的基本方法，不仅适用于简单的放射状网络，而且可以扩展用于无论有无负荷转移设备的复杂网络的全面分析及计算所有故障过程和恢复过程。按照电气元件的串并联关系，可以将系统故障分析分为以下两个方面。

1）串联系统主要故障分析。串联系统是指由两个或两个以上元件组成的系统，当其中一个元件发生故障，则系统失去供电能力，即必须所有元件同时完好，系统才是完好的。对于串联系统，根据马尔柯夫过程理论，可以推导出适用于工程计算的公式。

$$\begin{cases} \lambda_S = \sum_{i=1}^{n} \lambda_i \\ r_S = \sum_{i=1}^{n} \lambda_i r_i \bigg/ \sum_{i=1}^{n} \lambda_i = \dfrac{U_S}{\lambda_S} \\ U_S = \sum_{i=1}^{n} \lambda_i r_i = \lambda_S r_S \end{cases} \qquad (14-23)$$

式中　λ_S ——系统负荷点的等效故障率（或平均故障率），次/年；

　　　λ_i ——元件 i 的故障率，次/年；

　　　r_i ——元件 i 的故障修复时间（或故障停电时间），h /次；

r_S ——系统负荷点每次故障的等效修复时间（或平均停电持续时间），h／次；

U_S ——系统不可用率（或负荷点的年平均停电时间），h／年。

式（14-23）是根据马尔柯夫过程理论推导出来，并假定元件寿命及修复时间服从指数分布。在实际中，元件寿命不一定服从指数分布，对于服从其他分布的计算模型，也可以考虑采用该式计算。

2）并联系统主要故障分析。并联系统是指由两个或两个以上元件组成的系统，只有当所有元件同时故障时，系统才算故障，即只要其中一个元件正常工作，系统就处在工作状态。两元件并联的计算公式

$$\begin{cases} \lambda_p = \lambda_1\lambda_2(r_1 + r_2) \\ r_p = \dfrac{r_1 r_2}{r_1 + r_2} \\ U_p = \lambda_p r_p = \lambda_1\lambda_2 r_1 r_2 \end{cases} \quad (14-24)$$

三元件并联的计算公式为

$$\begin{cases} \lambda_p = \lambda_1\lambda_2\lambda_3(r_1 r_2 + r_2 r_3 + r_3 r_1) \\ r_p = \dfrac{r_1 r_2 r_3}{r_1 r_2 + r_2 r_3 + r_3 r_1} \\ U_p = \lambda_p r_p = \lambda_1\lambda_2\lambda_3 r_1 r_2 r_3 \end{cases} \quad (14-25)$$

式中　λ_1、λ_2、λ_3 ——分别为元件1、2、3的故障率，次/年；

　　　r_1、r_2、r_3 ——分别为元件1、2、3的故障修复时间（或故障停电时间），h／次；

　　　λ_p ——系统负荷点的等效故障率（或平均故障率），次/年；

　　　r_p ——系统负荷点的等效故障修复时间（或平均停电持续时间），h／次；

　　　U_p ——系统负荷点的不可用率（或年平均停电时间），h／年。

（2）应用实例。如图14-2所示的配电网，假定10kV配电变压器和供电主干线的断路器完全可靠，全部负荷开关常闭，负荷点A、B、C由供电干线经装有熔断器的分支线路供电。当系统中某一部分发生故障时，假定可以通过人工操作负荷开关断开故障部分，使系统恢复供电。

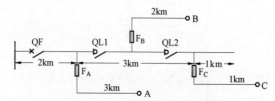

图14-2　配电网地理接线示意图

F—熔断器；QF—断路器；QL—负荷开关

应用故障模式后果分析法进行单端供电网络的可靠性评价，假定系统各元件的可靠性

指标及参数如表 14-1 所示。

表 14-1 放射状配电网元件的可靠性指标及参数

元件	故障率 [次/（km·年）]	平均修复时间(h)	负荷开关操作(h)	负荷点供电用户 数（户）	连接负荷（kW）
供电干线	0.1	3.0			
分支线	0.25	1.0			
QF1，QF2			0.5		
负荷点 a				250	1000
负荷点 b				100	400
负荷点 c				50	100

1）第一步，计算每段干线和分支线的故障率 λ。

每段干线的故障率 = 每段干线长度×干线故障率（0.1）

每段分支线的故障率 = 每段分支线长度×分支线故障率（0.25）

2）第二步，计算每段干线和分支线的每次故障平均停电时间 r。

对于负荷点 A，当 2km 的供电干线发生故障，修复时间为供电干线的平均修复时间，即 3h；当 3km 的供电干线发生故障，修复时间为负荷开关 QF1 的动作时间，即 0.5h；当 1km 的供电干线发生故障，修复时间为负荷开关 QF2 的动作时间，即 0.5h；当负荷点 A 的分支线故障，修复时间为分支线的平均修复时间，即 1h；当负荷点 B 或 C 的分支线故障，修复时间为 1h。

同理，B 点和 C 点的每次故障平均停电时间也可得到，如表 14-2 所示。

3）第三步，计算各负荷点的平均故障率。根据串联系统故障分析指标计算公式，计算负荷点 A、B、C 的平均故障率为

$$\lambda_{s\text{-}A} = 0.2 + 0.3 + 0.1 + 0.75 = 1.35 \text{（次/年）}$$

$$\lambda_{s\text{-}B} = 0.2 + 0.3 + 0.1 + 0.5 = 1.10 \text{（次/年）}$$

$$\lambda_{s\text{-}C} = 0.2 + 0.3 + 0.1 + 0.25 = 0.85 \text{（次/年）}$$

4）第四步，计算各负荷点的每次故障平均停电时间。根据串联系统故障分析指标计算公式，计算负荷点 A、B、C 的每次故障平均停电时间为

$$r_{s\text{-}A} = \frac{1}{1.35}(0.2\times3.0 + 0.3\times0.5 + 0.1\times0.5 + 0.75\times1.0) = 1.15 \text{（h）}$$

$$r_{s\text{-}B} = \frac{1}{1.10}(0.2\times3.0 + 0.3\times3.0 + 0.1\times0.5 + 0.5\times1.0) = 1.86 \text{（h）}$$

$$r_{s\text{-}C} = \frac{1}{0.85}(0.2\times3.0 + 0.3\times3.0 + 0.1\times3.0 + 0.25\times1.0) = 2.41 \text{（h）}$$

5) 第五步，计算各负荷点的年平均停电时间。根据串联系统故障分析指标计算公式，计算负荷点 A、B、C 的年平均停电时间为

$$U_{s\text{-}A} = \lambda_{s\text{-}A} r_{s\text{-}A} = 1.35 \times 1.15 = 1.55 \quad (\text{h/年})$$

$$U_{s\text{-}B} = \lambda_{s\text{-}B} r_{s\text{-}B} = 1.1 \times 1.86 = 2.05 \quad (\text{h/年})$$

$$U_{s\text{-}C} = \lambda_{s\text{-}C} r_{s\text{-}C} = 0.85 \times 2.41 = 2.05 \quad (\text{h/年})$$

表 14-2 放射状配电网负荷点的可靠性指标及参数

元件		负荷点 A			负荷点 B			负荷点 C		
		λ（次/年）	r（h）	U（h/年）	λ（次/年）	r（h）	U（h/年）	λ（次/年）	r（h）	U（h/年）
干线	2km 段	0.2	3.0	0.6	0.2	3.0	0.6	0.2	3.0	0.6
	3km 段	0.3	0.5	0.15	0.3	3.0	0.9	0.3	3.0	0.3
	1km 段	0.1	0.5	0.05	0.1	0.5	0.05	0.1	3.0	0.3
分支线	3km 段	0.75	1.0	0.75						
	2km 段				0.5	1.0	0.5			
	1km 段							0.25	1.0	0.25
总计		1.35	1.15	1.55	1.1	1.86	2.05	0.85	2.41	2.05

6) 第六步，计算可靠性指标。计算与用户和负荷有关的其他指标，得出用户全年总停电次数（*ACI*）及用户总停电持续时间（*CID*）如下

$$ACI = (250 \times 1.35) + (100 \times 1.1) + (50 \times 0.85) = 490 \quad (\text{次/年})$$

$$CID = (250 \times 1.55) + (100 \times 2.05) + (50 \times 2.05) = 695 \quad (\text{时户})$$

计算可靠性预测评估指标系统平均停电频率指标（*SAIFI*）、用户平均停电频率指标（*CAIFI*）、系统平均停电持续时间指标（*SAIDI*）、用户平均停电持续时间指标（*CAIDI*）、平均供电可用率指标（*ASAI*）和平均供电不可用率指标（*ASUI*）如下

$$SAIFI = 490 / 400 = 1.23 \quad [\text{次/（用户·年）}]$$

$$CAIFI = 490 / 400 = 1.23 \quad [\text{次/（停电用户·年）}]$$

$$SAIDI = 695 / 400 = 1.74 \quad [\text{h/（用户·年）}]$$

$$CAIDI = 695 / 400 = 1.74 \quad [\text{h/（停电用户·年）}]$$

$$ASAI = \frac{400 \times 8760 - 695}{400 \times 8760} = 0.999\,802$$

$$ASUI = 1 - 0.999\,802 = 0.000\,198$$

15 技术经济评价

技术经济分析是指在评估周期内对规划项目各备选方案进行技术比较、经济分析和效果评价，其目的是评估规划项目（新建、改扩建）在技术、经济上的可行性及合理性，为投资决策提供依据。

技术经济分析需确定供电可靠性和全寿命周期内投资费用的最佳组合，一般有两种不同的评估方式，一是在给定投资额度的条件下选择供电可靠性最高的方案；二是在给定供电可靠性目标的条件下选择投资最小的方案。

技术经济分析的评估方法主要包括最小费用评估法、收益/成本评估法以及收益增量/成本增量评估法。评估指标主要包括供电能力、转供能力、线损率、供电可靠性、设备投资费用、运行费用、检修维护费用、故障损失费用等。

技术经济分析的过程主要包括：对规划项目各备选方案的技术经济指标进行评估，根据指标对备选方案进行比较、排序，寻求技术与经济的最佳结合点，确定技术先进与经济合理的最优方案。

本章将从技术经济评价的作用与内容、方案比选、财务评价、不确定性分析4个方面，介绍技术经济评价。

15.1 技术经济评价的作用与内容

15.1.1 技术经济评价的作用

配电网规划设计方案应满足技术可靠、经济合理的要求，所以有必要对规划设计方案进行技术经济评价，通过对比备选方案的主要技术经济指标，确定最优方案，并分析方案投资对实施主体的影响，确定方案的经济可行性，为投资决策提供依据。开展技术经济评价时，应注意：

（1）配电网建设改造量大，除满足新增负荷的工程外，还有很多为配合市政建设而进行的迁改工程，以及承担普遍服务的边远贫困地区农网工程，此类工程增供电量较小，经济效益较差，决策时应兼顾各方面综合效益，不能仅考虑经济效益。

（2）经济评价时，应以企业为整体作为分析对象，通过计算评价期间规划方案实施前后公司收益率变化，可以分析配电网工程对公司经营状况的影响；通过计算负债率等指标变化，可以分析公司对配电网工程的承受能力。

（3）在对不同指标进行敏感性分析时，应充分考虑电网企业的特殊性，分析可靠性与经济性之间的相互关系。

15.1.2 技术经济评价的内容

结合配电网规划设计工作开展实际情况，规划设计方案技术经济评价一般包括方案比选、财务评价及不确定性分析。

（1）方案比选。主要内容为根据配电网发展需要，拟定规划设计备选方案，根据确定的供电可靠性目标和全寿命周期内投资费用的最佳组合的原则，对主要技术经济指标进行对比分析，综合比较，确定最优方案。配电网规划属于多目标规划，在给定投资额度的条件下，从供电能力、供电质量、供电可靠性、运行维护费用等多方面因素综合分析，选择最优方案。

（2）财务评价。一般包括单项工程的财务评价和规划设计方案的财务评价，单项工程的财务评价与工程项目的财务评价原理及方法相同，本书不再详细介绍。配电网规划设计方案投资高，而供电企业作为企业在保证安全供电的同时还应兼顾经济效益，有必要对配电网规划设计方案投资效益进行认真分析，根据企业的经营、财务状况及可承受能力来评估规划项目的可行性。对于不具备独立财务核算的企业，参考相关核定数据假设为独立企业进行财务评价。

（3）不确定性分析。一般包括盈亏平衡分析、灵敏度分析及概率分析，盈亏平衡分析是对于某一无法完全确定参数或原始数据，分析该参数的取值范围，以确定该参数在不同范围内时方案的经济可行性；灵敏度分析也称敏感性分析，是分析各相关因素变化时，影响方案评估结果的程度，以确定不同因素对方案经济性的灵敏度；概率分析也称风险分析，是一种用统计原理研究不确定性的方法，一般工程项目的财务评价都不做概率分析，本书不作介绍。

15.2 方 案 比 选

15.2.1 方案比选流程

方案比选是在各拟定备选方案实施后，分析配电网现状存在问题的解决程度以及配电网预期达到的各项技术经济指标，综合比较各方案，确定最佳方案的过程。

为了在多个配电网规划设计备选方案中选定一个最优方案，在一定的投资额度基础上，需对各方案进行规划实施后各评价指标对比分析，进行相应的定量计算，确定最符合配电网发展要求的规划设计方案。主要工作流程见图 15-1。

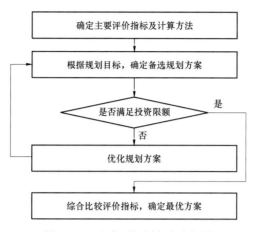

图 15-1　配电网规划方案流程图

15.2.2　主要评价指标

配电网规划设计方案的技术经济评价一般包括配电网供电质量、电网结构、装备水平、供电能力、智能化水平、电网效率、电网效益 7 个方面。具体的评价指标及其定义参见附录 E。

（1）供电质量。供电质量评价主要由供电可靠性和电压质量两部分内容构成，其具体评价指标如表 15-1 所示。

表 15-1　　　　　　　　　　　配电网供电质量评价指标

一级指标	二级指标	三级指标
供电质量	供电可靠性	用户年平均停电时间（可靠率）
		用户年平均停电次数
		故障停电时间占比
	电压质量	综合电压合格率
		"低电压"用户数占比

当采用用户年平均停电时间（可靠率）指标对配电网运行情况进行评价时，规划设计阶段主要利用概率统计的数学方法进行预测，根据规划设计方案中网络结构完善提升转供能力、设备水平提升降低故障率以及配电自动化实施后减少停电时间等因素，对用户年平均停电时间（可靠率）指标进行预测。

（2）电网结构。电网结构评价主要由高压配电网结构和中压配电网结构两部分内容构成，其具体评价指标见表 15-2。

表 15-2   配电网电网结构评价指标

一级指标	二级指标	三级指标
电网结构	高压配电网结构	单线或单变站占比
		标准化结构占比
		$N-1$ 通过率
	中压配电网结构	中压配电线路平均供电半径
		中压架空配电线路平均分段数
		中压配电网标准化结构占比
		中压配电线路联络率
		中压配电线路站间联络率
		中压配电线路 $N-1$ 通过率

高压配电网按电压等级 110（66）、35kV 分别计算，其中 $N-1$ 通过率还需按照主变压器、线路分别计算。标准化结构占比用于反映规划方案采用的电网结构与该电网企业推荐标准的符合程度，侧重反映企业对配电网标准化的管理水平。

（3）装备水平。装备水平评价主要由高压配电网设备标准化水平、高压配电网设备年限、中压配电网设备标准化水平、中压配电网设备年限和中压配电网设备概况 5 部分内容构成，其具体评价指标如表 15-3 所示。

表 15-3   配电网装备水平评价指标

一级指标	二级指标	三级指标
装备水平	高压配电网设备标准化水平	线路标准化率
		主变压器标准化率
	高压配电网设备年限	在运设备平均投运年限
	中压配电网设备标准化水平	中压线路标准化率
		中压配电变压器标准化率
	中压配电网设备年限	中压在运设备平均投运年限
	中压配电网设备概况	中压线路电缆化率
		单压架空线路绝缘化率
		高损配电变压器占比
		非晶合金配电变压器占比

其中，高压配电网设备年限按电压等级 110（66）kV 和 35kV 分别计算。某一电压等级"在运设备平均投运年限"计算公式如下

在运设备平均投运年限 $=\sum$(当年每类在运设备的平均投运年限×所占的权重)

$$(15-1)$$

式中：设备的平均投运年限按照 0～5 年、6～10 年、11～20 年、21～30 年、30 年以上 5 个区间段进行统计归类；对于高压配电网，各类设备的权重可按照主变压器权重为 0.4、线路为 0.3、断路器为 0.2、GIS 内部断路器为 0.1 计算；对于中压配电网，各类设备的权重按照中压线路权重为 0.4、配电变压器为 0.3、环网单元为 0.1、箱式变电站为 0.1、柱上变压器为 0.05、电缆分支箱为 0.05 计算。

"当年每类在运设备的平均投运年限"的计算方法如下

$$当年每类在运设备的平均投运年限 = \frac{\sum 当年该类在运设备投运年限}{设备总数} \times 100\%$$

$$(15-2)$$

（4）供电能力。供电能力评价主要由高压配电网供电能力和中压配电网供电能力两部分内容构成，其具体评价指标如表 15-4 所示。

表 15-4　　　　　　　　　　　配电网供电能力评价指标

一级指标	二级指标	三级指标
供电能力	高压配电网供电能力	高压变电容载比
		变电站可扩建主变压器容量占比
		变电站负载不均衡度
		高压线路最大负载率平均值
		高压线路负载不均衡度
		高压重载线路占比
		高压重载主变压器占比
		高压轻载线路占比
		高压轻载主变压器占比
	中压配电网供电能力	中压线路出线间隔利用率
		中压线路最大负载率平均值
		中压线路负载不均衡度
		中压重载线路占比
		中压轻载线路占比
		中压配电变压器最大负载率平均值
		中压配电变压器负载不均衡度
		中压重载配电变压器占比
		中压轻载配电变压器占比
		户均配电变压器容量

表 15-4 中，负载不均衡度用于反映某一电压等级某类元件的负载均衡情况，计算公式如下

$$B_{\mathrm{S}} = \frac{\sqrt{\dfrac{\sum\limits_{i=1}^{N}(L_{\mathrm{S}-i} - \overline{L}_{\mathrm{S}})}{N}}}{\overline{L}_{\mathrm{S}}} \tag{15-3}$$

式中 B_{S}——某一电压等级某类元件负载不均衡度；

      $L_{\mathrm{S}-i}$——该电压等级某类元件单一元件负载率；

      $\overline{L}_{\mathrm{S}}$——该电压等级某类元件负载率平均值；

      N——该电压等级某类元件数量。

（5）智能化水平。智能化水平评价主要由变电站智能化水平、配电自动化水平、用户互动化水平和环境友好水平四部分内容构成，其具体评价指标见表15-5。

表15-5 配电网智能化水平评价指标

一级指标	二级指标	三级指标
智能化水平	变电站智能化水平	110（66）kV 智能变电站占比
		35kV 变电站光纤覆盖率
	配电自动化水平	配电自动化有效覆盖率
		采用光纤通信方式的配电站点占比
	用户互动化水平	配电变压器信息采集率
		智能电表覆盖率
		可控负荷容量占比
	环境友好水平	分布式电源渗透率
		电动汽车充换电设施密度

配电网智能化水平主要表现为对新技术、新设备、多元化用户的覆盖应用情况。包括110（66）kV 智能变电站、配电变压器信息采集、智能电表、负控装置、分布式电源、充换电设施等。

（6）电网效率。电网效率评价主要由高压配电网设备利用率、中压配电网设备利用率和电能损耗三部分内容构成，其具体评价指标如表15-6所示。

表15-6 配电网电网效率评价指标

一级指标	二级指标	三级指标
电网效率	高压配电网设备利用率	高压线路负载率平均值
		高压主变压器负载率平均值
	中压配电网设备利用率	中压线路负载率平均值
		中压配电变压器负载率平均值
	电能损耗	110kV 及以下综合线损率
		10kV 及以下综合线损率

表 15-6 中的电能损耗对应的是电网企业的综合线损率，综合线损率分为统计线损率和理论线损率。对于规划方案，由于线损电量无法直接测量，一般是根据理论线损计算方法预测目标电网的线损水平，针对性地制定降低配电网电能损耗的措施。

（7）电网效益。电网效益评价主要由投资占比和投资效益两部分内容构成，其具体评价指标如表 15-7 所示。

表 15-7　　　　　　　　　　配电网电网效益评价指标

一级指标	二级指标	三级指标
电网效益	投资占比	配电网投资占比
	投资效益	单位投资增供负荷
		单位投资增供电量

配电网的投资占比应按照配电网投资占电网企业各电压等级投资的比重计算，通过该指标能够反映资金分配情况，保持输电网和配电网的均衡发展。计算公式如下

$$配电网投资占比 = \frac{110kV及以下配电网总投资}{750kV及以下电网总投资} \times 100\% \tag{15-4}$$

单位投资增供负荷用于反映规划期内配电网投资提升电网供电能力的效益水平，以规划期内出现的最大负荷作为电网的最大供电负荷。单位投资增售电量用于反映规划期内配电网投资提升企业供电收益的情况，以规划期内每年增供电量的算术和作为企业的增供电量。计算公式如下

$$单位投资增供负荷 = \frac{期内出现年供电最大负荷 - 期初年供电最大负荷}{规划期内电网投资} \tag{15-5}$$

$$单位投资增供电量 = \frac{\sum_{i=1}^{n}(第i年供电量 - 基准年供电量)}{规划期内电网投资} \tag{15-6}$$

式中：电网投资应为公用网投资；当 $i=1$ 时，第 1 年供电量表示规划期内第一年的供电量。

15.2.3　方案比选方法

建设与运行成本指标。主要评价内容是对规划设计方案实施可能带来总投资及运行成本降低效果的分析，主要包括单位投资指标和方案实施后运行维护费用水平的预测，原始数据具备时，可计算规划设计方案的全寿命周期成本。

（1）投资指标。配电网的投资一般采用单位生产能力投资概略指标法来进行估算，包括线路和变电两个基本指标，其中

$$I_{line} = \frac{IN_{line}}{L_{line}} \tag{15-7}$$

$$I_{tran} = \frac{IN_{tran}}{S_{tran}} \tag{15-8}$$

式中　I_{line}——单位线路投资指标，万元/km；

　　　IN_{line}——线路总投资，万元；

　　　L_{line}——线路总长度，km；

　　　I_{tran}——单位变电投资指标，万元/kVA；

　　　IN_{tran}——变电总投资，万元；

　　　S_{tran}——变电总容量，kVA。

根据方案计算出的单位投资指标，可以和工程概预算定额或大量已实施工程项目的投资统计资料进行对比，以分析方案的经济性。

（2）运行费用指标。配电网的运行费主要包括电能损耗费、维护修理费、大修理费。

1）电能损耗费等于配电网电能损耗乘以计算单价。

2）维护修理费包括工作人员工资、管理费和小修费，该项一般以投资的百分数表示。

3）大修理费指用于恢复设备原有基本功能而对其进行大修理所支付的费用，该项一般也以投资的百分数表示。

评价时，规划设计人员应根据已有工程实施对运行费用降低的历史经验，对规划设计方案实施后的运行费用进行预测。

（3）全寿命周期成本。全寿命周期成本（Life Cycle Cost，LCC）是指全面考虑评价对象在规划、设计、施工、运营维护和残值回收的整个寿命周期全过程的费用总和，其目的就是在多个可替代方案中，选定一个全寿命周期内成本最小的方案。传统的配电网规划项目仅注重工程的建设过程，重点控制项目建设阶段的造价，而弱化了项目未来的运行成本、可靠性及报废成本等，不能实现综合比较。

全寿命周期成本，包括投资成本、运行成本、检修维护成本、故障成本、退役处置成本等。总费用现值计算模型为

$$LCC = \left[\sum_{n=0}^{N} \frac{CI(n) + CO(n) + CM(n) + CF(n)}{(1+i)^n} \right] + \frac{CD(N)}{(1+i)^N} \tag{15-9}$$

式中　LCC——总费用现值，万元；

　　　N——评估年限，与设备寿命周期相对应；

　　　i——贴现率；

　　　$CI(n)$——第 n 年的投资成本，主要包括设备的购置费、安装调试费和其他费用，万元；

　　　$CO(n)$——第 n 年的运行成本，主要包括设备能耗费、日常巡视检查费和环保等费用，万元；

　　　$CM(n)$——第 n 年的检修维护成本，主要包括周期性解体检修费用、周期性检修维护费用，万元；

　　　$CF(n)$——第 n 年的故障损失成本，包括故障检修费用与故障损失成本，万元；

　　　$CD(N)$——第 N 年（期末）的退役处置成本，包括设备退役时处置的人工、设备费用以及运输费和设备退役处理时的环保费用，并应减去设备退役时的残值，

万元。

其中，故障损失成本的计算模型为

$$CF = C_{\text{F-per}}W_{\text{F}} \qquad (15-10)$$

式中　CF——故障损失成本，万元；

　　$C_{\text{F-per}}$——单位电量停电损失成本，万元/kWh；

　　W_{F}——缺供电量，kWh。

其中，单位电量停电损失成本包括售电损失费、设备性能及寿命损失费以及间接损失费，可根据历史数据统计得出，将其固定下来，作为今后预测时的依据。

15.3　财　务　评　价

15.3.1　财务评价特点

（1）以企业为评价对象。配电网规划设计方案评价通常评价规划设计方案的总规模，不以单个项目为对象，一般配电网建设投资规模在基层供电企业投资中占较大比例，对基层供电企业经营及财务状况影响很大。同时，规划设计方案既包括新建工程，又包括扩建与改造工程等，其效益的发挥，除考虑规划的增量资产，还考虑与其相关的存量资产，所以评价时不应只限于工程本身，而应在评价期间（经营期）内把企业整体作为一个评价对象来考虑。

（2）效益识别困难。配电网规划设计方案具有以下特点：

1）既包括新建工程，又包括扩建与改造工程等。

2）配电网规划项目不仅提高了供电能力，增加了销售电量，具有直接经济效益，而且使危旧设备得到更新改造，降低了网络损耗，提高了供电可靠性和供电质量，作为公共事业型企业的普遍服务投资行为，具有多方面间接经济效益和社会效益。

3）由于大量的改、扩建项目中利用原有资产取得了存量效益，配电网工程的电量增长不能简单地按新增的供电能力计算。

因此，配电网规划设计方案财务评价与单独的新建工程评价是有区别的，在进行效益费用识别时，不但要考虑新建工程及改造工程（增量）本身，还必须考虑已运行工程（存量）及总体效益。

15.3.2　财务评价指标

财务评价主要包括盈利能力分析和偿债能力分析。盈利能力分析的主要指标包括财务内部收益率（Financial Internal Rate of Return，FIRR）、财务净现值（Financial Net Present Value，FNPV）、项目投资回收期、总投资收益率（Return On Investment，ROI）、项目资本金净利润率（Return on Equity，ROE）。偿债能力分析的主要指标包括利息备付率（Interest Coverage Ratio，ICR）、偿债备付率（Debt Service Coverage Ratio，DSCR）、资产负债率（Loan of Asset Ratio，LOAR）、流动比率和速动比率。

（1）财务净现值。拟建项目按部门或行业的基准收益率或设定的折现率，将计算期内各年的净现金流量折现到建设起点年份（基准年）的现值累计数。计算公式为

$$FNPV = \sum_{t=1}^{n}(C_I - C_O)_t(1+i_C)^{-t} \tag{15-11}$$

式中　　C_I——现金流入，万元；

　　　　C_O——现金流出，万元；

　　$(C_I-C_O)_t$——第 t 年的净现金流量，万元；

　　　　i_C——基准收益率；

　　　　n——计算年限。

使用财务净现值评价时，要求方案预测的财务净现值为正。

（2）内部收益率。内部收益率是指项目在整个计算期内净现值等于零时的折现率。它的经济含义是在项目终了时，保证所有投资被完全收回的折现率，代表了项目占用资金预期可获得的收益率，可以用来衡量投资的回报水平。计算公式为

$$\sum_{t=1}^{n}(C_I - C_O)_t(1+i)^{-t} = 0 \tag{15-12}$$

式中　　i——内部收益率；

　　　　C_I——现金流入量，万元；

　　　　C_O——现金流出量，万元；

　　$(C_I-C_O)_t$——第 t 年的净现金流量，万元；

　　　　n——计算年限。

内部收益率采用试差法求得。

使用内部收益率评价时，要求方案的内部收益率均应大于行业投资基准收益率或投资方预期的收益率。

（3）投资回收期。投资回收期是指项目以净收益抵偿全部投资所需的时间，是反映投资回收能力的重要指标。动态投资回收期以年表示，计算公式为

动态投资回收期=（累计折现值开始出现正值的年数 -1）+
上年累计折现值的绝对值/当年净现金流量的折现值

在项目财务评价中，动态投资回收期越小说明项目投资回收的能力越强，评价时，投资回收期应低于基准回收期或投资预期的回收期。

（4）资产负债率。资产负债率指各期末负债总额（Total Loan，TL）与资产总额（Total Asset，TA）的比率，是反映项目各年所面临的财务风险程度及综合偿债能力的指标。可按式（15-13）计算

$$LOAR = \frac{TL}{TA} \times 100\% \qquad (15-13)$$

式中　　TL——期末负债总额（万元）；

　　　　TA——期末资产总额（万元）。

（5）评价参数。根据《建设项目经济评价方法与参数（第三版）》，假定投资项目运营期为 25 年（含建设周期），电网行业息税前财务基准收益率通常取 7.0%，也可根据项目特性选择合适的基准收益率。

15.3.3　费用与效益识别

（1）费用识别方法。

1）方案总投资。配电网规划设计方案安排项目所需的投资额。

2）成本费用。配电网运营的总成本费用包括运营成本、折旧摊销和财务费用。运营成本（也称作生产成本）包括材料费、用水费、工资福利费用、维护修理费、保险、其他费用。折旧摊销就是折旧费和摊销费。财务费用包括长期贷款利息、流动资金利息、短期贷款利息。

a. 运营成本。主要是指为保障电网正常运行所必需的一定的材料费、修理费等支出。电网运行维护费及其他随电网资产的增加而增加。一般假定配电网工程项目投运后，其管理水平与电网企业整体无差异，那么在这几项费用的识别上，可以按资产比例进行分摊。

（a）用水费：指生产、管理等用水发生的费用。

（b）材料费：指生产运行、维修和事故处理所耗用的材料、备品备件、低值易耗品等。

（c）维护修理费：指为保持固定资产功能而发生的维护修理费用。主要是电网系统的日常检修维护费和大修维护费。其中，大修维护根据电网企业历年状态检修的数据，统计平均的大修周期，将全周期内的大修维护费用分摊到各年。

（d）工资福利及劳保统筹费用：主要是指为保障电网正常运行所必需的人力资源报酬，包括职工工资、社会福利及其他人工成本等内容。可根据企业薪酬增速历史趋势，预计年增长率。

b. 折旧摊销。

（a）折旧费，是指对固定资产在使用过程中逐年磨损价值的补充。通常采用线性折旧法计提，即

$$折旧费 = 固定资产原值 \times 年折旧率 \qquad (15-14)$$
$$年折旧率 = （1 - 固定资产残值率）/ 折旧年限 \qquad (15-15)$$

配电网资产折旧年限、折旧方法及固定资产净残值率按国家及评价对象实际情况确定。

（b）摊销费，是指无形资产和递延资产在一定期限内分期摊销的费用。

c. 财务费用。财务费用指为筹集资金而发生的各项费用，包括经营期间发生的利息净支出、汇兑净损失、相关手续费及筹资发生的其他费用。

需要说明的是，在以企业作为对象进行财务评价时，方案投资既包括增量资产，也包括存量资产，存量资产可使用固定资产账面值在考虑折旧后作为存量资产建设投资。存量资产中财务费用计算时可根据企业现有债务情况确定贷款额。

（2）效益识别方法。配电网规划设计方案的效益包括增加供电能力的直接效益，也包括提高供电可靠性、发挥电网资源配置作用等间接效益。为方便财务评价，计算时，只考虑可量化的直接效益，即增加供电量的收入，计算公式为

$$R_d = \Delta W P_d \qquad (15-16)$$

式中　　R_d——增售电量收入，万元；

　　　　ΔW——增售电量，kWh；

　　　　P_d——配电网单位电量电价，万元/kWh。

1）电价。目前，110（66）kV 及以下配电网还没有形成统一的独立核算方式，考虑到电网的一体性，在财务评价时可采用配电网固定资产净值占企业总资产净值比例的方式来测算 110（66）kV 及以下配电网的电量电价，测算方法如下。

a. 测算方法。根据电网的电压等级进行资产划分。配电网资产比重测算按式（15–17）计算

$$\eta_F = F_d / F_\Sigma \qquad (15-17)$$

式中　　η_F——资产比重；

　　　　F_d——110（66）kV 及以下电压等级电网资产，万元；

　　　　F_Σ——电网总资产，万元。

随着电力体制改革，输配电价根据电压等级核定，因此配电网增售电量收入可依据《关于制定地方电网和增量配电网配电价格的指导意见》中的要求，直接按照式（15–16）计算得到。

b. 应用实例。某公司 2015 年平均购电成本（上网电价）为 424.71 元/MWh（含税），平均销售电价为 665.75 元/MWh（含税），综合线损率为 6.73%，110kV 及以下电网资产比重为 58.5%。试计算该公司配电网单位电量电价情况。

计算该公司的输配电价 P_{td} 为

$$
\begin{aligned}
P_{td} &= P_s - \frac{P_{net}}{1 - \eta_{loss}} \\
&= 665.75 - \frac{424.71}{1 - 6.73\%} \\
&= 210.39 \, (\text{元/MWh})
\end{aligned}
$$

该公司的配电网单位电量电价 P_d 为

$$P_d = P_{td} \times \eta_F = 210.39 \times 58.5\% = 123.08 \, (\text{元/MWh})$$

因此，该公司配电网单位电量电价为 123.08 元/MWh（含税）。

2）电量。由于年度供电量的增长既有以前年度投资引起的，也有当年新增投资引起的，二者难以区分。当对电网企业进行整体评价时，可不对两者进行区分，但财务评价期限（20年）往往会超过配电网的规划期限，因此需要以供电能力作为配电网供电量的计算依据，一般是结合容载比情况进行判断：

a. 在财务评价期限内，当高压配电网容载比高于规程所规定下限时，表明配电网具备充足的供电能力，可以满足负荷增长需求，此时系统的电量供需能够保持平衡，即供电量等于需电量。

b. 在财务评价期限内，当高压配电网容载比在某一年出现等于或低于规程所规定下限的情况时，表明配电网的供电能力已达到极限，供电量不能满足需电量要求，此时应按最大供电负荷结合典型负荷曲线计算出供电量，此电量为最大供电量。该年以后，认为该规划方案的供电量不再增长，并应考虑未来随着资产退役电量下降的趋势，下降的趋势在实际应用中可根据历史情况并结合当前设备状况做出估计。

需要注意的是，采用有无对比法时，有规划设计方案的增供电量计算，应考虑方案新增变电容量时对应的容载比，确定最大供电量；无规划设计方案的增供电量计算，应按照电网现状变电容量对应的容载比，确定最大供电量；两者最大供电量的差值，即为该方案财务评价的增供电量。

15.3.4　财务评价流程

（1）计算数据收集。主要包括企业固定资产账面值、债务、财务费用、成本费用、售电收入等。

（2）相关参数确定。各种费率等可以参照基准水平年国家有关规定，在实际应用中相关人员需确定的主要是固定资产折旧率、贷款偿还方式，应结合实际情况确定基层供电企业固定资产综合折旧率，根据贷款的余额和还款协议，计算出经营期内逐年实际还款额，新增项目可按工程投资确定借款额，根据还款方式确定逐年还款额并与企业原有实际还款额相加计算出逐年还款额。

（3）费用与效益识别。确定规划投资、电价及增供电量等。

（4）评价指标计算。计算评价对象经营期收益率、净现值等财务评价指标。

（5）分析评价。参考国家、行业相关规定，以及企业发展需求，设定评价参数，对比分析，综合评价规划设计方案的经济可行性及企业账务承受能力。

（6）应用实例。以某地区2018年配电网规划设计方案为例，对其进行财务评价。基础参数见表15-8，2018年该供电企业拟报审配电网规划设计方案投资规模为6045万元，结合地区配电网项目运营现状，基准收益率按照五年长期国债利率取4.27%。

表15-8　　　　　　　　　　　　　　财务评价基础参数表

开工日期	2018/1/1	投产日期	2019/1/1	投产经营期（万元）	25
动态投资（万元）	6045	注资比例（占动态投资）%	20	融资来源	银行1

续表

建设期可抵扣的增值税（万元）	725.34	基准收益率（万元）	4.27	融资比（%）	100
注资来源	投资方1	输电价格（含税）—销项税率（%）	17	融资金额（人民币）	4605.77
注资金额（人民币）	1208.9	城市维护建设税（%）	7	偿还期（年）	16
2018年投资比例（%）	100	教育附加（%）	5	宽限期（年）	1
当年投资额度（万元）	5814.67	所得税率（%）	15	固定资产形成比例（%）	98.5
当年注资比例（%）	100	法定公积金（%）	10	固定资产残值率	2
当年注资额度（万元）	1208.9	当年融资比例（%）	100	其他资产形成比例（%）	1.5
固定资产折旧年限（年）	15	当年融资额度（万元）	4605.77	其他资产摊销年限（年）	1

寿命期内规划设计方案输送电量预测见表 15-9。从表中可以看出，项目运行前期输送电量增长缓慢，到 2033 年预计达到最大输送电量。

表 15-9 输送电量预测表 GWh

年度	2018	2019	2020	2021	2022	2023	2024	2025	2026	2027	2028	2029	2030
序号	1	2	3	4	5	6	7	8	9	10	11	12	13
输送电量		42	67	98	125	155	173	187	198	206	211	215	217
年度	2031	2032	2033	2034	2035	2036	2037	2038	2039	2040	2041	2042	2043
序号	14	15	16	17	18	19	20	21	22	23	24	25	26
输送电量	218	219	220	220	220	220	220	220	220	220	220	220	220

对该项目进行财务模拟分析，主要评价指标见表 15-10。

表 15-10 财务评价指标表

序号	项目名称	单位	指标
1	输变电工程静态投资	万元	5814.67
2	建设期贷款利息	万元	230
3	输变电工程动态投资	万元	6045
4	其中：建设期可抵扣的增值税	万元	725
5	内部收益率（总投资）	%	−1.01
6	财务净现值（总投资）	万元	−2726.1
7	投资回收期（总投资）	年	
8	内部收益率（资本金）	%	−5.88

序号	项目名称	单位	指标
9	内部收益率（投资各方）	%	4.54
10	项目资本金净利润率	%	−10.89
11	利息备付率		−2.27
12	偿债备付率		0.31
13	输电价格（含税）	元/MWh	40
14	输电价格（不含税）	元/MWh	34.19

根据以上计算，可以看出该规划方案总投资净现值为负，寿命期内无法收回投资，偿债能力弱，单从规划本身的差值计算来分析，项目的收益过低，如按现有电价水平，从经济上来看该方案的可行性较差。

15.4 不 确 定 性 分 析

配电网规划设计方案评价时，不确定性分析的主要内容包括盈亏平衡分析和敏感性分析。

15.4.1 盈亏平衡分析

（1）计算方法。盈亏平衡分析是通过盈亏平衡点（Break Even Point，BEP）分析项目成本与收益的平衡关系的一种方法。根据项目正常生产年份的销售收入、固定成本、可变成本、税金等数据，计算盈亏平衡点，分析研究项目成本与收入的平衡关系。盈亏平衡点通常用生产能力利用率或者产量表示，可按式（15−18）和式（15−19）计算

$$BEP_c = \frac{C_F}{P_a - C_a - T_u} \times 100\% \qquad (15-18)$$

$$BEP_p = \frac{C_F}{P_p - C_u - T_u} \times 100\% \qquad (15-19)$$

式中　BEP_c——以生产能力利用率计算的盈亏平衡点；

　　　C_F——年固定成本，万元；

　　　P_a——年销售收入，万元；

　　　C_a——年可变成本，万元；

　　　T_u——年税金及附加，万元；

　　　BEP_p——以产量计算的盈亏平衡点；

　　　P_p——单位产品销售价格，万元；

　　　C_u——单位产品可变成本，万元。

两者之间的换算关系为

$$BEP_c = BEP_p \times PD \qquad (15-20)$$

式中 PD——设计生产能力。

对盈亏平衡分析的计算结果应通过盈亏平衡分析图表示，如图 15-2 所示。

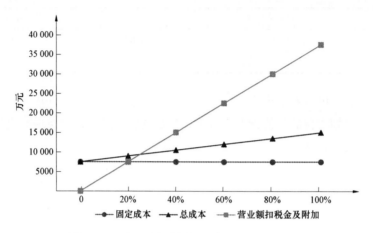

图 15-2 盈亏平衡分析图（生产能力利用率）

当项目收入等于总成本费用时，正好盈亏平衡，盈亏平衡点越低，表示项目适应产品变化的能力越大，抗风险能力越强。

（2）分析因素。对于配电网规划评价时，盈亏平衡分析的因素主要包括供电量、售电价和资金成本。

（3）应用实例。某新建 110kV 项目，设计规模为 2 台 50MVA 主变压器，可研阶段投资估算为 7000 万元（静态）。售电平均单价为 430 元/MWh，购电单价为 340 元/MWh，试进行盈亏平衡分析。

根据盈亏平衡分析计算 BEP 指标为

$$BEP = \frac{7000 \times 10^7}{430 - 340} = 7.78 \times 10^8 \,(\text{kWh})$$

售电量达到 7.78 亿 kWh，该项目盈亏平衡。

15.4.2 敏感性分析

敏感性分析指分析不确定性因素变化对财务指标的影响，找出敏感因素。根据需要，评价时可进行单因素和多因素变化对财务指标的影响分析。

（1）计算方法。敏感度系数指项目评价指标变化率与不确定性因素变化率之比，其计算公式为

$$S_{AF} = \frac{\Delta A / A}{\Delta F / F} \qquad (15-21)$$

式中　$\Delta F / F$ ——不确定性因素 F 变化率；

$\qquad \Delta A / A$ ——不确定性因素 F 发生 ΔF 变化时，评价指标 A 的相应变化率。

其中，变化率参考值为 $\pm 20\%$、$\pm 15\%$、$\pm 10\%$、$\pm 5\%$。

敏感性分析临界点指单一的不确定因素的变化使项目由可行变为不可行的临界数值，可采用不确定因素对基本方案的变化率或其对应的具体数值表示。

（2）敏感因素。根据配电网规划项目特点，不确定性因素主要包括建设投资、增售电量、购售电价差等参数，以及供电可靠性、容载比等规划目标。其中：

当给定内部收益率测算电价时，敏感性分析主要指建设投资、增售电量等不确定因素变化对销售电价差的影响，找出敏感因素，并列出不同比例变化值的结果进行比较。结论一般列表表示。

当给定期望的电价测算财务内部收益率时，敏感性分析主要指建设投资、增售电量、购售电价差、规划目标等不确定因素或约束性指标变化对内部收益率的影响，找出敏感因素，并列出不同比例变化值的结果进行比较。

16 配电网设备设施

配电设施是从输电网和各类发电设施接受电能，就地或逐级分配给各类用户的电能传输的载体，线路和变压器是组成配电系统的基本元素，配电电力电子设备及其他配电设备的主要作用是支持、保护和控制线路及变压器。

设备选型一般应结合地区负荷的发展、电源建设及电网结构等情况，统筹考虑配电设施在电网中的地位和作用，按照标准统一，经济高效的原则，合理确定建设标准。如导线截面一次选定、廊道一次到位、变电土建一次建成；同时通过加强投入产出分析，深化技术经济论证，优化资源配置，提高资产利用效率；为确保电网规划与地方规划有效衔接，需提前开展电力设施布局规划，预留站址和廊道资源。

本章主要介绍变配电设备、架空线路、电缆线路、配电电力电子设备、配电网设施布局五个方面内容。

16.1　配电网设备选择原则

配电网设备选择一般按照如下原则：

（1）配电网设备的选择应遵循设备全寿命周期管理的理念，坚持安全可靠、经济实用的原则，采用技术成熟、少（免）维护、低损耗、节能环保、长寿命、具备可扩展功能的设备，所选设备应通过入网检测。

（2）配电网设备选型应遵循考虑地区差异的标准化原则，对于不同地区，应根据供电区域的类型、供电需求及环境条件确定设备的配置标准。在供电可靠性要求较高、环境条件恶劣（高海拔、高温、高湿、高寒、盐雾、污秽严重等）及灾害多发的区域，宜适当提高设备的配置标准。

（3）配电网设备应有较强的适应性。变压器容量、导线截面、开关遮断容量、设备的热稳定性应留有合理裕度，保证设备在故障、负荷波动或转供时满足运行要求。

（4）配电网设备选型应实现标准化、序列化。在同一供电地区，高压配电线路、主变压器、中压配电线路（主干线、分支线、次分支线）、配电变压器、低压线路的选型，应根据电网网络结构、负荷发展水平综合统一确定，并构成合理的序列。

（5）配电网设备选型和配置应适应智能配电网的发展要求，在计划实施配电自动化的规划区域内，应同步考虑配电自动化的建设需求，预留配电自动化设备接口。

（6）配电网设备建设型式应综合考虑可靠性、经济性及实施条件等因素确定。35kV及以上设备与 10kV 及以下设备因电压等级不同，设备绝缘及其他参数差别大，各电压等级设备类型、尺寸及布置方式区别明显，以下将 35kV 及以上设备与 10kV 及以下设备分别介绍。

16.2 变 配 电 设 备

变配电设备是电网的重要元件，肩负着连接不同电压等级电网并完成功率交换的重要任务。其中，主变压器的选择是电网规划设计的重要任务，主要包括容量、型式和有关参数的选择，中低压设备还涉及建设要求、设置标准、适用条件等内容。

16.2.1 35～110kV 主变压器

（1）主变压器的分类。35～110kV 主变压器按绕组数可分为双绕组变压器和三绕组变压器；按调压方式可分为无励磁调压变压器和有载调压变压器；按冷却方式可分为自冷变压器、风冷变压器；按制造工艺可分为油浸式变压器、气体绝缘变压器和干式变压器。

（2）主要设备规范及电气参数。依据 GB/T 6451《油浸式电力变压器技术参数》、GB/T 10228《干式电力变压器技术参数和要求》的相关规定。35～110kV 常用主变压器设备及电气参数见附录 F～I。

（3）油浸变压器的过负荷能力。变压器具备一定短时过载能力，规划设计中考虑事故情况下变压器容量时，可利用变压器短时过负荷能力。依据 DL/T 572《电力变压器运行规程》，正常方式及事故情况下的过负荷能力见表 16-1、表 16-2。

表 16-1　　　　　　　　　　变压器正常允许过负荷时间

过负荷倍数	过负荷前上层油温（℃）						
	17	22	28	33	39	44	50
	允许连续运行时间（h）						
1.05	5.50	5.25	4.50	4.00	3.00	1.30	
1.10	3.50	3.25	2.50	2.10	1.25	0.10	
1.15	2.50	2.25	1.50	1.20	0.25		
1.20	2.05	1.40	1.15	0.45			
1.25	1.35	1.15	0.50	0.25			
1.30	1.10	0.50	0.30				
1.35	0.55	0.35	0.15				

续表

过负荷倍数	过负荷前上层油温（℃）						
	17	22	28	33	39	44	50
	允许连续运行时间（h）						
1.40	0.40	0.25					
1.45	0.25	0.10					
1.50	0.15						

表 16-2　　　　　　　　变压器事故允许过负荷时间

过负荷倍数		1.3	1.6	1.75	2.0	2.4	3.0
允许时间	户内	60min	15min	8min	4min	2min	50s
	户外	120min	45min	20min	10min	3min	1.5s

（4）冷却系统故障时的变压器运行能力。

1）油浸风冷变压器，当冷却系统部分故障停风扇后，顶层油温不超过 65℃时，允许带额定负载运行。当冷却系统发生故障而切除全部风扇时允许带额定负荷运行的时间不超过表 16-3 所列的数值。

表 16-3　　　　　　　　风扇全部切除时，变压器允许运行时间

环境温度（℃）	-15	-10	0	+10	+20	+30
额定负荷下允许的最长时间（h）	60	40	16	10	6	4

2）强迫油循环风冷及强迫油循环水冷的变压器，当事故切除冷却系统时（对强迫油循环风冷指停止风扇及油泵，对强迫油循环水冷指停止水泵及油泵），在额定负荷下允许的运行时间为：容量为 125MVA 及以下者为 20min；容量为 125MVA 以上者为 10min。

按上述规定，油面温度尚未达 75℃ 时，允许继续运行，直到油面温度上升到 75℃ 为止。

16.2.2　10kV 配电变压器

配电变压器按绝缘介质可分为油浸式变压器和干式变压器。按调压方式可分为无励磁调压变压器和有载调压变压器。

（1）常用容量及主要技术参数。10kV 全密封油浸式变压器容量采用 10、30、50、100、200、315、400、500、630、1250kVA。油浸式变压器设备规范及电气参数见附录 J。

10kV 干式变压器容量采用 30、50、315、400、500、630、800、1000、1250、1600、2000、2500kVA。干式变压器设备规范及电气参数见附录 K。

其中，10kV 非晶合金变压器容量采用 100、200、315、400、500、630kVA。非晶合

金变压器设备规范及电气参数见附录 L。

（2）选型原则。配电变压器的选型应以变压器整体的可靠性为基础，综合考虑技术参数的先进性和合理性，结合损耗评价结果，提出技术经济指标。同时还要考虑可能对系统安全运行、运输和安装空间方面的影响。

1）柱上三相油浸式变压器容量选择不超过 400kVA，独立建筑配电室内的单台油浸式变压器容量宜不大于 630kVA。

2）干式变压器应采取减振、降噪、屏蔽等措施。

3）城区或供电半径较小地区的变压器额定变比采用 $10.5kV \pm 5$（2×2.5)%/0.4kV 或 $10.5kV_{+1}^{-3} \times 2.5$%/0.4kV，郊区或供电半径较大、布置在线路末端的变压器额定变比采用 $10kV \pm 5$（2×2.5)%/0.4kV。

4）在非噪声敏感区、最高负荷相对平稳且平均负载率低、轻（空）载运行时间长的供电区域，应优先采用非晶合金配电变压器供电。

5）在城市间歇性供电区域或其他周期性负荷变化较大的供电区域，如城市路灯照明、小型工业园区的企业、季节性灌溉等用电负荷，应结合安装环境优先采用调容配电变压器供电。

6）在日间负荷峰谷变化大或电压要求较高的供电区域，应结合安装环境优先采用有载调压配电变压器供电。变压器应选用高效节能环保型（低损耗、低噪声）产品，如另有要求，应由用户与制造厂协商，并在合同中规定。

7）对于供电半径较长，末端电压变化过大的线路，可在线路中间或末端加装自耦调压变压器，并自动调节负荷侧电压。

（3）适用条件说明。

1）油浸式变压器。10～400kVA 油浸式配电变压器一般适用于户外柱上安装，10～200kVA 小容量配电变压器一般适用于农村等地区，100～400kVA 变压器一般适用于城乡结合及无法新建配电室及箱式变电站的老城区等地区。

独立户内配电室可采用油浸式变压器，油浸变压器安装于配电室内时，配电室须是地上一层的独立建筑物，每台油浸式变压器单独占用变压器室，变压器室需考虑变压器通风、散热与防火要求。

在周期性负荷波动，且用电量变化较大的用电区域，经济技术比较后可采用优先考虑调容变压器。

2）干式变压器。30～50kVA 干式变压器适用安装于开关站等配电建筑物内，作为站用电源为自动化装置、环境检测系统及照明通风设备供电。

315～2500kVA 干式配电变压器适用安装于公共建筑物及非独立式建筑物内，安装时需要考虑变压器的防火、通风、散热要求及噪声对周边环境的影响。1250kVA 及以上的干式配电变压器应单独安装于变压器室，并以通风方式进行散热。

3）非晶合金变压器。非晶合金变压器的空载损耗比同容量的普通硅钢配电变压器低，在年平均负载率低于20%和近空载运行时间较长（如路灯、纯居民、农网用电等）的配电台区应用节能效果显著。

非晶合金变压器噪声一般比同容量的普通硅钢配电变压器高，对噪声要求较严格的场所，应明确提出声级限值要求，使厂家在非晶合金变压器的设计、制造等相应环节采取技术措施加以控制，或用户自行采取有效的隔音措施。

16.2.3　10kV 箱式变电站

箱式变电站是将 10kV 开关、配电变压器、380/220V 配电装置等设备共同安装于一个封闭箱体内的户外配电装置，也称预装式变电站或组合式变电站。

箱式变电站可以分为欧式箱式变电站和美式箱式变电站，美式箱式变电站采用共箱式品字形，欧式箱式变电站采用品字形或目字形。品字形结构正前方设置高、低压室，后方设置变压器室。目字形结构两侧设置高、低压室中间设置变压器室。从体积上看，欧式箱式变电站由于内部安装常规开关柜及变压器，产品体积较大。美式箱式变电站由于采用一体化安装体积较小。

（1）箱式变电站的建设要求。箱式变电站一般用于配电室建设改造困难的情况，如架空线路入地改造地区、配电室无法扩容改造的场所，以及施工用电、临时用电等，其单台变压器容量美式不宜超过 500kVA，欧式不宜超过 630kVA。

（2）箱式变电站的设置标准。箱式变电站一般采用终端方式运行，也可采用单环网接线、开环方式运行。主变压器采用 S13 型及以上全密封油浸式三相变压器或非晶合金变压器，联结组别宜采用 Dyn11，容量为 200、315、400、500、630kVA。10kV 侧美式采用线变组接线方式；欧式采用单母线接线方式。0.38kV 侧全部采用单母线接线方式。欧式箱式变电站高压开关单元一般采用 SF$_6$ 负荷开关柜或充气柜，主变压器高压侧出线开关采用负荷开关加熔断器组合电器，配置电缆故障指示器。美式箱式变电站的高压侧采用四工位负荷开关（环网型）或二工位负荷开关（终端型），变压器带两级熔断器保护，进出线电缆头处均应配备带电显示器。电容无功补偿宜布置在箱体内，补偿容量按照变压器容量的 10%~30%进行配置。箱式变电站 10kV 进出线应加装接地及短路故障指示器，可根据电网需求安装配电自动化终端。

16.2.4　10kV 柱上变压器

（1）柱上变压器的设置原则。柱上变压器为安装在电杆上的户外式配电变压器。柱上配电变压器应按"小容量、密布点、短半径"的原则配置，应尽量靠近负荷中心安装，根据需要也可采用单相变压器。柱上变压器的设置应满足市政规划的要求，一般在负荷水平较低区域内（配电变压器容量一般不大于 400kVA）。

（2）柱上变压器的设置标准。三相柱上变压器容量序列为 30、50、100、160、200、315、400kVA。单相柱上变压器容量序列为 10、30、50、80、100kVA。

柱上变压器容量较大且需要向 2 个或 2 个以上的方向供电时，应在每个分支加装 380V 熔断器或空气开关。当 380V 线路过长，380V 熔断器或空气开关不能满足保护灵敏度要求时，应在沿线加装额定电流更小的熔断器或脱扣器电流更小的空气开关。

配电变压器容量应根据负荷需要选取，不同类型供电区域的配电变压器容量选取一般应参照表 16-4。

表 16-4   10kV 柱上变压器容量推荐表   kVA

供电区域类型	三相柱上变压器容量	单相柱上变压器容量
A+、A、B、C 类	≤400	≤100
D 类	≤400	≤50
E 类	≤100	≤30

注　在低电压问题突出的 E 类供电区域，也可采用 35kV 配电化建设模式，35/0.38kV 配电变压器单台容量不宜超过 630kVA。

16.2.5　10kV 环网柜

（1）环网柜的分类。环网柜用于中压电缆线路分段、联络及分接负荷。按使用场所可分为户内、户外两种，户内环网柜一般采用间隔式，户外环网柜采用组合式，也称为箱式开闭所或户外环网单元。

（2）选型原则。

1）环网柜中的断路器应采用真空开关，环网柜中的负荷开关可采用真空或气体灭弧开关，绝缘介质可采用空气、气体或固体材料。环网柜宜优先选用环保型开关设备。

2）环网柜宜优先选用可扩展型或共箱型。

3）开关类型可根据需求选用，环网单元宜采用负荷开关，在线路适当位置可采用负荷开关、断路器或负荷开关—断路器组合电器。变压器单元保护一般采用负荷开关—断路器组合电器，出线单元接入变压器总容量超过 800kVA 时宜配置断路器及继电保护。母联分段柜选用断路器，当无继电保护和自动装置要求时，也可选用三工位负荷开关。

4）安装在有 10kV 电缆单环网或单辐射接入的用户产权分界点处的环网单元，宜具有自动隔离用户内部相间及接地故障的功能。

5）环网柜应具有"五防"功能，即能够防止误分、合断路器；防止带负荷分、合隔离开关；防止带电挂（合）接地线（接地开关）；防止带地线送电；防止误入带电间隔。

6）采用气体灭弧的开关设备宜具有低气压分合闸闭锁功能。

环网单元选型原则除遵循环网柜选型原则外还应遵循以下几点：

1）环网单元处于高潮湿场所时，应加大元件的爬电比距，在箱内加装温湿度自动控制器，应用全绝缘、全封闭、防凝露等技术。

2）环网单元根据绝缘介质，可选用气体绝缘负荷开关柜、固体绝缘负荷开关柜、气体绝缘断路器柜、固体绝缘断路器柜。在高寒、高海拔、沿海及污秽地区等特殊的配电网中，宜采用固体绝缘柜。环网单元宜采用共箱式环网柜。

16.2.6　10kV 开关柜

（1）高压开关柜分类。高压设备（包括断路器、隔离开关、电流互感器、电压互感器、避雷器、站用变压器等）及其相应的控制、信号、测量、保护、调节装置的组合，以及上述开关和装置与内部连接、辅件、外壳和支持件所组成的成套设备称为高压成套开关设备，简称高压开关柜。

高压开关柜按出线型式可分为上进上出开关柜和下进下出开关柜；按用途及结构型式可分为馈线柜、出线（带 TV）柜、出线（不带 TV）柜、分段断路器柜、分段隔离柜、母线设备柜、负荷熔断器柜、站用变压器柜、计量柜。

（2）技术要求。

1）开关柜的类型、额定值和结构相同的所有可移开部分和元件在机械和电气上应有互换性。

2）开关柜矩形母线应采用倒圆角的措施，圆角直径为母排厚度。

3）开关柜应分为断路器室、母线室、电缆室和控制仪表室等金属封闭的独立隔室，其中断路器室、母线室和电缆室均有独立的泄压通道。

4）断路器室的活门应标有母线侧、线路侧等识别字样。母线侧活门还应附有红色带电标志和相色标志。

5）移开式开关柜的活门与断路器手车间应设有机械强制联锁。固定式开关柜的隔离开关与断路器应设有机械强制联锁，并满足"五防"要求。移开式开关柜在仅用于保护人员安全的盖板和门关闭后才能将断路器推入、推出工作位置。

6）以空气和绝缘隔板组成的复合绝缘作为绝缘介质的开关柜，绝缘隔板应选用耐电弧、耐高温、阻燃、低毒、不吸潮且具有优良机械强度和电气绝缘性能的材料。

7）开关柜相序按面对开关柜从左至右为 A、B、C，从上到下排列为 A、B、C。

8）开关柜内部导体及接头采用的热缩绝缘材料老化寿命与开关柜使用寿命一致。

9）开关柜内电缆室和二次控制仪表室应设置环保照明设备，应便于更换，并确保不能触及高压带电体。

10）开关柜应在箱内加装温湿度自动控制器，具备手动、自动控制功能，并应用全绝缘、全封闭、防凝露等技术。对于手动控制的加热器应在柜外设置控制开关，以进行其投入或切除操作。加热器应能确保柜内潮气排放。

11）移动式开关柜的避雷器、电压互感器应通过隔离开关与母线连接，不能与母线直接连接，避雷器的计数器应每相一个，避雷器、电压互感器应使用单独的手车。

16.2.7　10kV 柱上断路器和负荷开关

（1）柱上断路器和负荷开关分类。柱上断路器是安装于电杆上操作的断路器，按灭弧介质可分为真空或气体灭弧，按绝缘介质可分为空气绝缘、SF_6 绝缘，按操动机构可分为永磁操动机构与弹簧操动机构，按套管材质可分为复合材料套管与瓷套管。

柱上断路器的主要作用是在继电保护装置及馈线自动化系统的配合下，当负荷侧设备或线路发生相间短路等故障时，及时断开故障点控制停电范围，提高故障点前端的供电可靠性。

柱上负荷开关主要作用是接通和断开架空线路的负荷电流，转移架空线路负荷，隔离架空线路的故障区域，并可对故障架空线路进行试送电。

（2）选型原则。

1）用于配电线路大分支或用户的投切、控制、保护，应优先选择技术成熟、工艺可靠的 12kV 柱上断路器和负荷开关。

2）12kV 柱上断路器的选型原则按 GB 1984《高压交流断路器》中第 8 章中的规定执行。

16.2.8 10kV 线路调压器

10kV 配电线路调压器是一种串联在 10kV 配电线路中，通过自动调节自身变比来实现动态稳定线路电压的装置，由三相自耦变压器、三相有载分接开关及控制器等构成，分为单向调压器和双向调压器两种类型（简称调压器）。

（1）调压器选用一般原则。调压器串联在线路中不宜过负荷运行，调压器技术参数（见表 16-5 和表 16-6）选择，应以调压器整体的可靠性为基础，综合考虑技术参数的先进性和合理性，同时还要考虑可能对系统安全运行、运输和安装空间方面的影响。

表 16-5　　　　　调压范围为 0~20% 的单向调压器技术参数

调压器容量 (kVA)	调压 范围	输入电压 分接范围	输出电压 (kV)	空载损耗 (W)	负载损耗 (W)	空载电流	短路阻抗
1000	0~+20%	$^{+0}_{-6}\times3.33\%$	10.5	350	5260	0.087 0%	<0.9%
2000				690	7030	0.080 0%	
4000				1080	11 260	0.066 0%	

表 16-6　　　　　调压范围为 ±20% 的双向调压器技术参数

调压器容量 (kVA)	调压 范围	输入电压 分接范围	输出电压 (kV)	空载损耗 (W)	负载损耗 (W)	空载电流	短路阻抗
1000	±20%	±4×5% 或±8×2.5%	10.5	660	5250	0.103%	<0.9%
2000				840	6130	0.095%	
4000				1670	8280	0.085%	

注　1. 特殊需求可在上述调压范围内选择。

　　2. 对一些负荷重、电压低的线路，采用一级调压不能满足要求时，可采用二级调压，即在一条线路上安装两台调压器。

（2）配置原则。调压器输入端应安装带隔离开关的柱上断路器或负荷开关加熔断器、避雷器；输出端应安装避雷器、单相隔离开关；输入端与输出端之间宜安装带隔离开关的柱上断路器实现自动旁路功能，必要时也可在输出端增加一台带隔离开关的柱上断路器。

在缺少电源站点的地区，部分 10kV 架空线路过长，线路中、后端电压质量往往不能满足要求。即使采取增加无功补偿、改变线路参数等措施，仍不能解决电压质量问题，而在线路上加装线路调压器是一种较为有效的方式，在国外已普遍采用，近年来国内也取得了较为丰富的运行经验，线路调压器一般可配置在 10kV 架空线路的 1/2 处或 2/3 处。

16.3 架 空 线 路

架空线路的导线截面选用原则是经济性能好、载荷供电距离合理、网损小，并通过经济输送容量和极限输送容量互为校核的方式确定。

16.3.1 导线

导线按结构可分为单股、多股及空芯导线；按使用材料分为铜电线、铝导线、钢芯铝绞线、铝合金导线和钢导线等。

常用的裸导线有裸铜导线（TJ）、裸铝导线（LJ）、钢芯铝绞线（LGJ、LGJQ、LGJJ）、铝合金导线（HLJ）及钢导线（GJ）等。

绝缘导线主要包括铝交联聚乙烯绝缘架空电缆（JKLYJ）、铜芯交联聚乙烯绝缘架空电缆（JKYJ）、软铜芯交联聚乙烯绝缘架空电缆（JKTRYJ）等几种。在配电网中，铝芯应用比较多，铜芯线主要是作为变压器及开关设备的引下线。绝缘导线主要应用于市区、城镇、人口聚集区、多树木地方、多飞飘金属灰尘及多污染地区、盐雾地区等。

35～110kV 架空线路一般采用钢芯铝绞线（LGJ）、轻型钢芯铝绞线（LGJQ）、加强型钢芯铝绞线（LGJJ）等。10kV 架空线路一般采用钢芯铝绞线（LGJ）、绝缘铝导线（JKLYJ-10）。低压架空线路一般采用绝缘铝导线（JKLYJ-1），在空间紧张地区可采用集束导线（不用于主干线路）。

16.3.2 架空线路极限输送容量

在设计中不应使预期的输送容量超过导线发热所能允许的数值，即

$$S_{max} = \sqrt{3}U_N I_{max} \tag{16-1}$$

式中　S_{max}——极限输送容量，MVA；

　　　U_N——线路额定电压，kV；

　　　I_{max}——导线持续允许电流，kA。

钢芯铝绞线长期允许载流量见表 16-7。

表 16-7　　　　　　　　钢芯铝绞线长期允许载流量　　　　　　　　　A

导线型号 \ 最高允许温度（℃）	+70	+80	导线型号 \ 最高允许温度（℃）	+70	+80
LGJ-10		86	LGJ-25	130	138
LGJ-16	105	108	LGJ-35	175	183
LGJ-50	210	215	LGJQ-240	605	651
LGJ-70	265	260	LGJQ-300	690	708
LGJ-95	330	352	LGJQ-300（1）		721
LGJ-95（1）		317	LGJQ-400	825	836
LGJ-120	380	401	LGJ-400（1）		857
LGJ-120（1）		351	LGJQ-500	945	932
LGJ-150	445	452	LGJQ-600	1050	1047
LGJ-185	510	531	LGJQ-700	1220	1159
LGJ-240	610	613	LGJJ-150	450	468
LGJ-300	690	755	LGJJ-185	515	539
LGJ-400	835	840	LGJJ-240	610	639
LGJQ-150	450	455	LGJJ-300	705	758
LGJQ-185	505	518	LGJJ-400	850	881

注　1. 最高允许温度+70℃的载流量，引自《高压送电线路设计手册》，基准环境温度为+25℃，无日照。
　　2. 最高允许温度+80℃的载流量，系按基准环境温度为+25℃、日照 0.1W/cm²、风速 0.5m/s、海拔 1000m、辐射散热系数及吸热系数为 0.5 条件计算的。
　　3. 某些导线有两种绞合结构，带（1）者铝芯根数少（LGJ 型为 7 根，LGJQ 型为 24 根），但每根铝芯截面较大。

架空线路持续传输容量详见表 16-8。当周围温度不同时，应乘以修正系数，见表 16-9。表中周围环境温度应采用最高气温月最高气温平均值，由当地气象资料整理而得出。

表 16-8　　　　　　　　架空线路持续传输容量

导线型号	电流（A）	容量（MVA）			
		10kV	35kV	66kV	110kV
LGJ-35	170	2.94	10.31	19.43	32.39
LGJ-50	220	3.81	13.34	25.15	41.92
LGJ-70	275	4.76	16.67	31.44	52.39
LGJ-95	335	5.80	20.31	38.30	63.83
LGJ-120	380	6.58	23.04	43.44	72.40
LGJ-150	445	7.71	26.98	50.87	84.78

续表

导线型号	电流 （A）	容量 （MVA）			
		10kV	35kV	66kV	110kV
LGJ—185	515	8.92	31.22	58.87	98.12
LGJ—240	610	10.57	36.98	69.73	116.22
LGJ—300	710	12.30	43.04	81.16	135.27

注 环境温度25℃，导线最高允许温度70℃。

表 16-9 温 度 修 正 系 数

环境温度（℃）	10	15	20	25	30	35	40
修正系数	1.15	1.11	1.05	1	0.94	0.88	0.81

16.3.3 架空线路经济输送容量

线路的经济输送容量（MVA）按经济电流密度计算求得。导线的经济电流密度详见表16-10。

表 16-10 经济电流密度表 A/mm²

导线材料	最大负荷利用小时数 T_{max}		
	<3000	3000～5000	>5000
铝线	1.65	1.15	0.9
铜线	3	2.25	1.75

常用的钢芯铝绞线的经济输送容量详见表16-11～表16-13。

表 16-11 *J*=1.65A/mm² 线路经济输送容量 MVA

导线型号	电 压（kV）			
	10	35	66	110
LGJ—35	1.0	3.5	6.6	11.0
LGJ—50	1.4	5.0	9.4	15.7
LGJ—70	2.0	7.0	13.2	22.0
LGJ—95	2.7	9.5	17.9	29.9
LGJ—120	3.4	12.0	22.6	37.7
LGJ—150	4.3	15.0	28.3	47.2
LGJ—185	5.3	18.5	34.9	58.2
LGJ—240	6.9	24.0	45.3	75.4
LGJ—300	8.6	30.0	56.6	94.3
LGJ—400	11.4	40.0	75.4	125.7
LGJ—500	14.3	50.0	94.3	157.2

表 16-12　　　　　　　　　　*J*=1.15A/mm² 线路经济输送容量　　　　　　　　　MVA

导线型号	电压（kV）			
	10	35	66	110
LGJ-35	0.7	2.4	4.6	7.7
LGJ-50	1.0	3.5	6.6	11.0
LGJ-70	1.4	4.9	9.2	15.3
LGJ-95	1.9	6.6	12.5	20.8
LGJ-120	2.4	8.4	15.8	26.3
LGJ-150	3.0	10.5	19.7	32.9
LGJ-185	3.7	12.9	24.3	40.5
LGJ-240	4.8	16.7	31.6	52.6
LGJ-300	6.0	20.9	39.4	65.7
LGJ-400	8.0	27.9	52.6	87.6
LGJ-500	10.0	34.9	65.7	109.6
LGJ-600	12.0	41.8	78.9	131.5
LGJQ-240×2	9.6	33.5	63.1	105.2
LGJQ-300×2	12.0	41.8	78.9	131.5
LGJQ-400×2	15.9	55.8	105.2	175.3

表 16-13　　　　　　　　　　*J*=0.9A/mm² 线路经济输送容量　　　　　　　　　MVA

导线型号	电压（kV）			
	10	35	66	110
LGJ-35	0.5	1.9	3.6	6.0
LGJ-50	0.8	2.7	5.1	8.6
LGJ-70	1.1	3.8	7.2	12.0
LGJ-95	1.5	5.2	9.8	16.3
LGJ-120	1.9	6.5	12.3	20.6
LGJ-150	2.3	8.2	15.4	25.7
LGJ-185	2.9	10.1	19.0	31.7
LGJ-240	3.7	13.1	24.7	41.2
LGJ-300	4.7	16.4	30.9	51.4
LGJ-400	6.2	21.8	41.2	68.6
LGJ-500	7.8	27.3	51.4	85.7
LGJ-600	9.4	32.7	61.7	102.9
LGJQ-240×2	7.5	26.2	49.4	82.3
LGJQ-300×2	9.4	32.7	61.7	102.9
LGJQ-400×2	12.5	43.6	82.3	137.2

16.3.4 架空线路电压损失

架空线路的电压损失见附录 M。

16.4 电 缆 线 路

电缆线路的导线截面选择除常规的载流量、最大短路电流时的热稳定校核和电压降外，必须考虑敷设环境，即考虑不同环境温度、不同管材热阻系数、不同土壤热阻系数及多根并行敷设时等各种载流量系数的影响。

16.4.1 电力电缆的分类

电力电缆根据不同用途可分为聚氯乙烯绝缘电力电缆、交联聚乙烯绝缘电力电缆、乙丙绝缘电力电缆等。

（1）聚氯乙烯（PVC）绝缘电力电缆。聚氯乙烯（PVC）绝缘电力电缆主要用于固定敷设交流 50Hz、额定电压 6kV 及以下配电线路。聚氯乙烯电缆具有耐酸、耐碱、耐盐和耐化学腐蚀等性能。

（2）交联聚乙烯绝缘电力电缆。交联聚乙烯绝缘电力电缆是利用化学或物理方法，使聚乙烯分子由直链状线型分子结构变为三度空间网状结构。交联后，大幅度提高了机械性能、热老化性能和耐环境应力的能力，使电缆具有优良的电气性能和耐化学腐蚀性、结构简单、使用方便、外径小、质量轻、不受敷设落差限制等优点。交联聚乙烯绝缘电缆的长期使用工作温度较纸绝缘电缆、聚氯乙烯绝缘电缆高，且载流量大，适用于交流 50Hz，额定电压 1～110kV 配电系统中，并可逐步取代常规的纸绝缘电力电缆。

电缆线芯允许的长期工作温度为：铜、铝导体应不超过 90℃，金属屏蔽导体应不超过 80℃，短路时铜、铝导体不应超过 250℃，金属屏蔽导体应不超过 300℃。对于存在较大短路电流的电网，选择该电缆时，应考虑到电缆应具有足够的短路容量，电缆的允许短路电流 I_k 按式（16-2）计算

$$I_k = \frac{k}{\sqrt{t}} S \qquad\qquad (16-2)$$

式中　I_k ——允许短路电流，kA；

　　　t ——短路时间，s；

　　　S ——导体、金属屏蔽导体的标称截面，mm²；

　　　k ——不同材料对应系数，铝导体取 0.095，铜导体取 0.143，金属屏蔽导体取 0.2。

（3）乙丙绝缘电力电缆。乙丙绝缘电力电缆主要用于发电厂、核电站、地下铁道、高层建筑、石油化工等有阻燃防火要求的场合，作输配电能用。

16.4.2 电力电缆型号

常用电力电缆型号含义见表 16-14。

表 16-14 常用电力电缆型号含义

导体代号	绝缘代号	电缆特征	内护层代号	外护层代号	
L—铝 T—铜 （T 一般不写）	Z—纸绝缘 X—橡皮绝缘 V—聚氯乙烯（PVC）绝缘 Y—聚乙烯（PE）绝缘 YJ—交联聚乙烯（XLPE）绝缘 ZR—乙丙绝缘	F—分相 D—不滴流 CY—充油	Q—铅包 L—铝包 V—聚氯乙烯护套	02—PVC 外护套 03—PE 外护套 20—裸钢带铠装 22—钢带铠装、PVC 护套 23—钢带铠装、PE 护套 30—裸细钢丝铠装 32—细钢丝铠装、PVC 护套 33—细钢丝铠装、PE 护套 42—粗钢丝铠装、PVC 护套	43—粗钢丝铠装、PE 护套 441—双粗钢丝铠装、纤维外被 241—钢带、粗钢丝铠装、纤维外被 2441—钢带、双粗铜丝铠装、纤维外被

10kV 电力电缆线路一般选用三芯电缆，电缆型号、名称及其适用范围见表 16-15。

表 16-15 10kV 电缆型号、名称及其适用范围

型号		名 称	适 用 范 围
铜芯	铝芯		
YJV	YJLV	交联聚乙烯绝缘聚氯乙烯护套电力电缆	敷设在室内外，隧道内需固定在托架上，排管中或电缆沟中以及松散土壤中直埋，能承受一定牵引拉力但不能承受机械外力作用
YJY$_{22}$	—	交联聚乙烯绝缘钢带铠装聚乙烯护套电力电缆	可土壤直埋敷设，能承受机械外力作用，但不能承受大的拉力
YJV$_{22}$	YJLV$_{22}$	交联聚乙烯绝缘钢带铠装聚氯乙烯护套电力电缆	同 YJY$_{22}$ 型

电缆绝缘屏蔽、金属护套、铠装、外护层宜按表 16-16 选择。

表 16-16 10kV 电缆绝缘屏蔽、金属护套、铠装、外护层选择

敷设方式	绝缘屏蔽或金属护套	加强层或铠装	外护层
直埋	软铜线或铜带	铠装（3 芯）	聚氯乙烯或聚乙烯
排管、电缆沟、电缆隧道、电缆工作井	软铜线或铜带	铠装/无铠装（3 芯）	

选择的原则为：

（1）在潮湿、含化学腐蚀环境或易受水浸泡的电缆，宜选用聚乙烯等类型材料的外护套。

（2）在保护管中的电缆，应具有挤塑外护层。

（3）在电缆夹层、电缆沟、电缆隧道等防火要求高的场所宜采用阻燃外护层，根据防火要求选择相应的阻燃等级。

（4）有白蚁危害的场所应采用金属铠装，或在非金属外护套外采用防白蚁护层。

（5）有鼠害的场所宜采用金属铠装，或采用硬质护层。

（6）有化学溶液污染的场所应按其化学成分采用相应材质的外护层。

16.4.3 电缆截面选择

（1）导体最高允许温度按表 16-17 选择。

表 16-17　　　　　　　　　　导体最高允许温度选择　　　　　　　　　　℃

绝缘类型	最高允许温度	
	持续工作	短路暂态
交联聚乙烯	90	250

（2）电缆导体最小截面的选择应同时满足规划载流量和通过可能的最大短路电流时热稳定的要求。

（3）连接回路在最大工作电流作用下的电压降，不得超过该回路允许值。

（4）电缆导体截面的选择应结合敷设环境来考虑，10kV 常用电缆可根据 10kV 交联电缆载流量（见表 16-18），结合考虑不同环境温度、不同管材热阻系数、不同土壤热阻系数及多根电缆并行敷设时等各种载流量校正系数来综合计算。

表 16-18　　　　　　　　　　10kV 交联电缆载流量

10kV 交联电缆载流量		电缆允许持续载流量（A）			
钢铠护套		无		有	
缆芯最高工作温度（℃）		90			
敷设方式		空气中	直埋	空气中	直埋
缆芯截面（mm²）	35	123	110	123	105
	70	178	152	173	152
	95	219	182	214	182
	120	251	205	246	205
	150	283	223	278	219
	185	324	252	320	247
	240	378	292	373	292
	300	433	332	428	328
	400	506	378	501	374
环境温度（℃）		40	25	40	25
土壤热阻系数 [（℃·m）/W]		—	2.0	—	2.0

注　1. 适用于铝芯电缆，铜芯电缆的允许载流量值可乘以 1.29。

　　2. 缆芯工作温度大于 90℃时，计算持续允许载流量时，应符合下列规定：

　　（1）数量较多的该类电缆敷设于未装机械通风的隧道、竖井时，应计入对环境温升的影响。

　　（2）电缆直埋敷设在干燥或潮湿土壤中，除实施换土处理能避免水分迁移的情况外，土壤热阻系数取值不小于 2.0℃·m/W。

　　3. 对于 1000m＜海拔≤4000m 的高海拔地区，每增高 100m，气压约降低 0.8～1kPa，应充分考虑海拔对电缆允许载流量的影响，建议结合实际条件进行相应折算。

（5）多根电缆并联时，各电缆应等长，并采用相同材质、相同截面的导体。

10kV 交联电缆载流量在不同环境温度、不同管材热阻系数、不同土壤热阻系数及多根电缆并行敷设时等各种载流量校正系数见表 16-19～表 16-22。

表 16-19　10kV 电缆在不同环境温度时的载流量校正系数

环境温度（℃）		空气中				土壤中			
		30	35	40	45	20	25	30	35
缆芯最高工作温度（℃）	60	1.22	1.11	1.0	0.86	1.07	1.0	0.93	0.85
	65	1.18	1.09	1.0	0.89	1.06	1.0	0.94	0.87
	70	1.15	1.08	1.0	0.91	1.05	1.0	0.94	0.88
	80	1.11	1.06	1.0	0.93	1.04	1.0	0.95	0.90
	90	1.09	1.05	1.0	0.94	1.04	1.0	0.96	0.92

表 16-20　不同土壤热阻系数时 10kV 电缆载流量的校正系数

土壤热阻系数 [(℃·m)/W]	分类特征（土壤特性和雨量）	校正系数
0.8	土壤很潮湿，经常下雨。如湿度大于9%的沙土；湿度大于10%的沙—泥土等	1.05
1.2	土壤潮湿，规律性下雨。如湿度大于7%但小于9%的沙土；湿度为12%～14%的沙—泥土等	1.0
1.5	土壤较干燥，雨量不大。如湿度为8%～12%的沙—泥土等	0.93
2.0	土壤干燥，少雨。如湿度大于4%但小于7%的沙土；湿度为4%～8%的沙—泥土等	0.87
3.0	多石地层，非常干燥。如湿度小于4%的沙—泥土等	0.75

表 16-21　土中直埋多根并行敷设时电缆载流量的校正系数

根数		1	2	3	4	5	6
电缆之间净距（mm）	100	1	0.9	0.85	0.80	0.78	0.75
	200	1	0.92	0.87	0.84	0.82	0.81
	300	1	0.93	0.90	0.87	0.86	0.85

表 16-22　空气中单层多根并行敷设时电缆载流量的校正系数

并列根数		1	2	3	4	5	6
电缆中心距	$s=d$	1.00	0.90	0.85	0.82	0.81	0.80
	$s=2d$	1.00	1.00	0.98	0.95	0.93	0.90
	$s=3d$	1.00	1.00	1.00	0.98	0.97	0.96

注　s 为电缆中心间距离，d 为电缆外径；本表按全部电缆具有相同外径条件制订，当并列敷设时的电缆外径不同时，d 值可近似地取电缆外径的平均值。

16.4.4　电缆线路电压损失

电缆线路的电压损失见附录 N。

16.5 配电电力电子设备

电力电子设备使用基于半导体的电力电子器件对电能进行变换和控制，其基础是电力电子器件，核心是大功率换流技术。电力电子设备相比于传统的机械式电磁式设备，通过可控电子器件实现潮流控制和回路开断，具有更加优越的灵活性和可控性，且设备更加紧凑，工作效率更高。随着微电子和晶体管技术的不断进步，电力电子器件正向大容量、易驱动、模块化、集成化、高频化发展，电力电子设备正越来越多的应用在配电网的潮流控制、无功补偿、电能质量改善、新能源接入和交直流电网互联等方面，应用于配电网的电力电子设备主要如下。

（1）电力电子变压器（Power Electronic Transformer，PET）。电力电子变压器集高压大功率电力电子换流器、智能控制器与高频变压器于一体，输出电压、电流全可控，具有体积小、质量轻、空载损耗小，不需要绝缘油的优点，且对电压和频率波动适应性好，尤其适合随机性、波动性大的分布式电源接入。但电力电子变压器拓扑结构、控制策略较为复杂，单位容量制造成本较高，且受制于电力电子功率器件，PET 仅应用于 10kV 配电网中。

（2）有源滤波器（Active Power Filter，APF）。有源滤波器是一种用于动态抑制谐波、补偿无功的新型电力电子装置，能够对谐波和无功进行补偿，补偿谐波时，通过控制换流器输出产生与负荷谐波电流大小相等、方向相反的补偿电流，将负荷谐波电流抵消。有源滤波器补偿特性不受电网阻抗和频率变化的影响，但相对于无源电力滤波，其运行维护相对复杂。目前有源滤波器已有系列化的产品，主要应用于非线性负荷聚集、谐波含量大的供电区域。

（3）电压源换流器（Voltage Source Converter，VSC）。电压源换流器通过控制电压实现换流驱动，主要由恒压电源、换流器和串联电抗器组成，分为三相全桥换流器和多电平换流器两种。电压源换流器在配电网中主要用于连接不同方向的线路，实现合环运行，以及控制线路潮流大小和方向，实现潮流控制。电压源换流器调节速度快，不需要额外电源，但成本相对较高。

（4）静止无功补偿装置（Static Var Compensator，SVC）。静止无功补偿装置是一种没有旋转部件，快速、平滑可控的动态无功补偿装置，将可控电抗器和电力电容器并联使用，电力电容器发出容性无功，可控电抗器吸收感性无功，通过对电抗器进行调节，可以使整个装置由发出无功功率到吸收无功功率进行平滑转换，且响应快速，但会产生较大的谐波，补偿容量受系统电压的影响，易引起与电网的谐振。

（5）静止同步补偿器（Static Synchronous Compensator，STATCOM）。静止同步补偿器也称静止无功发生器（Static Var Generator，SVG），是一种并联型无功补偿装置，利用可关断大功率电力电子器件（IGBT 或 GTO 等）组成桥式电路，经过电抗器并联入电网，通过调整桥式电路交流输出电压的幅值和相位，或直接控制其交流侧电流，可以吸收和发出无功，满足无功补偿的需要。该装置主要用于需要快速无功补偿、动态稳定电压及控制功率因数的场合，如风电场、光伏电站，但成本相对较高。

（6）动态电压恢复器（Dynamic Voltage Regulator，DVR）。动态电压恢复器是带有电容储能装置的串联补偿装置，主要由大容量电容器、逆变器、滤波器和串联变压器组成，一般串联在配电馈线，进行动态电压补偿，保护敏感负载免受停电之外的电压扰动影响，通常应用于敏感负荷的供电区域，如精密仪器加工等。具有响应速度快、有效抑制电压暂降的优点，但控制相对复杂、设备造价较高。

（7）固态切换开关（Solid State Transfer Switch，SSTS）。固态切换开关一般由晶闸管组、开关等组成。当供电电源发生电压暂降或故障时，SSTS 可以在一个半周波内将故障电源切除，投入备用电源。SSTS 主要用于对供电可靠性和电能质量要求较高的供电区域，具有响应速度快的优势，但与常规开关相比，需要加额外的控制装置，占地也较大。

16.6　配 电 网 设 施 布 局

配电网设施布局是在符合安全经济和总体规划的原则、与城市规划相结合、与环境相协调，满足电网相关技术要求下开展。其中，变电设施布局是配电网系统规划的战略性步骤，变配电设施的最优站址应满足相关技术条件下所需费用最小；线路路径选择在于选出一条技术条件好、投资省、符合政府相关规划的架空或电缆线路路径，满足电能的传输、调节与分配。

16.6.1　变电设施布局

（1）变电站选址原则。变电站的选址应符合下列要求：

1）在考虑布局均衡的条件下尽量靠近负荷中心，且满足末端电压质量要求。

2）符合城乡规划整体布局和电网发展的要求，使地区高压配电网网架结构整体布局合理。

3）高低压各侧进出线方便。

4）占地面积应考虑最终规模要求。

5）站址应具有良好的地质条件，满足防洪、抗震等有关要求。

6）应满足环境保护的要求，充分考虑与周围环境的相互影响，避开易燃、易爆及严重污染地区，避免或减轻对公用通信干扰和对景观及居住地的噪声影响。

7）交通运输方便，考虑施工时设备材料、设备运输及运行、检修时交通方便。

8）排水方便，施工条件方便。

（2）变电站布置方式的选择。按照建筑形式和电气设备布置方式，变电站分为户内、半户内（半户外）和户外三种。

1）户内变电站。户内变电站的主变压器、配电装置均为户内布置。

为了减少建筑面积和控制建筑高度，满足城市规划的要求，并与周边环境相协调，可以考虑采用户内变电站。根据情况可考虑采用紧凑型变电站，如有必要也可考虑与其他建筑物混合建设，或建设半地下、地下变电站；沿海或污秽严重地区，可采用全户内站。

2）半户内变电站。半户内变电站的主变压器为户外布置，配电装置为户内布置。这种布置方式结合了全户内布置变电站节约占地面积，与周围环境协调美观，设备运行条件好和户外布置变电站工程造价低廉的优点。

3）户外变电站。户外变电站的主变压器、配电装置均为户外布置。设备占地面积较大，一般适合于建设在城市中心区以外的土地资源比较宽松的地方。

各类供电区域变电站布置方式推荐如下：A+、A、B 类供电区域可采用户内或半户内站，根据情况可考虑采用紧凑型变电站，A+、A 类供电区域如有必要也可考虑与其他建设物混合建设，或建设半地下、地下变电站；B、C、D、E 类供电区域可采用半户内或户外站，沿海或污秽严重地区，可采用户内站。

16.6.2 架空线路路径选择

（1）线路路径选择。

1）路径选择的基本原则。

a. 选出的路径，既要满足送电线路对周围建筑物间的距离要求，又要满足对通信线干扰影响等要求。

b. 线路路径原则上应与区域规划相结合，按远景规划一次选定，避免大拆大建，重复投资。道路和河道均要预留有架空线走廊或电缆通道。

c. 线路路径坚持沿河、沿路、沿海的"三沿"原则，路径要短直；尽量减少同道路、河流、铁路等的交叉，尽量避免跨越建筑物，对架空电力线路跨越或接近建筑物的距离，应符合国家规范的安全要求。

2）路径选择的基本步骤。输电线路的路径选择一般分两个阶段进行，即初勘选线和终勘选线。在规划阶段，一般采用初勘选线的结果。初勘选线有图上选线、收集资料和初勘三个阶段。

a. 图上选线。在大比例尺寸的地形图（1∶50 000 或更大比例）上进行选线。在图上标出起点、讫点、必经点，综合考虑各种条件，提出备选方案。

b. 收集资料。按图上选定的路径，向有关部门（邻近或交叉设施的主管部门）征求意见，签订协议。

c. 现场初勘。验证图上方案是否符合实际，对建筑物密集地段进行初测。这一过程中还要注意到特殊杆位能否立杆。

d. 最后通过技术经济比较确定一个合理方案。

（2）架空线路架设方式选择。架设方式分为钢管杆、铁塔、水泥杆三种主要方式。

1）钢管杆。钢管杆一般用于35、110（66）kV 电压等级架空线路，适用于城市高负荷密度地区、环境景观要求较高以及线路路径走廊十分困难的地区。在高负荷密度地区和变电站出口，10kV 架空线路需要多回路并架时，也应选用钢管杆。

2）铁塔。铁塔一般用于35、110（66）kV 电压等级架空线路，适用于对线路走廊无特殊要求的地区，应用最为广泛。

3）水泥杆。水泥杆一般用于35、10 kV 及以下架空线路。35kV 架空线路需要多回路并架时，不宜采用水泥杆。

（3）架空配电线路敷设的一般要求。这里只介绍规划设计阶段需要考虑的线路敷设相关要求，具体包括：

1）架空线路应沿道路平行敷设，宜避免通过各种起重机频繁活动地区和各种露天堆场。

2）尽量减少与道路、铁路、河流、房屋以及其他架空线路的交叉跨越，不可避免的跨越点需适当提高建设标准。

3）规划阶段，要充分考虑工程设计和施工阶段架空线路的导线与建筑物之间的距离、架空线路的导线与街道行道树间的距离。

4）架空线路与铁路、道路、通航河流、管道、索道及各种架空线路交叉或接近时，规划阶段要充分考虑下一阶段设计的要求。

5）架空线路下方为绿化树木时，架空线路增加杆塔高度，使导线对地距离大于10m，减小树线矛盾。

16.6.3 电缆线路敷设方式选择

（1）电缆线路敷设方式。分为直埋、电缆沟、排管、隧道及水下五种主要方式。

1）直埋方式。该方式是最经济和简便的方式，适用于人行道、公园绿化地带及公共建筑间的边缘地带，同路径敷设电缆条数在4条及以下时宜优先采用此方式。

2）电缆沟敷设方式。该方式适用电缆不能直接埋入地下且地面无机动负载的通道，电缆沟可根据实际情况按照双侧支架或单侧支架建设，电缆沟一般采用明沟盖板，当需要封闭时应考虑电缆敷设及管理的方便。沟道排水应顺畅、不积水。

3）排管敷设方式。该方式适用于地面有机动负载的通道。主干排管的内径不应少于150mm²。排管选用应满足散热及耐压要求，排管在有可能地面负重处应采取混凝土浇筑，通过道路时应采用镀锌钢管。

4）隧道敷设。该方式适用于变电站出线端及重要的市区街道、电缆条数多或各种电压等级电缆平行的地段。隧道应在变电站选址及建设时统一考虑。

5）水下敷设方式。该方式适用于无陆上通道或陆上通道经济性差的跨江、湖、海等。

（2）电缆线路敷设的一般要求。这里只介绍规划设计阶段需要考虑的电缆敷设相关要求，具体包括：

1）电缆敷设方式应根据工程条件、环境特点和电缆类型、数量等因素，按照满足运行可靠、便于维护、技术经济合理的原则选择。

2）电缆路径选择时，应充分考虑敷设转向时，电缆走廊构筑物允许的弯曲半径。新建电缆通道时，尽量利用道路两侧的绿化带或人行道，避免开挖机动车道影响交通。考虑到其他中低压线路的敷设，城市中心区内新建或改建的道路均应预留一定孔数的电缆通道。

3）规划各电压等级电缆共用通道时，应充分考虑布置方式对资源占用以及散热对输送能力的影响。

4）直埋敷设、排管敷设及电缆沟道敷设的电缆，在中间接头和终端接头处应考虑预留长度，隧道敷设的较长电缆也应考虑预留长度。

16.6.4　10kV 配电室

带有低压负荷的室内配电场所称为配电室，主要为低压用户配送电能，设有中压进线（可有少量出线）、配电变压器和低压配电装置。

（1）配电室的建设要求。配电室适用于住宅群、市区，设置时应靠近负荷中心，宜采用高压供电到楼的方式。配电室的建设应符合以下要求：

1）配电室一般独立建设。在繁华区和城市建设用地紧张地段，为减少占地、与周围建筑相协调，可结合开关站共同建设。

2）配电变压器宜选用干式变压器，并采取屏蔽、减振、防潮措施。

3）配电室原则上设置在地面以上，受条件所限必须进楼时，可设置在地下一层，但不宜设置在最底层。

4）对于超高层住宅，为了确保供电半径符合要求，必要时配电室应分层设置，除底层、地下层外，可根据负荷分布分设在顶层、避难层、机房层等处。

5）新建居住区配电室应根据规划负荷水平配套建设，按"小容量、多布点"的原则设置，不提倡大容量、集中供电方式，宜根据供电半径分散设置独立配电室。

（2）配电室的设置标准。

1）配电室一般配置双路电源，10kV 侧一般采用环网开关，220/380V 侧为单母线分段接线。变压器接线组别一般采用 Dyn11，单台容量不宜超过 1000kVA。

2）小区居民住宅采用集中供电的配电室供电时，每个小区配电室供电的建筑面积不应超过 5 万 m²。

3）现有小区配电变压器应随负荷增长，向缩小低压供电半径的方向改造。

（3）配电室的设备配置。高压开关柜一般采用负荷开关柜或断路器柜，主变压器出线回路采用负荷开关加熔断器组合柜。0.38kV 开关柜可采用固定式低压成套柜和抽屉式低压成套柜。配电室宜采用绝缘干式变压器，不宜采用非包封绝缘产品（独立户内式配电室可采用油浸式变压器；大楼建筑物非独立式站或地下式配电室内变压器应采用干式变压器）。

配电室应留有配网自动化接口。配网自动化装置具有电气量的转接功能，通过通信装置与中心站沟通，传送和执行负荷开关遥控、位置状态遥信、电流电压遥测的功能；同时还可以传输辅助信号。

16.6.5 10kV 开关站

（1）开关站的功能。开关站是设有 10kV 配电进出线、对功率进行再分配的配电设施，实现对变电站母线的扩展和延伸。通过建设开关站，一方面能够解决变电站进出线间隔有限或进出线走廊受限的问题，发挥电源支撑的作用；另一方面能够解决变电站 10kV 出线开关数量不足的问题，充分利用电缆设备容量，减少相同路径的电缆条数，使馈电线路多分割、小区段，提高互供能力及供电可靠性，为客户提供可靠的电源。

（2）开关站的设置标准。

1）开关站宜建于负荷中心区，一般配置双电源，分别取自不同变电站或同一座变电站的不同母线。

2）开关站接线应简化，一般采用单母线分段接线，双路电源进线，一般馈电出线为 6～12 路，出线断路器带保护。

3）开关站设计应满足配电自动化要求，并留有发展余地。

17 农村电网改造升级

农村电网是农村重要的基础设施，对促进农村经济发展、改善农民生产生活条件具有不可替代的作用。国家高度重视农村电网发展，自 1998 年以来，先后安排多项农网专项工程，我国农电事业实现了历史性的跨越发展。

2016 年以来，党中央、国务院决定在"十三五"期间实施新一轮农村电网改造升级工程，国务院、国家发展和改革委、国家能源局先后出台多个文件，指导新一轮农村电网改造升级工程，要求按照统筹规划、协调发展、重点突出、共享均等、电能替代、绿色低碳、创新机制、加强管理的基本原则，实施新一轮农村电网改造升级工程，建成结构合理、技术先进、安全可靠、高效智能的现代农村电网。东部地区基本实现城乡供电服务均等化，中西部地区城乡供电服务差距大幅缩小，贫困及偏远少数民族地区农村电网基本满足生产、生活需要，实现电力保障民生，电力促进民生，让人民因电而有获得感。到 2020 年，全国农村地区基本实现稳定可靠的供电服务全覆盖，供电能力和服务水平明显提升，农村电网供电可靠率达到 99.8%，综合电压合格率达到 97.9%，户均配电变压器容量不低于 2kVA。

本章紧扣实施新一轮农村电网改造升级工程的新形势，从农村电网的范畴和特点、改造升级原则以及典型工程规划设计三个方面，落实农村电网改造升级的规划目标和相关技术要求，指导小城镇（中心村）、贫困地区、藏区、农村灌溉机井通电、动力电改造、光伏扶贫项目接网等农村电网改造升级工程的规划设计。

17.1 农村电网的范畴和特点

17.1.1 农村电网范畴

按照行政区域划分，供电区域可以分为市辖供电区和县级供电区。其中，县级供电区主要指县级行政区（含县级市、旗等），此外还包括直辖市的远郊区中除区政府所在地、经济开发区和工业园区以外的地区，以及地级市中尚存在乡（镇）村的远郊区。通常，为县级供电区供电的 110kV 及以下电网称为农村电网，简称农网。

17.1.2 农村电网主要特点

农村电网是农村重要的基础设施，长期以来，受经济发展水平、地域分布、气候环境等多方面因素制约，农网的用电需求、建设改造标准、技术经济要求等与城网差异较大。农网供电主要呈现以下特点：

（1）农业生产负荷季节性强。农业生产负荷以第一产业用电为主，季节性和时令性强。例如，农业主产区在排灌期内农田机井用电负荷，茶叶主产区在清明期间炒茶用电负荷等。

（2）春节期间居民用电集中。农村地区人口聚集度偏低，居住较为分散，且常住人口数量普遍低于户籍人口，传统用电需求以满足基本照明和电视等少量家用电器的用电为主，负荷密度普遍较低。但春节期间外地务工农民大量集中返乡，节日期间集中使用电磁炉、电饭煲、电暖气等大功率家用电器，导致部分地区的农村用电负荷水平短时激增，甚至造成配电变压器等供电设备严重过载或烧损。

（3）用电需求增速较快。随着我国基本公共服务均等化进程的逐步推进，县域经济活跃度日益增强，用电需求日趋旺盛。尤其是以农家乐、假日和避暑山庄等为代表的旅游接待、餐饮服务等第三产业用电增速较快，具有节假日、夏季高温负荷季节用电负荷大的周期性特点。

（4）装备水平参差不齐。长期以来农网投资主体多元化，建设改造缺乏统一规划，技术标准不统一，不同地区的农网装备水平差异较大。尤其是一、二期农网改造等工程的建设改造标准偏低，变压器选型容量偏低、导线设计截面偏小，未能充分考虑远景负荷发展需求，电网结构主要以辐射状为主，各电压等级供电半径普遍偏长，装备水平整体较低。部分地区设备故障率高、健康状况差等，严重影响供电可靠性。

（5）建设改造和运行管理复杂。农村地区的地形地貌特征多样，部分地区位于军事敏感区、生态保护区或基本农田范畴，站址和路径选择受诸多条件限制，电网建设改造难度大；部分地区位于高海拔区、高盐雾区、高寒冷区或偏远山区，交通运输不便，气候恶劣，电网运行维护难度大。

17.2 农村电网改造升级原则

农村电网是配电网的重要组成部分，其改造升级在遵循配电网规划设计的基本原则和主要流程基础上，还要充分考虑农网的特点，以问题为导向，以规划为引领，根据不同区域的经济社会发展水平、用户性质和环境要求等情况，采用差异化的建设标准，合理满足区域发展和各类用户的用电需求，实现配电网精准投资、精益管理。重点需要遵循以下原则。

（1）统筹兼顾原则。以满足用电需求、提高供电质量为目标，以提升供电能力、完善网架结构为基础，优化完善农网规划，加强标准化建设，研究制定目标网架，统筹解决农网中各类突出问题，消除薄弱环节和补齐短板。

（2）坚固耐用原则。贯彻资产全寿命周期管理要求，按照导线截面一次选定、廊道一次到位、变电站（室）土建一次建成的原则建设改造农网，提高电网对远期负荷增长的适应能力，切实提高配电网发展水平和质量；杜绝随意拆除、大拆大建、盲目建设和超标准改造等浪费现象，注重节约和梯次利用，打造坚固耐用、经济高效的农网。

（3）差异化建设和改造原则。按照供电区域划分，合理确定农网建设改造标准。对于规划新建村庄，配套电网应按线路廊道截面及站（室）土建一次到位的原则；对于改造提质、旧村整治村庄，宜优先布点配电变压器，结合村庄人居环境改善适时推进低压线路改造；对于明确要搬迁的村庄、居民点，依托现有电网，加强运维管理，必要时采取临时供电措施，满足近期供电要求。

（4）适度超前原则。结合电量需求预测，对于发展速度快、发展预期明确的县域地区，可以适当加快农网建设改造进度；对于经济社会发展水平较高、农网原有基础较好的县域地区，可以适当提高建设标准和智能化水平。

（5）绿色低碳、创新发展原则。配电网建设改造宜采用成熟的新技术、新产品、新工艺，提高装备水平；坚持绿色发展，结合能源惠民政策，配电网建设需统筹考虑分布式光伏等清洁能源接入。

17.2.1 高压配电网

（1）加强县域电网与主网联络。220kV及以上电网未覆盖的县域地区，一般应有不同路径的两条及以上110（66）kV高压配电线路为县域供电，高压配电网一般采用环式或链式结构。

（2）高压配电线路宜采用架空线路，110（66）kV架空线路导线截面不宜小于240mm²，35kV不宜小于120mm²。同一塔型线路，兼顾投资、运行损耗和远景发展适应性，宜选用较大截面导线。

（3）新建变电站宜采用智能化变电站，推广使用装配式建设模式。

（4）变电站宜采用半户外布置，选址困难的城镇及污染严重地区可采用户内型变电站或选用组合电器装置（GIS、HGIS）。

（5）变电站主变压器台数宜按终期不少于两台设计，宜采用有载调压变压器。

17.2.2 中压配电网

（1）中压配电网应根据上级变电站位置、供电区域负荷密度和运行管理的需要，分成若干个相对独立的供电区。分区应有大致明确的供电范围，正常运行时不交叉、不重叠，分区的供电范围应随新增加的变电站及负荷的增长而进行调整。

（2）当变电站中压出线数量不足或线路走廊条件受限时，可建设开关站或环网柜，开关站宜采用单母或单母分段接线方式。

（3）中压主干线应根据线路长度、台区容量及接入方式、负荷分布情况进行分段（不宜超过5段），并装设分段开关，重要分支线路首段也可装设分支开关。城镇中压配电网宜采用多分段适度联络接线方式，乡村中压配电网宜采用多分段单联络接线方式。具备条件时可采用多分段适度联络接线方式。采用单联络方式时，在考虑线路负载率的同时，要统筹考虑供电半径及电压质量，避免转供负荷时出现电能质量问题。

（4）城镇中压线路供电半径不宜超过 5km，乡村不宜超过 15km；对于负荷密度小，供电距离超长的 10kV 线路，在负荷距不满足末端用户电压质量要求时，可在线路中后段装设线路调压器，调整线路中后端电压。

（5）负荷较轻，供电半径较长，但附近有 35kV 线路通过的偏远地区，经技术经济比选可建设 35/10kV 配电化变电站或 35/0.4kV 直配台区。

（6）城镇中压架空主干线截面不宜小于 150mm²，乡村中压架空主干线截面不宜小于 95mm²。因配电网结构或运行安全的特殊需要等需要建设的电缆线路，其线路截面应和架空线路匹配。规划中远期是主干线的分支线路，其导线截面按主干线路选择。

（7）中压线路杆塔在城镇宜选用 12m 及以上杆塔，乡村一般选用 10m 及以上杆塔，路边不宜采用预应力型混凝土电杆。城镇线路挡距不宜超过 50m，乡村线路挡距不宜超过 70m，特殊地段根据设计要求选定。

（8）中压配电线路宜采用架空方式，城镇、树线矛盾突出、人群密集区域、线路走廊狭窄等地区宜采用架空绝缘导线，特定情况可采用电缆线路。

（9）配电台区应按照"密布点、短半径""先布点、后增容"的原则配置，应尽量靠近负荷中心。配电变压器容量选择应满足供电范围内 8～10 年负荷增长需求。农村地区宜以村为基本单元，配电变压器容量选择及布点，应统筹考虑配电变压器容量配置、低压供电半径、三相动力电、台区技术降损、分布式光伏接入等因素；户均配电变压器容量，分中心村、普通村等类型，根据其经济发展状况、现状用电水平、配电变压器负载率、当前容量配置、人口净流入量等确定差异化的建设标准。

（10）配电变压器台架应一次建设到位，配电变压器容量应根据近期规划负荷合理选择。新装及更换的配电变压器应选用 S13 型及以上节能配电变压器或非晶合金铁芯配电变压器。对于季节性负荷波动大的台区，可选择高过载能力配电变压器或有载调容配电变压器。

（11）新建或改造配电台区宜按照智能配电台区建设，配电变压器低压配电装置内应预留安装智能配电变压器终端和集中抄表器的位置。

（12）台风、洪涝等自然灾害多发地区，配电室或开关站不宜设置在地下室，确实不具备条件的应做好防洪排涝措施。

（13）地处偏远地区的变压器等设施应采取必要的防盗措施。

17.2.3 低压配电网

（1）低压配电网坚持分区供电原则，一般采用单电源辐射接线；低压线路供电半径城镇（参照 C 类地区标准）不宜超过 400m，乡村不宜超过 500m，用户分布特别分散的地区供电半径可适当延长，但要用负荷距等方法对末端电压质量进行校核。

（2）城镇低压主干线路导线截面不宜小于 120mm²，乡村低压主干线路导线截面不宜小于 70mm²。

（3）城镇和乡村人口密集地区低压线路宜采用架空绝缘导线，特定区域可采用低压电缆。

（4）城镇和乡村人口密集地区宜采用 12m 及以上混凝土电杆，其他地区宜采用 8m 及以上混凝土电杆，考虑负荷发展需求，可按 10kV 线路电杆选型，为 10kV 线路延伸预留通道；低压线路可与同一电源 10kV 配电线路同杆架设。

（5）低压接户线应使用绝缘导线，绝缘导线截面铝芯一般不小于 16mm²、铜芯一般不小于 6mm²。

（6）居民用户应采用"一户一表"的计量方式，应选用智能电能表，表计容量配置适度超前，电能表的最大允许工作电流不宜低于 40A。

（7）集中式计量箱进线侧应装设总开关，电能表出口宜装设分户开关；电能表应安装在计量表箱内，金属计量表箱应可靠接地。

（8）配电变压器低压综合配电箱进线侧应安装一级剩余电流动作保护装置，集中式计量箱的进线侧应安装二级剩余电流动作保护装置，终端用户应安装三级剩余电流动作保护装置。

17.2.4　通信和配电自动化

（1）农网改造升级应根据需要，同步规划建设通信网。

（2）变电站通信应采用光纤方式，有条件地区可采用光纤环网连接方式，中低压电网需要通信的节点可采用光纤、无线、载波等方式。

（3）无人值班变电站采用主备双通道方式，自然灾害高发地区的 110kV 变电站可按双路由建设。

（4）新建或改造的调度自动化和配电自动化系统应统筹考虑，统一数据采集平台。

（5）城镇架空线路宜采用就地型重合器式馈线自动化，具备条件的可采用集中式馈线自动化，电缆线路宜采用集中型馈线自动化，乡村线路宜采用故障监测方式，具备条件时可用就地型重合器式馈线自动化。

17.2.5　无功补偿

（1）农网无功补偿应按照集中补偿与分散补偿相结合，高压补偿与低压补偿相结合，调压与降损相结合的补偿策略，确定最佳补偿方案。

（2）变电站无功补偿容量可按主变压器容量的 10%～30%配置，并根据需要适当分组。

（3）100kVA 及以上配电变压器无功补偿装置宜采用具有电压、无功功率、功率因数等综合控制功能的自动装置，补偿容量应根据配电变压器负载率、低压侧功率因数综合计算确定。

（4）谐波污染较为严重的变电站，宜选用无功补偿与滤波相结合的无功补偿装置。

17.3 典型工程规划设计案例

17.3.1 小城镇（中心村）电网改造升级工程

小城镇（中心村）是由地方政府界定，没有统一界定标准。一般意义的小城镇指乡镇人民政府所在地，以及经县级人民政府确认的非建制集镇；中心村是由若干行政村组成的，具有一定人口规模和较为齐全的公共设施的农村社区，它介于乡镇与行政村之间，是城乡居民点最基层的规划单元。

（1）小城镇（中心村）规划设计应注意的问题。按照差异化原则，结合小城镇（中心村）的规模和发展水平，统筹考虑供电可靠性、电力需求、目标网架、设备选型等技术要求，与县（市）级电网规划紧密衔接，一般按照 C 类供电区域的建设标准进行规划设计，根据地理区位、社会经济发展水平，可在 C 类供电区域建设标准的基础上适度调整。

1）小城镇（中心村）配电网应留有一定的容量裕度、适度的负荷转移能力、具备自愈和应急处置能力，保障可靠供电，提高运行效率。

2）小城镇（中心村）配电网的上级 110（66）、35kV 电网宜采用链式结构，对于链式结构难以形成的区域，可采用双辐射结构、环网式结构。不具备条件的，10kV 线路应具备一定的转供负荷的能力。

3）变电站应布置于中心镇或小城镇（中心村）相对聚集的负荷中心，采用紧凑布置、占地较少的全户外或半户外式结构，便于进出线布置，不得占用基本农田。

4）各电压等级线路导线截面应贯彻资产全寿命周期理念，按照饱和负荷水平一次选定，并分别进行安全电流和经济载荷校核。

5）10kV 架空线路采用多分段适度联络结构，电缆线路采用单环式结构，联络及重要分支首端应装设联络开关和分段开关。对于分布散、规模小的小城镇（中心村），可以多个村组为整体形成双侧（或多侧）10kV 线路供电的格局，联络点宜位于小城镇（中心村）内。

6）政府要求中心村居民户均配电变压器容量不低于 2kVA，具体容量选取应考虑现状容量、台区负载水平、经济发展水平等差异化设计。如现状容量低于 1.0kVA/户，规划容量可按不低于 2.0kVA/户考虑；现状容量接近或大于 2kVA/户的，可综合近五年电量增长，按 5 年年均增长 8%～12%考虑容量配置。用电负荷估算参考标准见表 17-1。

表 17-1　　　　　　　　　小城镇（中心村）用电负荷估算参考标准

用电负荷		估算标准
生活用电负荷	照明负荷	平均每户 100～200W
	少量家用电器用户	平均每户 400～1000W
	较多家用电器用户	平均每户 1000～1600W

续表

用电负荷		估算标准
乡镇企业用电负荷	工业建筑	20～80W/m²
农业用电负荷		每亩 10～15W

注　已考虑同时率系数。

7）小城镇（中心村）农村电网建设与改造应结合配变新增布点、三相动力电等，合理控制供电半径，综合治理"低电压"问题，必要时可以通过配置无功补偿、加装调压器等手段，解决局部偏远地区用户"低电压"问题。

8）配网线路应尽量沿公路、道路布置，线路走廊应避开不良地形地质、森林、洪泛区和危险品仓库等地段，线路走向尽可能短捷、顺直，减少压降损失。

9）10kV 线路路径宜穿越小城镇（中心村）的中心区域及村镇的中心街道，分支线路、配电变压器台区沿主干线路两侧均衡布置，便于低压配电线路的整体安排。当走廊受限时，10kV 架空线路宜采用双回路同杆架设，220/380V 线路可与同一电源 10kV 线路同杆架设。

10）10kV 中性点宜采取不接地或经消弧线圈接地方式。10kV 电缆出线较多，引起公用变电站 10kV 侧电容电流超过消弧线圈最大容量的，应进行小电阻接地改造。

11）小城镇（中心村）10kV 电网关键节点宜配置动作型"二遥"终端，一般性节点宜配置标准型"二遥"终端，其他节点宜配置基本型"二遥"终端。

（2）应用实例。110kV A 站北部某乡所辖 29 个行政村，2.72 万人口的供电，现由 110kV A 站出的 1 回 10kV 线路供电（含 D、E 两个分支），最大供电半径 22km；供区内有配变 120 台，容量 14MVA（其中专变容量 5MVA）。2015 年该供区最大负荷为 4MW，60% 以上负荷集中在中、后段。目前中后段有水泥厂、锰矿厂和采石场等大小工业专变用户 20 多家，预计新增负荷 2～3MW。其中：

高压配电网：110kV 变电站 A 最终规模为 2×50MVA 主变压器，现状规模为 1×50MVA，由上级 220kV 变电站 1 回 110kV 线供电；线路 a 为单辐射线路，最大负荷时刻线路 a 负载率为 60%。

中心村电网现状：某中心村占地面积 2.86km²，电力用户 406 户，现状由 1 条 10kV 线路的 5 台配电变压器（1×100+4×50kVA）供电，1、2 号的最大负载率分别为 108% 和 113%。低压线路平均供电半径为 750m。

1）高压配电网规划方案。

a. 110kV 高压配电网。如图 17-1 所示，该中心村现状配电网 110kV 变电站 A 为单线单变供电，电网结构薄弱。近期结合负荷发展及供电可靠性要求，从 220kV 变电站 Ⅰ 新出 1 回 110kV 线路或 1～2 回 10kV 线路，解决 A 站供电可靠性问题。远景规划东侧 220kV 变电站 Ⅱ 建设后出 110kV 线路至 A 站，A 站形成双侧电源链式供电，电网结构进一步优化。

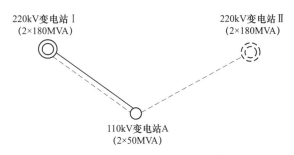

图 17-1 高压配电网规划方案示意图

b. 35kV 高压配电网。如图 17-2 所示，由于向中心村供电的 10kV 线路供电半径达 22km，负荷大部分集中在中后部且有明显的负荷增长点，现有 10kV 线路供电能力及供电质量无法满足负荷增长需要，为此需新建一座 35kV 变电站 C 解决该乡镇负荷发展需要。该变电站就近剖进已有 35kV 线路，距 110kV 变电站 A 站 12km 左右。

2）10kV 中压配电网规划方案。配套接入：在线路中段将 D、E 分支线分别接入 C 站，同时 C 站出 1 回 10kV 线路与 110kV 的 B 站 F 分支线相连。新出的 3 回 10kV 线路全部与周边两座 110kV 变电站形成互联，并增设相应分段开关合理分段，减少故障停电范围，见图 17-2。

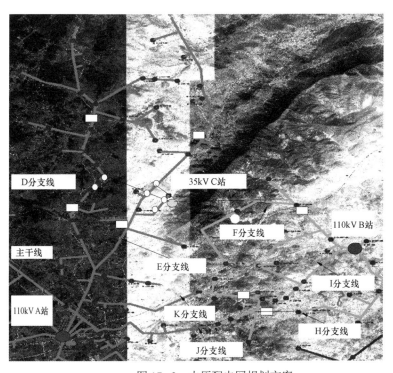

图 17-2 中压配电网规划方案

3）中心村中低压配电网规划方案。

a. 台区布点。中心村共 5 台配电变压器，其中 1、2 号配电变压器负载率过高，该村户均配电变压器容量 0.74kVA，供电半径 750m。根据中心村差异化的建设标准，户均配电变压器容量按 2.0kVA 考虑，需新增配电变压器容量约 400kVA。由于该村负荷分散，为满足户均容量要求并将供电半径控制在合理范围，经论证宜新增 4 台 100kVA 配电变压器，对村内低压负荷进行重新平衡和分配，合理划分配电变压器供电范围和低压线路的供电半径（见图 17-3、图 17-4）；改造完成后，中心村户均配变容量 2.0kVA，供电半径控制在 500m 以内。

b. 低压配电网。台区新增低压线路、已有需单相改三相的主干线路均按导则要求按远景发展选取导线截面。经校核，现有低压线路线径满足负荷供带需要，本期不予改造。

c. 按照 30%容量在新建及增容配电变压器低压侧配置无功补偿装置。

d. 同步结合中压配电网建设，在新设联络开关、分段开关处加装基本型"二遥"终端，满足故障定位、查找的基本功能，通信方式采用无线公网方式。

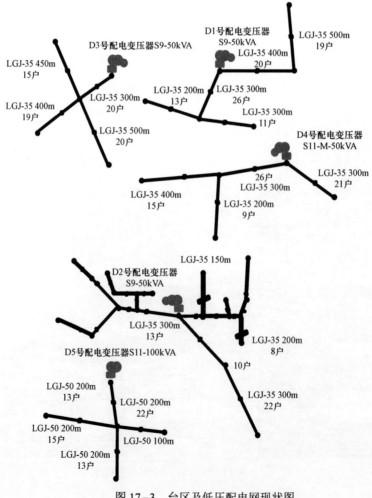

图 17-3　台区及低压配电网现状图

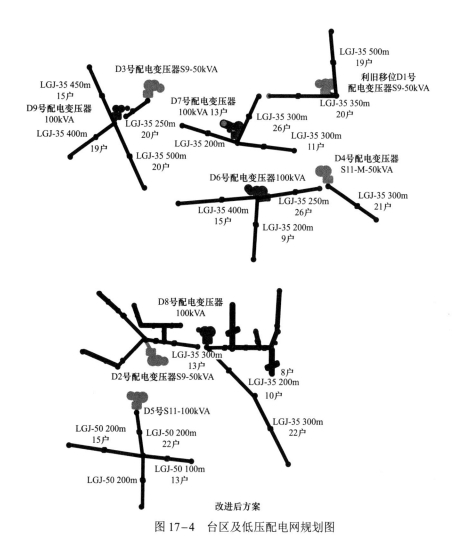

图 17-4 台区及低压配电网规划图

17.3.2 贫困地区供电

贫困地区是我国历史发展过程中的阶段性现象，主要分布在农村，受到经济增长、人口发展、交通资源等诸多因素的制约，贫困地区电网的供电可靠性、供电质量、装备水平等方面问题不同程度地存在，也是当前配电网建设较为薄弱的地区。随着国家脱贫政策的深入和经济社会的发展，满足供电需求、保证用电质量成为贫困地区农网改造升级的首要任务。

（1）贫困村配电网规划设计应注意的问题。

1）结合扶贫与反贫困的政策方向、扶贫主体、扶贫模式、扶贫对象、脱贫区域、光伏扶贫等要素，合理制订与贫困地区的发展建设相协调的配电网建设改造总体目标。

2）以开发扶贫为主的地区，根据扶贫产业建设的投产时序、用电需求以及居民生产生活用电要求，确定电量和负荷发展需求。以救济扶贫为主的地区，主要根据居民生产生活用电要求,确定电量和负荷发展需求。

3)贫困地区的居民生产生活用电需求主要通过合理的户均配电变压器容量配置实现。如现状居民户均配电变压器容量低于 0.5kVA/户,且居民户数逐年减少,则 5 年期规划容量可按现状总户数平均不低于 1.5kVA/户考虑;现状容量接近或大于 1.5kVA/户的,可综合近五年电量增长,按 5 年年均增长 8%~12%考虑容量配置。

4)35~110kV 目标网架应按照"远近结合、分步实施"的原则,目标年电网应形成双辐射、环网或链式结构。10kV 线路应具备一定的转供负荷的能力。10kV 台区相对集中的 10kV 支线之间,可顺势形成联络,并具备一定的负荷转移能力。

5)对于偏远地区供电距离超过 40km 的超长 10kV 供电线路,可采取装设线路调压器,调整线路中后端电压;也可利用附近的 35kV 线路,结合负荷发展就地建设 35/10kV 配电化变电站,解决供电半径超长造成的线路末端台区低电压问题,如沿线负荷相对集中,可建设 35/0.4kV 配电化直配台区。

6)配电设备选择应采用技术成熟、少(免)维护、低损耗、节能环保、具备扩展功能的设备,所选设备应通过入网检测。

7)在外界环境条件恶劣(高海拔、高寒、盐雾、污秽严重等)及自然灾害多发的贫困地区,设备选型应考虑环境的影响,具备一定的适应性。

(2)应用实例。某地区甲村(贫困村)的配电网结构如图 17-5 所示。受高山阻隔,甲村仅通过 1 回 LGJ-50 的 10kV 线路与丙村 35kV 变电站联系,线路长度 50km。全村配置 1 台 10kV 配电变压器(1 号配电变压器),容量 50kVA,供电用户 86 户。1、2 号线路为 380V 三相四线制低压线路,线径为 35mm²;3、4、5、6 号线路为 220V 单相两线制低压线路,线径为 25mm²。低压线路全长 840m。迎峰度夏期间,连续 3 天实测 1 号配电变压器低压线路末端电压分别为 181、176、171V,全部为"低电压"。

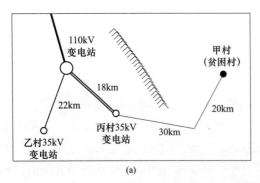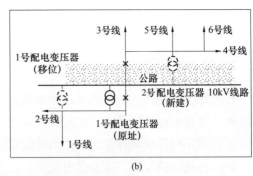

图 17-5 某贫困区配电网建设改造示意图
(a)高压配电网改造;(b)中低压配电网改造

1)高压配电网。丙村至甲村的 10kV 线路长度 50km,超出 10kV 线路的合理供电半径,末端电压质量不能保证。甲村就近 T 接丙村至周边其他 110kV 站的 35kV 线路,采用 LGJ-120 导线,在甲村建设 35/10kV 配电化变电站(如负荷集中,低压线路末端满足要求,可以选用 35/0.4kV 电压序列),容量 1×2MVA。如果沿线没有 35kV 线路,新建 35kV 站站址一般选在甲村和丙村之间，满足甲村最远点电压降低于 10%。

2）中压配电网。甲村全村户均配电变压器容量仅 0.58kVA，按照目标年户均配电变压器容量不低于 1.4kVA 的规划目标考虑，全村户数保持不变，目标年配电变压器容量需求为 86×1.4=120kVA，需新增容量不低于 70kVA，故选择新增 1 台 100kVA 配电变压器。增容后户均配电变压器容量 1.74kVA。

按照配电变压器靠近负荷中心的原则，将 1 号配电变压器移位至低压 380V 的 1 号线位置，主要满足 1 号和 2 号线用户用电需求。新建 2 号配电变压器，容量 100kVA，主要满足 3、4、5 号和 6 号线路上的用户用电需求。断开跨越公路的 0.38kV 线路，形成 1、2 号配电变压器以公路为界分区供电格局。

3）低压配电网。实现低压分区供电后，1 号配电变压器低压供电半径为 399m，供电户数 28 户。2 号配电变压器低压供电半径 441m，供电户数 58 户。同步实施 3、4、5、6 号单相两线制改造三相四线制，4 号线路为主干线，线径选 120mm²，其他线路线径选 70mm²。

17.3.3 藏区农村电网建设

藏区是藏族与其他民族共同聚居的民族自治地区，主要分布在我国的西藏、青海、四川、云南、甘肃 5 省（自治区）。藏区海拔一般在 2000m 以上，具有海拔高、气温低、风沙大的特点。藏区农村人口聚集度低，生产生活以农牧业为主，农副产品加工和其他工业产业少，用电需求和电力增长能力整体较弱。同时还存在一定比例的游牧人口，周期性地或定期地迁移的生活方式增加了电力供应的难度。

（1）藏区农村电网规划设计应注意的问题。藏区农网建设要充分考虑藏区农村负荷分散、用电量小等特点，按照远近结合、适度超前的原则开展电网建设工作；要充分考虑高原地区地域辽阔、空气稀薄、气温偏低等特定的自然环境特点，电气设备选型要满足高原运行条件。

1）负荷预测主要根据农村人口和家庭，按照自然增长率或户均容量要求进行预测。

2）110kV 电网远期以双辐射、环网或链式为目标网架；35kV 电网远期以单辐射或双辐射为目标网架；具备条件的地区可采用环网或链式结构；10kV 以辐射式结构为主，适度加强分段和联络。

3）变电站选址应尽量靠近县城，线路走向应尽量沿公路交通建设，合理避开军事管辖区、民宅、树木（古树、果树等）、文化遗址等，并为建设、运维、检修等提供便利。

4）35～110kV 电网以满足农村用电需求为目标，按照负荷距要求核算供电距离，确保线路末端满足电压质量要求。10kV 电网以架空线路为主，同塔型线路按大截面导线选择并满足压降要求，输送容量按现有负荷并留有适当裕度。低压线路主要采用三相四线制，导线截面不宜小于 50mm²。

5）35～110kV 变电站容量应按照 5 年以上中长期发展需求确定，一般按照 2 台主变压器设计，初期配置一台主变压器，预留扩建另外一台主变压器的位置。配电变压器容量以现有负荷为基础合理选取，并适当留有裕度，要注意避免容量选择过大，造成投资浪费、设备轻载和损耗增大。

6）35kV 线路设计优先选择复合绝缘子或瓷质绝缘子，不得选用玻璃绝缘子。中低压线路宜采用瓷质绝缘子。

7）考虑藏区风沙大和冻土层深等自然因素，中压线路档距不超过 70m，低压线路档距不超过 50m。

（2）高海拔绝缘参数修正。藏区高原的空气稀薄，绝缘强度会随空气密度减小而降低。为满足高原地区的绝缘配合要求，需对设备外绝缘的耐受电压要求值按照 K_t 进行修正，修正公式为

$$K_t = \left(\frac{p}{p_0}\right)^m \tag{17-1}$$

式中　p——设备安装地点的大气压力，kPa；

　　　p_0——标准参考大气压力，101.3kPa；

　　　m——空气密度修正指数。

实际经验表明，气压随海拔呈指数下降。因此外绝缘电气强度也随海拔呈指数下降，在确定设备外绝缘绝缘水平时，可按照 K_a 进行海拔修正

$$K_a = \mathrm{e}^{q\frac{H}{8150}} \tag{17-2}$$

式中　H——设备安装地点的海拔，m；

　　　q——指数，对雷电冲击耐受电压，$q=1.0$；对空气间隙和清洁绝缘子的短时工频耐受电压，$q=1.0$。

对长时间和短时工频耐受电压试验，标准绝缘子的 q 值最低可取至 0.5，防雾型绝缘子 q 值最高可取至 0.8。

外绝缘要求的耐受电压是将耐受电压乘以海拔修正因数 K_a 以及安全因数 K_s 来求得。对外绝缘 K_a 规定取 1.05，由此，设备外绝缘的实际耐受电压不应低于按以上修正后的要求耐受电压。

对于设备安装在海拔高于1000m时，当耐受电压范围不满足设备外绝缘实际耐受电压的要求时，应根据表 17-2 的额定绝缘水平，按照以下公式进行海拔修正

$$K_a = \mathrm{e}^{q\left(\frac{H-1000}{8150}\right)} \tag{17-3}$$

表 17-2　　　　　　　　范围 I（1kV<U_m≤110kV）的标准绝缘水平（kV）

系统标称电压 U_s（有效值）	设备最高电压 U_m（有效值）	额定雷电冲击耐受电压（峰值）		额定短时工频耐受电压（有效值）
		系列 I	系列 II	
3	3.6	20	40	18

续表

系统标称电压 U_s（有效值）	设备最高电压 U_m（有效值）	额定雷电冲击耐受电压（峰值）		额定短时工频耐受电压（有效值）
		系列Ⅰ	系列Ⅱ	
6	7.2	40	60	25
10	12.0	60	75 / 90	30/42[b]；35
15	18	75	95 / 105	40；45
20	24.0	95	125	50；55
35	40.5	185/200[a]		80/95[b]；85
66	72.5	325		140
110	126	450/480[a]		185；200

注　系统标称电压3～20kV所对应设备系列Ⅰ的绝缘水平，在我国仅用于中性点直接接地（包括小电阻接地）系统。

a　该栏斜线下的数据仅用于变压器类设备的内绝缘。

b　该栏斜线上的数据为设备外绝缘在潮湿状态下的耐受电压（或称为湿耐受电压）；该栏斜线下的数据为设备外绝缘在干燥状态下的耐受电压（或称为干耐受电压）。在分号"；"之后的数据仅用于变压器类设备的内绝缘。

（3）应用实例。如图17-6所示藏区某县域农网现状。图中，110kV变电站位于县城附近，主变压器容量 1×20MVA，最大负载率73%，线路型号LGJ-70。甲村35kV变电站容量为 1×3.15MVA，最大负载率62%；乙村35kV变电容量为 2×3.15MVA，最大负载率65%；丙村35kV变电容量为 2×3.15MVA，最大负载率70%。35kV线路型号均为LGJ-50。丁村、戊村均采用孤网运行供电，未实现与主电网联系。两村居民户数分别为400户和330户。

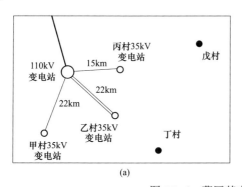 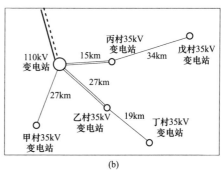

图 17-6　藏区某农网现状及升级改造方案

（a）现状电网；（b）规划电网

1）解决丁村和戊村供电需求。根据规划目标，农村户均配电变压器容量按照 2.5kVA 计算，用电同时率按照 0.8、主变压器负载率按 0.7 考虑，则丁村、戊村的目标年用电需求分别为

$$S_1 = \frac{400 \times 2.5 \times 0.8}{0.7} = 1143 \text{（kVA）}$$

$$S_2 = \frac{330 \times 2.5 \times 0.8}{0.7} = 943 \quad (\text{kVA})$$

按照藏区规划基本原则，考虑远景发展需求，规划在丁村新建 35kV 变电站一座，变电容量 2×1.5MW，初期建设 1 台主变压器；在戊村新建 35kV 变电站一座，变电容量 2×1.5MW，初期建设 1 台主变压器。35kV 线路采用单回 LGJ–50 导线，长度分别为 19km 和 34km。

2）解决长线路供电质量问题。由于丙村到戊村 35kV 线路较长，为保证戊村末端电压质量，新建 110kV 变电站至丙村 35kV 变电站的 35kV 线路一回，导线型号 LGJ–50，长度 15km。

3）解决县域电网与主网联系薄弱问题。目前，农村电网与主电网通过 1 回 110kV 线路联系。到目标年，为消除与主网联系薄弱问题，新建 1 回 110kV 线路至 110kV 变电站，线路型号 LGJ–70。扩建一台主变压器，容量 12.5MVA。

> **注** 县域电网与主网联系薄弱的类型主要有：① 与主网只有一条 110（66）kV 线路联络；② 联络线电压等级为 35kV 及以下；③ 县域电网虽然与主网联络的 110（66）kV 高压线路超过一条，但均来自同一变电站；④ 县域电网虽然与主网联络的 110（66）kV 高压线路超过一条，但存在长距离共用一条线路走廊的情况；⑤ 虽然有来自不同变电站的两条及以上线路，但各条线路的供电区域不能互相转供，当其中一条线路停电时，县域电网供电容量低于县域电网最大负荷的 50%，或不能保证县域内重要用户的供电；⑥ 孤网运行县域电网。

17.3.4 农村光伏项目接网工程

（1）农村光伏项目类型。

1）户用光伏系统。利用农户屋顶或院落空地建设 50kW 及以下的发电系统。

2）村级小型光伏设施。单个电站规模原则上不超过 6MW，村级联建光伏设施外送线路电压等级不超过 10kV。

3）小型光伏电站。利用荒山荒坡建设 6MW 以上到 20MW、接在 35kV 及以下电压等级的集中式地面光伏电站。

（2）农村光伏项目规划设计应注意的问题。农村光伏项目根据光伏容量及其周边电网情况，遵循分布式电源以及电源接入电网的有关规定，其并网电压等级、接入点、电气设备选择等应注意以下内容。

1）单个户用光伏系统且容量小于 8kW，宜采用 220V 电压等级并网。单个村级光伏设施根据当地台区容量配置、光伏设施与台区的电气距离可采用 380V 或 10kV 电压等级并网；其中容量大于 400kW 的应以 10kV 电压等级并网。村级联建光伏设施及小型光伏电站宜采用 10kV 或 35kV 电压等级并网。当户用光伏系统在某个台区较为集中，应校核台区容量和用户电压质量；邻近区域有多个村级光伏电站或集中式光伏电站时，可考虑建设汇集站通过上一电压等级并网。

2）采用 380/220V 电压等级并网的项目，宜选取用户配电室、箱式变电站低压侧或用户计量配电箱作为接入点；采用 35kV 电压等级并网的项目，宜选取用户开关站、配电室或箱式变电站母线作为接入点。

3）并网导线截面应按照安全电流裕度选取，并以经济载荷范围校核。同一条380/220V、35kV 线路，应按照接入该线路所有光伏最大出力和最大用电负荷，取较大者校验线路的载流能力。

4）集中接入同一条380/220V 线路的多个光伏系统，应校验全部光伏在最大出力时，380V 满足电压允许偏差为标称电压的±7%的要求，220V 满足电压允许偏差为标称电压的+7%与−10%的要求。

5）分布较为集中的多个村集中式小型光伏设施，应优先考虑将村集中式小型光伏设施进行汇集后，再结合区域配电网现状及发展规划，以合适的电压等级接入配电网。村级小型光伏设施应以合理容量和供电半径接入已有台区，如需新建台区解决小型光伏设施接入问题，应统筹考虑低压用户接入问题，合理确定台区位置。户用光伏系统的用户，不宜集中在低压线路送电距离比较长，且后端用户比较集中区域。

6）潮流计算应对设计水平年的光伏出力和不同负荷组合的正常运行方式、检修运行方式，以及事故运行方式进行分析，必要时进行潮流计算以校核该地区潮流分布情况及上级电源通道输送能力。

7）在光伏电站最大运行方式下，对分布式电源并网点及相关节点进行三相短路电流计算，必要时宜增加单相短路电流计算。短路电流计算为现有保护装置的整定和更换，以及开关设备选型提供依据，当已有设备短路电流开断能力不满足短路计算结果时，应提出限流措施或解决方案。

农村光伏项目的典型接入方案参考本书第9章相关项目。

（3）应用实例。图17-7为某县现状电网和规划电网的地理接线图。现状电网由2回110kV 线路向中心110kV 变电站供电，主变压器容量2×50MVA，35kV 间隔12个。甲村、乙村各有一座35kV 变电站，规划容量2×6.3MVA，规划双回 LGJ-70 线路，初期仅建成1台主变压器、一条线路。丙村、丁村各配置一座2×10MVA 的35kV 变电站，双回 LGJ-120线路。规划在戊村新建一座2×6.3MVA 的35kV 变电站，双回 LGJ-70 线路。场景A，甲村10MWp 光伏扶贫项目站址如图17-8所示；场景B，乙村下面接有2个100kWp 的小型光伏电站，电站1靠近已有台区50m，电站2距低压线路末端100m 左右；场景C，农户

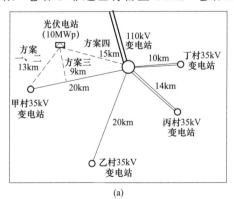 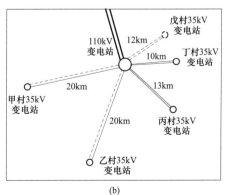

（a）　　　　　　　　　　　　　　（b）

图 17-7　某县域配电网光伏电站接入地理接线图

（a）现状电网；（b）规划电网

每家每户装设 3～5kWp 的户用光伏发电系统，结合规划电网确定光伏项目的接入方案。

1）场景 A：光伏电站距离现有公用 35kV 及以上变电站 10km 以上。

a. 接入系统电压等级：根据电站容量及系统位置，宜以 35kV 电压等级接入。10kV 电压等级接入应考虑光伏电站送端电压问题。

b. 接入系统方案。

方案 A-1：光伏电站采用 1 回 35kV 线路接入甲村 35kV 变电站，接入线路长度 13km。

方案 A-2：光伏电站采用 1～2 回 10kV 电压等级接入甲村 35kV 变电站低压侧，单回接入线路长度 13km。

方案 A-3：光伏电站采用 T 接方式接入甲村 35kV 变电站至 110kV 变电站的 35kV 线路，接入线路长度 9km。

方案 A-4：光伏电站采用 1 回 35kV 线路接入中心 110kV 变电站，接入线路长度 15km。

c. 方案技术分析。

方案 A-1：近期，光伏出力部分通过甲村 35kV 降压变压器满足甲村用电需求，其余部分通过 35kV 线路送至 110kV 变电站，经 110kV 变电站 35kV 侧母线向其他线路配出，并能够适应远期发展需求。

方案 A-2：光伏最大出力超过变电站现有降压变压器的主变压器容量，且光伏电站大出力一般出现在 10:00～16:00，与农村用电高峰不重叠，因此平衡后的光伏出力难以通过 6.3MVA 变压器升压送出，不满足接入要求，同时由于 10kV 送电距离较长，电站出口存在电压偏高问题。如果甲村近期有负荷增长，需扩建第二台主变压器，特别是如果 10kV 线路接入工程比较短（如甲村变电站 10kV 主干线延伸至光伏电站附近，且负荷集中；或者本身光伏电站距接入变电站较近等），接入 10kV 电网电能主要在甲村消纳后，余电上网，可考虑此方案。

方案 A-3：T 接 35kV 线路，光伏电站及其接入线路故障会引起甲村至中心 110kV 变电站的 35kV 线路全停，影响甲村正常生产生活用电。采用该方案，需完善保护、通信及计量。

方案 A-4：中心 110kV 变电站 35kV 间隔 12 个，原规划采用双辐射方式向五个村供电，将占用 10 个 35kV 间隔。由于周边电网一定时期没有规划新的 110kV 变电站，考虑远期电网适应性，如村庄之间距离相对合适，可以考虑两个村之间成单环，既可节约间隔资源和电网投资，同时每个村庄的两个电源路径不同，村庄供电可靠性也将提高。也可考虑光伏电站往南走数公里后向东接入 110kV 变电站，甲村第二电源可考虑 T 接该线路。此方案近期投资较高。

d. 推荐方案应考虑的因素。通过方案投资、技术条件分析、运行网损、电能质量、远近结合及发展适应性等综合技术经济比较后确定推荐方案。

2）场景 B：乙村下面接有 2 个 100kWp 的小型光伏电站，如图 17-8、图 17-9 所示。

现状：乙村 1 号台区照明用户 95 户，配电变压器 100kVA，供电半径 0.8km 左右。两个光伏电站位置示意如图 17-8 所示。

图 17-8 中低压配电网现状图

建设方案：根据台区用户及电源分布，将 1 号台区右移至电站北侧略偏西位置，光伏电站 1 就近接入 1 号台区。新增 2 号台区（容量 100kVA），电站 2 及南部低压线路接入 2 号台区。建设及改造后，乙村户均配变容量 2.0kVA 以上，供电半径基本控制在 500m 以内，电站接入台区距离控制在 100m 左右。

图 17-9 中低压配电网规划图（一）

3）场景 C，农户每家每户装设 3～5kWp 的户用光伏发电系统，如图 17-10 所示。

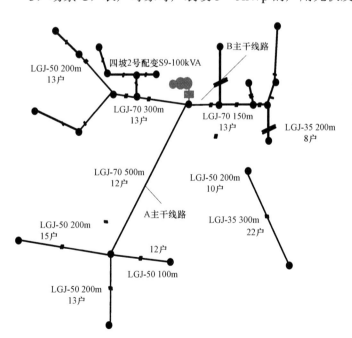

建设方案：A 主干线路供电半径 700m，用户多集中在后端，如每家每户装设 3～5kWp 的户用光伏发电系统，该线路截面不能满足光伏发电项目送出的要求，且末端用户可能出现高电压，建议在靠近台区位置集中安装。而 B 主干线路前段 13 户，可考虑在农户家屋顶安装。

图 17-10 中低压配电网规划图（二）

17.3.5 动力电改造工程

在早期农网建设过程中，为满足农民的生活用电需要，部分农村地区主要采用单相供电方式。有的考虑到单相配电变压器具有结构简单、架设方便、变损较小、投资节省等特点，应用单相配电变压器；有的虽然配置三相配电变压器，但仅台区出口几十米低压主干线为三相四线供电，其他线路主要以低压单相配出。随着农村经济社会的快速发展，单相电难以满足农民基本生产需要，一是三相用电的需求增强，电力服务应能够为农村电力用户提供可就近接入的三相电源，二是所有严重的用户"低电压"，主要是单相供电引起。

（1）动力电改造工程规划设计应注意的问题。

1）按照负荷发展需求，结合单相变压器的升级改造，将其更换为三相配电变压器，并统筹户均配电变压器容量、供电半径、"低电压治理"等要求、确定配电变压器容量。

2）柱上变压器应同步实施配电变压器台架等附属设备的工程改造。具备条件的配电变压器，应按照靠近负荷中心的原则重新调整站址位置。

3）对不满足近期三相配电变压器供电要求的 10kV 线路，应同步优化。远景发展不满足需求的线路结合线路电流增长适时更换。

4）推广应用 S13 型及以上节能配电变压器。非噪声敏感区、最高负荷相对平稳且平均负载率低、轻（空）载损耗运行时间长的地区，应优先采用非晶合金配电变压器。

5）低压主干线采用三相四线制，分支线按需可采用单相两线制或三相四线制。

6）新建低压线路导线截面和供电半径应按照农网改造升级原则执行，超过要求的应进行末端电压质量校验。

7）低压用户应合理接入低压三相电网，使各相负荷尽可能平衡，公共连接点正常电压不平衡度不超过 2%，短时不超过 4%。

（2）应用实例。某农村地区中低压配电网示意图如图 17-11 所示。10kV 柱上变压器为单相 D9 型变压器，容量 20kVA。220V 采用单相二线制，分别向两个方向共计 20 户居民供电，负荷末端较为集中。线路供电半径 800m，导线型号 LGJ-16。220V 档距全部为 80m。户均配电变压器容量 2.5kVA，按照动力电改造要求制订改造方案。

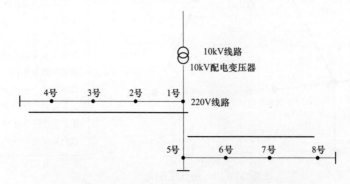

图 17-11　某农村地区中低压配电网示意图

1）更换三相变压器。根据农村生产生活用电需要，规划目标年的用电需求为

$$P=20×2.5=50（kVA）$$

因此为满足负荷发展需要，需将 D9 型单相变压器更换为 S13 型三相配电变压器，容量 50kVA。同时将配电变压器向下移至线路的相对中间位置，每条主干线路供带 10 个用户，供电半径控制在 500m 以内。

2）改造 380V 线路。低压单相二线制改造为三相四线制。按照远景导线载流量要求一次选定导线截面。

3）水泥杆改造。根据农村电网升级改造要求，80m 档距超出技术原则要求。低压电网结合导线改造同步实施杆塔改造和档距改造，杆塔全部采用 10m 水泥杆，档距按照 50m 设置。

18 主动配电网

随着能源变革的不断演进，配电网的形态正在持续改变，电源侧分布式电源大量接入，负荷侧电动汽车、储能装置等多元化负荷快速发展，配电网由"无源"网变为"有源"网，潮流由单向变为双向，电源侧和负荷侧的不确定性进一步增大，配电网调节电源侧和负荷侧平衡的压力日益增大，如何有效实现"源—网—荷"之间的协调互动，充分发挥配电网作为资源配置平台的作用，成为配电网发展中面临的最大挑战。

为适应配电网发展需要，业界学者提出了主动配电网（Active Distribution Network，ADN）理念，即在规划设计、运行控制和运营管理等环节，通过应用先进的信息通信、智能控制、电力电子和储能等新技术，提升配电网的适应性，主动满足分布式电源、电动汽车、储能装置等电源和多元化负荷的大量接入，促进资源的合理配置和设备的高效利用，实现不同利益相关方（电网企业、发电商、电力消费者）的协同共赢。

本章介绍主动配电网的定义及功能，从负荷预测，发电预测，变电站、网架和二次系统规划等方面对主动配电网规划方法进行论述，并对国内外主动配电网工程情况进行简要介绍。

18.1 主动配电网定义及功能

18.1.1 主动配电网的定义

国际大电网会议组织（CIGRE）配电与分布式电源工作组（C6）在 2008 年首次提出了主动配电网概念，认为主动配电网具有灵活的网络结构，能够有效协调分布式电源、主动负荷和储能三者的运行。其中，主动负荷是指能够根据电网引导指令进行自主调节的负荷。国内学者结合实际情况，对主动配电网的认识进一步拓展，认为主动配电网是以灵活的网络结构为基础，通过应用先进的信息通信、智能控制、电力电子和储能等新技术，对分布式电源、主动负荷和储能进行主动控制和主动管理的配电系统。

需要说明的是主动配电网不同于微电网。微电网是一个能够实现自我控制、保护和管理的自治系统，既可以与外部电网并网运行，也可以孤岛运行。而主动配电网是具备一定比例的分布式可控资源且网络拓扑可灵活调节的公共配电网，一般情况下不孤岛运行，但在紧急情况下通过合理配置解列点也可让主动配电网的局部孤岛运行。

主动配电网侧重于在配电网范围内对由分布式发电、分布式储能、可控负荷等主动资源的优化控制，实现对分布式可再生能源发电的充分消纳，能源互联网侧重于多种能源互联协同控制。微电网、主动配电网、能源互联网三者在控制管理上是层次递进、互相协同，三者协调一致才能确保电网在安全经济运行的前提下提升整个能源的综合利用效率。

18.1.2　主动配电网的特征和主要功能

CIGRE C6 工作组认为与传统配电网相比，主动配电网最大的特点就是可以通过非网络解决方案（No-Network Solution）满足负荷增长和分布式电源接入需求，而传统配电网只能依靠网络解决方案（Network Solution）。非网络解决方案就是在现有配电网基础上，不增加或调整电网设备，而是通过电网智能化技术，深度挖掘电网潜力，提高设备利用效率，满足负荷增长和电源接入需求。

主动配电网具有以下 4 个基本特征：

（1）具备一定比例的分布式可控资源。

（2）具有可灵活调节的网络拓扑结构。

（3）具备完善的调节、控制手段。

（4）配备协调优化管理控制系统。

主动配电网具有以下 5 个主要功能：

（1）通过协调控制分布式电源、主动负荷与储能装置，实现网络潮流的均衡化，提高配电网消纳分布式电源的能力。

（2）促使分布式电源积极参与系统调频与电压无功控制，提高配电网的供电质量。

（3）充分发挥主动负荷的系统功率平衡及削峰填谷作用，增强配电网运行安全性。

（4）通过优化管理分布式电源、主动负荷与储能装置，提高配电网设备的利用率，减少配电网对主网的容量需求，降低电网投资成本。

（5）提升配电网的可观性，感知配电网未来运行状态和发展趋势。

主动配电网的典型构成模式如图 18-1 所示。

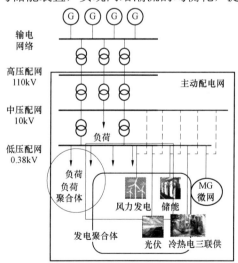

图 18-1　主动配电网的典型构成模式

18.2 主动配电网规划

我国配电网仍处于快速发展阶段，需要在满足负荷快速增长的同时，解决各类分布式电源、主动负荷、储能装置的高渗透率接入。在这一阶段规划建设主动配电网，既要考虑关于变电站布点和网架结构优化的网络解决方案，又要考虑基于电网智能化技术的非网络解决方案，主动配电网规划即是在网络解决方案和非网络解决方案之间的平衡，是一个基于众多不确定因素的多目标组合优化问题，目前主动配电网规划工具的开发在国内外仍处于探索阶段。

18.2.1 主动配电网负荷预测

（1）主动配电网负荷分类。与传统配电网相比，主动配电网中部分负荷具有自适应调节能力，在一定程度可与电网调度互动。依据负荷参与电网调度的程度，将其分为不可控负荷、可调负荷和可中断/削减负荷 3 类。

1）不可控负荷即传统负荷，这类负荷用电需求较为固定，是目前配电网负荷的主要组成部分，用 L_1 表示。

2）可调负荷是指不能完全响应电网调度，但能在一定程度上跟随分时段阶梯电价等引导机制，调节其用电需求的负荷，用 L_2 表示。

3）可中断/削减负荷，在系统峰值时和紧急状态下，可进行负荷的中断和削减，是配电网需求侧管理的重要保证，用 L_3 表示。

主动配电网整体负荷　　　　　　　　$L = L_1 + L_2 + L_3$

为了表征主动配电网中可调负荷对引导机制的响应程度，定义负荷响应系数 μ

$$\mu = \frac{L_{2A}}{L_2} = \frac{L_{2A}}{L_{2A} + L_{2B}} \tag{18-1}$$

式中　L_{2A}——L_2 中完全响应某种引导机制（如在高峰电价时主动停运）的部分；

　　　L_{2B}——L_2 中不响应该引导机制的部分。

进一步，将可调负荷中可以完全响应引导机制的负荷归入可控负荷，将无法响应引导机制的负荷归入不可控负荷。可将主动配电网整体负荷从是否受控角度分为 2 类：可控负荷和不可控负荷。为了表征主动配电网中负荷受控程度，定义负荷主动控制因子 λ

$$\lambda = \frac{L_{2A} + L_3}{L} = \frac{\mu L_2 + L_3}{L_1 + L_2 + L_3} \tag{18-2}$$

λ 即为可控负荷在配电网整体负荷中的比例。

（2）主动配电网负荷预测方法。在配电网规划中，需求侧响应最重要的作用是削减峰值负荷，从而降低配电网所需设备容量。主动配电网的负荷预测需在总体负荷预测的基础

上再进行可控负荷的预测，从而确定主动配电网下新的峰值负荷

$$P_{峰值} = P_{总体} - P_{可控} \tag{18-3}$$

式中　　$P_{峰值}$——主动配电网的峰值负荷（不可控负荷）；

$P_{总体}$——主动配电网的总体负荷；

$P_{可控}$——主动配电网的可控负荷。

对于总体负荷，可直接采用先远后近的典型配电网负荷预测方法，可参考第 2 章。

对于可控负荷，在得到远景年总体负荷预测结果的基础上，结合远景年可控负荷指标，采用常用负荷预测模型，可得到区域内规划年可控负荷的总量及空间分布预测结果。

18.2.2　主动配电网分布式电源发电预测

主动配电网不仅需要预测负荷，还需要预测分布式电源出力。主动配电网由于有大量分布式电源接入，潮流双向流动，准确掌握负荷数据和分布式电源出力数据对一次网架的设计及优化非常重要。

分布式电源多由用户投资建设，装机规模和分布情况主要由政府政策、市场行为决定。主动配电网规划应充分考虑分布式电源的建设和并网情况，主动适应分布式电源渗透率逐渐增高的趋势。因此，分布式电源出力的准确预测至关重要。

预测规划年的分布式电源的出力水平，首先对规划年的分布式电源总装机容量进行预测，考虑分布式电源出力的波动性和间歇性特点，再进行总装机容量下分布式电源的可信出力预测。单位分布式电源可信出力 P_α 是指分布式电源在一定概率 α（可信度）内至少能够达到的出力水平，例如 $\alpha = 90\%$ 时分布式电源可信出力为 $P_{90\%}$，表示分布式电源的出力有 90% 的概率在 $P_{90\%}$ 以上。P_α 可由分布式电源出力的概率密度函数或累计分布函数计算得到。

规划区远景年分布式电源可信出力预测模型如下

$$P_{z\alpha} = P_z \times P_\alpha / P \tag{18-4}$$

式中　　$P_{z\alpha}$——规划区远景年分布式电源可信出力；

P_z——规划区远景年分布式电源装机总容量，应结合区域远景年用地规划及已有负荷预测数据，应用"先远后近"预测法得到区域远景年的总装机容量预测结果；

P_α——单位分布式电源可信出力；

P——单位分布式电源装机容量。

18.2.3　主动配电网变电站规划

（1）电力电量平衡。主动配电网采用可信电力平衡计算方法，针对其中不可控负荷、分布式电源可信出力进行电力平衡计算，通过主动的手段，减少对变电容量的需求，体现主动配电网在移峰填谷、推迟电网建设改造投资方面的效益，如图 18-2 所示。

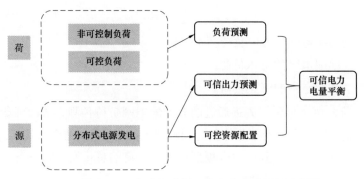

图 18-2　主动配电网可信电力电量平衡示意图

1）新增变电站容量估算。根据规划区负荷水平，扣除上下级变电站直供负荷及本级电源（包括分布式电源）所供负荷，同时考虑规划区负责供电的区外负荷或由外区对本区供电的负荷，即可计算所需变电站总容量。主动配电网变电站容量计算公式为

$$\Delta S = S - S_0 = (P_1 - P_2 - P_3 - P_4 + P_5 - P_6) \times R_s - S_0 \qquad (18-5)$$

式中　ΔS ——需新增变电容量；

S ——规划期末的变电容量需求；

S_0 ——基准年变电容量；

R_s ——容载比；

P_1 ——规划水平年的主动配电网整体负荷中的峰值负荷（即不可控负荷）；

P_2 ——规划水平年上级直供的本电压等级以下的负荷；

P_3 ——规划水平年由本电压等级以下的电源所供的负荷，其中分布式电源出力采用可信出力预测值 $P_{z\alpha}$；

P_4 ——规划水平年本电压等级及以上对本区大用户直供负荷；

P_5 ——规划水平年本区所负责供电的区外负荷；

P_6 ——规划水平年本区内由外区供电的负荷。

在考虑可控负荷和分布式电源可信出力对配电网尖峰负荷的削减作用后，相对于传统配电网，主动配电网的变电站新增总容量有所减少。

2）变电站备用容量。变电站备用容量包括检修备用容量、事故备用容量和负荷备用容量，总备用容量一般取电网最大负荷的 15%～20%。考虑可控负荷的削峰作用，主动配电网的变电站备用容量由不可控负荷最大值确定。

（2）变电站布点。配电网规划中有多种方法来计算变电站站址和供电范围，但无论是哪种选址方法，均需要用到负荷密度这一指标。而在主动配电网变电站布点中，考虑到电动汽车、分布式储能等新型负荷和分布式电源出力的影响，需要变电站直接供电的负荷总量发生了变化，即主动配电网中的负荷为整体负荷扣除可控负荷、分布式电源可信出力供电负荷后的变电站直供负荷，因此负荷密度同样发生了改变。主动配电网的变电站布点，

需按照改变后的负荷密度并结合主动配电网的变电站定容结果进行。

18.2.4 主动配电网网架规划

（1）接线模式。结构合理、灵活可靠、经济高效的一次网架是主动配电网规划的基础目标。与传统配电网相比，主动配电网规划所采用的负荷密度是考虑了分布式电源出力和新型负荷受控或主动调节后的负荷密度，同时供电区域内由单纯负荷变为多电源点与负荷共存的状态，这些均对网架规划中接线模式的选取带来影响，因此需对规划区进行具体适宜接线模式的分析计算。

主动配电网与用户紧密联系，允许电力用户参与电网调度；同时主动配电网需要在一定目标（如网损最小、分布式电源最大利用或可靠性最高等）的指导下实现非故障状态下网架的主动重构，这些功能均需要恰当的接线模式的支撑。主动配电网的接线模式应在完成负荷预测和分布式电源出力预测的基础上，基于供电可靠性，考虑建设与运行经济性、供电安全性、操作灵活性等因素进行选择。网架结构不仅需要满足用电负荷的需要，还要考虑分布式电源、多元化负荷等的接入及运行方式优化的要求。同时应考虑对传统配电网的继承性问题，因为主动配电网是在传统配电网的基础上发展的，应考虑将现有配电网改造建设成为主动配电网的可能性。

（2）出线回数。随着分布式电源渗透率和主动配电网中新型负荷比例不断增加，在相同规划年，规划区域内主动配电网负荷密度将低于传统配电网，也可以认为，主动配电网的发展变相降低了负荷密度（变电站直供负荷密度）增长速度，因此在其他条件相同时，规划年变电站出线回数也会有所减少。

另一个需要考虑的因素是，新型负荷和分布式电源的发展受政府能源政策影响较大，使得主动配电网的负荷预测相对于传统配电网具有更大的不确定性。因此在主动配电网规划中应尽量控制出线回数，使有限的出线间隔资源能适应规划区未来不同的用电需求。

（3）线路选型。分布式电源和储能装置的接入使配电网具有多个电源点，主动配电网正常运行状态下的实时重构和故障状态下复杂的孤岛组合方式及负荷转带方式使得配电网各段线路潮流大小及方向存在多种可能，加之风光储系统出力和各类负荷大小的随机波动，因此主动配电网线路选型是一个复杂问题。

在技术指标上，可以对主动配电网进行概率潮流计算，线路选型应满足一定置信区间内的 $N-1$ 校验和可靠性要求。将技术指标作为约束条件，以全网经济性最优为目标函数建立线路选型优化模型。

（4）线路走廊。应结合规划区地理信息，选择负荷矩最小的布线路径，同时结合分布式发电空间预测结果，使分布式电源和储能接入点尽量靠近主干馈线。

线路走廊选择时还应考虑负荷分布情况，对于签订了停电协议、可靠性要求不高的可控负荷，可以适当远离主干线路。

18.2.5　主动配电网二次系统规划

主动配电网从物理层面上形成了基于"源—网—荷"三元结构的一次系统和信息与通信多元化的二次系统，其中二次系统则涵盖了信息平台、控制与保护、通信网络等，具体包括：

（1）搭建共维共享的信息平台。信息平台是主动配电网能量优化管理的"大脑"，应打通不同信息系统之间的壁垒，整合配电网规划、调度、运检、营销等基础数据，建立统一的配电网信息平台，确保数据的"及时、准确、完整"，实现配电网全过程优化管理。

（2）采取主动适应的控制、保护。在主动配电网中，分布式电源与配电网有效集成，积极主动参与电网的频率及电压控制；同时主动配电网的双向潮流将成为常态，短路电流的大小和方向也会相应变化，要求主动配电网的保护策略应具备自适应性，能够主动判别配电网潮流模式。

（3）建设安全高效的通信网络。配电通信系统为配电自动化系统、用电信息采集系统提供安全、可靠的传输通道，为智能用电发展奠定基础，应与配电网一次工程同步规划、同步建设、同步投运。

18.3　主动配电网示范工程

18.3.1　国外主动配电网示范工程

（1）欧盟。欧盟是最早提出并开展主动配电网建设的地区，其目的主要是实现可再生能源的集成利用与节能减排。欧盟已在英国、西班牙、丹麦等地开展了主动配电网相关技术的研究和示范工程建设。比较著名的有：ADINE（Active Distribution Network）项目，建设目标是利用自动化、信息、通信、电力电子等新技术，实现对大规模接入分布式电源的主动管理，示范工程已实现了接入大量分布式电源的能量协调控制；ADDRESS（Active Distribution Networks with Full Integration of Demand and Distributed Energy Resources）项目，建设目标是实现以"主动需求"为核心的用户侧需求响应功能，示范工程建立了用于实时数据处理的大型、开放式电力通信网络，验证了实时激励等需求侧技术对电网效益的积极作用。

（2）北美。北美在主动配电网研究与示范工程领域同样走在世界前列，较为著名的有美国 BPA 公司与西北太平洋实验室建设的奥林匹克半岛项目（Olympic Peninsula Project）、ConEdison 主导的 Demand Response Programs、Encorp 主导的 Virtual Power Plant、City of Fort Collins 主导的 Fort Collins 示范工程。上述工程的建设目的是利用各种类型的可调控资源辅助配电网的优化运行。工程通过建设双向通信系统，运用电价等激励手段，实现了需求侧各类可响应负荷、分布式能源与配电系统之间的协调互动，实现了系统削峰填谷，提升了电网运行安全性。

加拿大在 Hydro-Quebec 计划的支持下，大力开展主动配电网高级配电自动化的研究与应用，包括 ENMAX、BC Hydro、Toronto Hydro 在内的电力企业均建设了各自的示范工程。加拿大主动配电网示范工程的建设目的是通过信息集成改善配电网的供电质量，为此大力建设智能量测系统、远程信息采集及控制系统、故障定位系统，通过在主动配电网运行中开展广泛的集成应用，提升了用户的供电品质。

（3）日本。日本主动配电网示范工程主要是在其最大的研发组织 NEDO 的主导下完成的，如新电力系统示范工程、大规模光伏接入示范工程、区域新能源接入示范工程等。日本主动配电网示范工程的建设目的是实现对各类分布式能源的大规模集成接入与消纳，特别是对配电网电能质量的影响与平抑措施的示范应用。示范工程通过建设一种基于主从结构的能量管理系统，对主动配电网管辖内的分布式电源和储能装置进行调度管理，进一步提升配电网的供电品质。

18.3.2 国内主动配电网示范工程

我国已将主动配电网作为国家高技术研究发展计划的研究方向。2012 年，启动了"主动配电网的间歇式能源消纳及优化技术研究与应用"课题，并在广东电网进行示范。2014 年，863 项目"主动配电网运行关键技术研究及示范"分别在北京、厦门、佛山、贵阳等地进行工程示范。

下面对北京、厦门示范工程进行简要介绍。主动配电网系统示范工程体系结构如图 18-3 所示。

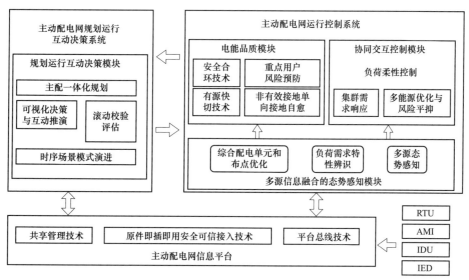

图 18-3 北京、厦门主动配电网系统示范工程体系结构

（1）北京主动配电网示范工程。示范点选择北京亦庄地区，示范区内能源种类有以下几种形式：冷热电联产机组 150MW、垃圾焚烧发电 30MW、垃圾填埋发电不小于 12MW、

多点接入光伏 9.73MW、风机 2.5MW、电动汽车集中充电站 10MW、储能规模不小于 600kW/（1.6MW·h）。核心示范区可再生能源装机容量不低于平均负荷 20%。示范工程实现了可再生能源全额消纳，核心区供电可靠率达到 99.999%，具备提供无电压暂降和短时中断的高品质电力定制能力。

基于"主动配电网关键技术研究及示范"课题科研成果和示范区电网运行、客户建设情况开展北京主动配电网示范工程建设，主要包括：

1）建设主动配电网主站系统：建设包括主动配电网信息平台、规划运行互动决策系统和主动配电网运行控制系统的主站系统。采用云平台和虚拟服务器的形式实现系统运行监视、态势感知、供电质量控制、综合能源优化、运行规划互动决策等系统功能。

2）实施安全合环控制方案：在电缆环网中通过安全合环控制功能模块对综合配电终端单元 IDU 采集数据进行计算并指导先合后分的运行倒闸操作。

3）部署快速切换装置：在配电室的 10kV 或 380V 进线和分段处部署快速切换装置，利用分布式电源或移动电源车提供残压支撑，实现无电压暂降的有源快速切换，提高对重要用户的供电质量。

4）实施单相接地故障快速选线和故障定位：当 10kV 非有效接地系统发生单相接地故障时，利用在双端选线模块和 IDU 采样数据，对发生接地故障线路进行快速选线及故障定位。

5）实施集群需求响应与电网态势联动方案：根据用户需求响应控制策略和需求侧资源协调分配机制，对以中央空调为核心的用户冷控系统进行冷、热控制，为多能源系统联合运行优化提供电能与备用服务。

6）实施多能源系统联合运行优化与风险平抑控制方案：根据电力储能、蓄热和蓄冷设备的储能能力与互补特性，实现各发电单元与需求侧负荷的高峰、低谷的实时平衡互补，实现多能源系统的联合优化运行，提高主动配电网的综合能源利用效率。

7）实施柔性负荷控制方案：通过调节电压敏感性负荷的电压值，改变系统负荷水平，并与分布式电源相配合，平抑分布式电源的功率波动，实现主动配电网柔性负荷和电压无功综合调节。

8）部署综合配电终端单元（IDU）：在重要变电站、环网柜和配电室 10kV 进出线及分段处；分布式电源并网点和重要负荷馈线等关键节点部署具备同步量测功能的综合配电终端单元，为态势感知及电能质量控制等高级应用提供同步量测数据。

9）建设示范应用配套通信网络：在充分利用示范区现有光纤通信网络基础上，补充尚未完成的光纤通道，完成示范区终端与主站系统之间的通信。

（2）厦门主动配电网示范工程。示范区位于福建厦门岛东部片区，面积约为 5.9km²。示范区上级电源来自两座不同的 220kV 变电站，110kV 变电站形成双侧电源链式结构，10kV 网络接线的主要结构为电缆单环网和架空多分段多联络，总体联络率 100%。该核心示范区能源种类包括以下几种形式：冷热电联产机组 150MW、垃圾焚烧发电 2MW、多点接入光伏 1.2MW、电动汽车集中充电站容量 5MW、移动式储能车 1MW/（2MW·h），示范工程完成后可实现可再生能源全额消纳，核心区供电可靠率达到 99.99%。

基于示范区坚强的一次网架结构，厦门主动配电网示范区开发主动配电网运行控制系统、主动配电网规划运行互动决策支持系统，构建主动配电网信息平台，研制适合于配电网的综合配电终端单元和安全合环成套设备，主要建设内容如下：

1）布置综合配电终端单元（IDU），在分布式电源和重要用户侧安装部署具有同步测量功能的综合配电终端单元，给信息平台提供同步量测数据，满足运行控制系统、电网规划互动决策系统的数据需求，重点在用户配电室 10kV 母线、进出线及分段，用户配电室 380V 母线、进线及分段，用户配电室 380V 侧空调负荷馈线及重要负荷馈线，分布式电源的接入端等位置装设综合配电终端单元。

2）建设主动配电网信息平台，开发主动配电网运行控制系统，实现规划运行互动决策功能、电能品质控制功能、多能源协同交互控制功能、态势感知功能、信息平台支撑功能，实现对用户侧分布式电源和可控资源的协调控制。

3）部署快速切换装置，针对电压暂降和短时中断的有源快速切换控制技术，需要在重要用户配电室进线与分段安装快速切换装置，可以在故障前主动预警，将负荷潮流切换至高可靠电源，使重要负荷与分布式电源不受影响。

4）建设负荷调节系统，主要对蓄冷系统进行控制，实现多能源系统联合优化运行，以达到削峰的目标。

5）通信组网，对于已接入光缆的用户，采用光纤通信方式；对于未接入光缆的用户，充分利用公网，采用宽带无线接入技术，实现各用户通信站和主动配电网信息平台之间的通信。

19 交直流混合配电网

近年来，随着大城市负荷密度的不断增加，配电网的规模不断扩大，受制于短路容量、电磁环网等问题，城市配电网通常按照高压分区、中压开环的方式运行，导致系统设备利用率降低，可靠性下降。与此同时，客户对供电可靠性、电能质量的要求却在不断提高，例如在大型城市中，由于敏感负荷较多，即使短时的供电中断也会带来较大的经济损失，甚至产生严重的社会影响，传统的交流配电网在发展中已面临一定的技术瓶颈。

近年来的研究成果表明，基于柔性直流技术的交直流混合配电网更适合现代城市配电网的发展。交直流混合配电网可更好地接纳分布式电源和直流负荷，可缓解城市电网站点走廊有限与负荷密度高的矛盾，同时在负荷中心提供动态无功支持，可提高系统安全稳定水平并降低损耗。交直流混合配电网将是未来配电网发展的一个趋势，可以有效提升城市配电系统的电能质量、可靠性与运行效率。

本章介绍了交直流混合配电网的定义及功能，从交直流混合配电网典型接线形式和网架结构、交直流混合配电网选址定容等方面对交直流混合配电网规划方法进行了论述，并对国内外交直流配电网应用情况以及中国交直流混合配电网示范工程基本情况进行了简要介绍。

19.1 交直流混合配电网定义及功能

19.1.1 交直流混合配电网的定义

柔性直流输电是基于电压源换流器（Voltage Source Converter，VSC）的新型直流输电技术，已在异步电网互联与电力交易、风电场并网、海上平台供电、城市电网供电等方面得到广泛应用。柔性直流输电具有可独立调节有功和无功功率、不需要交流电网支撑、可为系统提供动态无功支撑以及黑启动功能等优点，且能够控制潮流迅速反向，是组建交直流混合配电网的理想方案。在配电网中，柔性直流技术可代替传统联络开关，形成软常开点，改变配电网闭环设计、开环运行的模式，并能优化电网潮流分布。

从电源侧（输电网、发电设施、分布式电源等）接受电能，并通过交直流配电设施就地或逐级分配给各类用户的电力网络称为交直流混合配电网。基于柔性直流技术的交直流混合配电网是实现城市配电系统电能质量、可靠性与运行效率提升的一种网络结构。交直流混合配电网可以在充分利用配电网骨干网架和现有交流设备的基础上，通过在关键节点部署柔性直流装置，使得配电网具有更强的自愈能力、更高的安全性、更高的设备利用率，提供更高质量的电能。

19.1.2　交直流混合配电网的主要功能

目前，配电网发展面临着进一步提高供电可靠性、接纳逐步增长的分布式可再生能源等难题。而采用基于电压源换流器的新一代直流技术，在城市配电网的增容改造、交流系统互联等方面具有较强的技术优势。利用直流技术加强交流配电网，是实现风电、太阳能等分布式电源并网的有效途径。交直流混合配电网的主要功能有：

（1）交直流混合配电网可更好地接纳分布式电源和直流负荷，可缓解城市电网站点走廊有限与负荷密度高的矛盾。

（2）在高压配电网中，供电分区间采用柔性直流装置互联，可在不增加短路水平的条件下实现城市分区间的互联互供，有效提升城市配电系统的电能质量、可靠性与运行效率。在异常或故障情况下可提供动态无功支撑，从而提高系统安全稳定水平。

（3）在中压配电网中，采用柔性环网控制装置进行多馈线闭环运行，除能够提供动态无功支持等优点以外，还可经济、安全地实现负荷转移。同时，通过柔性环网控制装置可灵活控制系统潮流，实现多馈线间的负荷均衡，从而优化配电网运行，提升电网供电能力。

（4）在低压配电网中，可在直流负荷和电源较为集中的区域布局直流低压配电网，针对计算中心、电动汽车、分布式发电、LED 照明、电储能等直流设备的大规模接入，采用基于柔性直流技术的交直流混合配电网可提供稳定可靠的直流接入点，减少变换环节，提高配电网供电效率。

19.2　交直流混合配电网规划

19.2.1　含直流网的交直流混合配电网网络结构

考虑电源和负荷的地理分布及接入需求，含直流网的交直流混合配电网主要包括三种接线模式：一是交直流线路间无联络；二是交流线路通过柔性直流装置带直流负荷；三是交流线路通过柔性直流装置与直流线路互联。

交直流混合 10kV 配电网结构根据架空网和电缆网的不同可以分为两类，架空网主要包括辐射式接线和多分段适度联络接线两种模式；电缆网主要包括单环式接线和双环式接线两种模式。典型辐射式接线方式如图 19-1 所示。典型多分段适度联络接线方式如图 19-2 所示。

采用辐射式及多分段联络式接线方式，含直流网的中压交直流混合配电网典型组网形态，如图 19-3 所示。

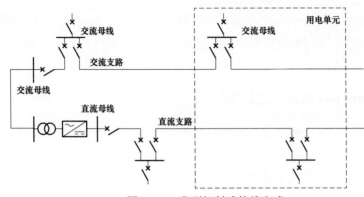

图 19-1　典型辐射式接线方式

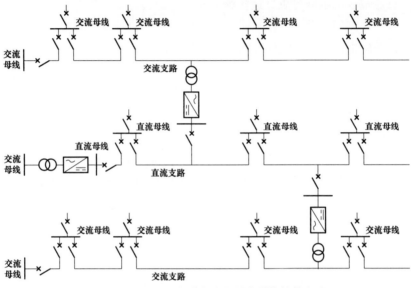

图 19-2　典型多分段适度联络接线方式

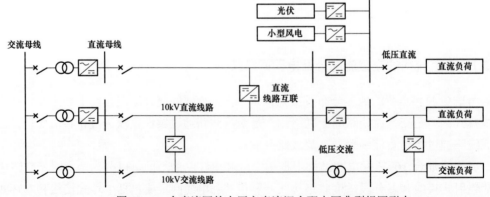

图 19-3　含直流网的中压交直流混合配电网典型组网形态

19.2.2　交直流混合配电网网架规划

（1）交流线路通过柔直环控制装置互联。交流配电线路之间通过柔直环控装置互联的接线模式可实现不同交流配电线路间的互联互通和闭环运行，系统任意一段故障或检修时，都可以通过柔直环控装置和联络开关及时恢复供电，系统供电能力和供电可靠性大大提高。柔直环控装置的安装位置可以灵活多变，控制方式多样，整个网络满足 $N-1$ 准则。对于当前城市配电网常常是环网设计，开环运行的情况，采用柔直环控装置（三端或两端）可以解决两端母线不同步的问题，顺利合环，大大提高系统供电安全水平。多端口的柔性直流装置能够汇集多条馈线，将改变目前交流配电网不同位置多联络的结构。

利用柔直环控装置升级改造现有交流配电网，实现不同交流线路间的互联。从柔直环控装置的端口数来分类，主要分为两端柔直环控装置、三端柔直环控装置、四端柔直环控装置、六端柔直环控装置。根据柔直环控装置端口数的不同，交流线路通过柔直环控装置互联的典型接线模式包括两端互联、三端互联、四端互联、六端互联等方式，如图 19-4所示。

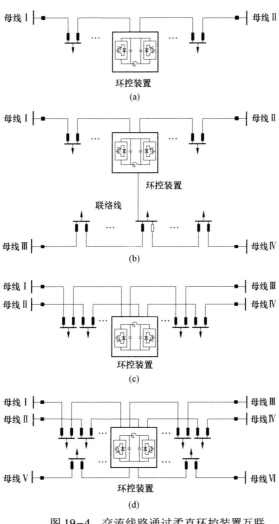

图 19-4　交流线路通过柔直环控装置互联
（a）两端；（b）三端；（c）四端；（d）六端

■ 出口断路器（常闭）； ▬ 分段开关（常闭）； ▭ 分段开关（常开）

可以看出，两端互联结构适用于单环网，三端互联结构适用于两个单环网，四端互联结构适用于双环网，六端互联结构适用于一个双环网与一个单环网。

（2）含两端柔直环控装置的接线模式。利用两端柔直环控装置实现交流配电线路互联环网运行，主要适用于架空网中的单联络及辐射式和电缆网中的单环式，如图 19-5 所示。

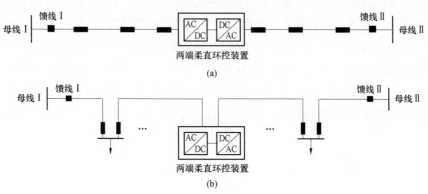

图 19-5　含两端柔直环控装置的交直流混合配电网接线模式

（a）架空网；（b）电缆网

■ 出口断路器（常闭）；▬ 分段开关（常闭）

对于辐射式线路，可以利用两端柔直环控装置对两条辐射式线路进行互联，实现闭环运行。但是对于初始辐射式接线的线路，在正常情况下负载率保持较高水平；一旦实现环网运行后，在满足 $N-1$ 安全准则情况下，线路的负载率在正常情况下应保持在 50%以下，才能保证非正常情况下的转供。对于电缆线路中的单环式，由于其正常工作下开环运行，在出现故障时，利用分段开关隔离故障，并通过联络开关（环网柜）实现负荷转移。利用安装在关键节点处的两端柔直环控装置，可以保证正常工作时即是环网运行，故障情况下实现负荷转移，将大大提高供电可靠性。

用两端柔直环控装置实现中压交流配电线路的环网运行，可以实现正常工况下负荷转移，大幅度提高系统的供电安全性和可靠性。但是对辐射式线路要实现环网运行，则需对线路进行增容改造，成本相对较大。

（3）含三端柔直环控装置的接线模式。利用三端柔直环控装置可以实现三条辐射线路的互联，可以广泛地应用到多分段适度联络的网架中，还可以实现单环网闭环运行并与相邻线路互联，如图 19-6 所示。

三端柔直装置可以实现多种的环网形式，包括辐射式线路改造成环网，多分段适度联络接线改造环网，单环网配电线与相邻中压线路互联等。正常运行时，馈线Ⅰ、Ⅱ、Ⅲ通过柔性直流装置实现闭环运行，三条线路之间的潮流能够灵活控制；某条馈线故障时，根据需求通过柔性环网装置由其他两条馈线同时或单独提供紧急功率支援，及时恢复供电，且负荷能够连续分配。因此能够在保证 $N-1$ 的前提下达到 66.7%的最大负载率；检修时，由于闭环运行，检修区两侧负荷均可避免短时停电。

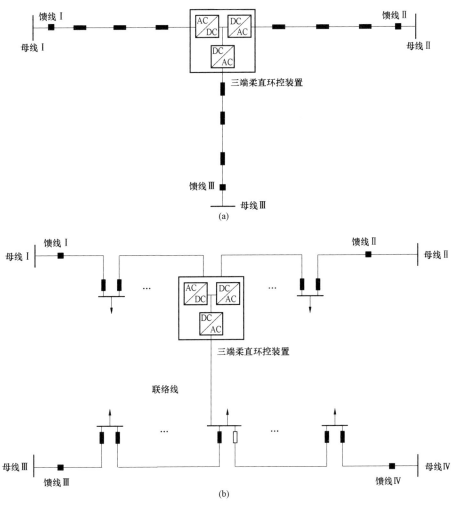

图 19-6   含三端柔直环控装置的交直流混合配电网接线模式

（a）架空网；（b）电缆网

■ 出口断路器（常闭）；■ 分段开关（常闭）；□ 分段开关（常开）

  利用三端柔直环控装置升级改造后的网架结构，虽然实现了环网运行，但对线路容量限制也提出了要求。故障情况下，要满足 $N-1$ 要求，三条线路的负载率之和需控制在 200% 以内，即平均每条线路的负载率控制在 66.7% 以内。对于供电可靠性要求特别高的地区，若要满足 $N-2$，需平均每条线路的负载率控制在 33.3% 以内，这样才能保证在两条线路故障情况下，仍能通过柔直环控装置满足负荷转移的需求，增强系统的持续供电能力、提高系统的供电可靠性。

  （4）交直流混合配电网组网形态。柔直环网控制装置在中压交流配电网推广应用后，可形成柔性直流闭环运行的新型网络结构，图 19-7 展示了 4 座 110kV 变电站部分通过柔直环网控制装置联络的配电网络。馈线 2、3、9、10 通过四端环网控制装置形成多联络，馈线 1、4 通过两端装置形成单联络，馈线 5、6、7 通过三端环网控制装置形成联络。

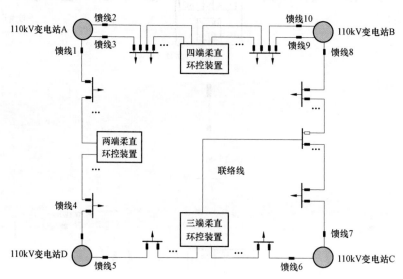

图 19-7　含柔直环控装置的中压配电网闭环运行

━ 分段开关（常闭）

在中压配电网中，利用柔直环网控制装置进行多馈线闭环运行，不仅可以在故障检修或线路设备过载时完成负荷转移，大幅提高系统的供电可靠性，还可以提供动态无功支持，稳定节点电压。与此同时，柔直环控装置可以调控系统功率分布使馈线间的负载平衡，改善配电网的供电能力，大幅度地提高设备的利用率和系统的供电可靠性。

19.2.3　交直流混合配电网选址定容

（1）10kV 柔直环控装置选址规划。考虑柔直环控装置安装在现有分段、联络开关位置处，基于初筛–细筛模式的 10kV 柔直环控装置选址模型可行性最高，过程改造量最小，经济性最好。安装位置不同，可靠性提升不同，从中筛选出满足用户可靠性需求阈值的方案。该方法仅通过计算方案的可靠性指标，确定柔直环控装置的拟接入位置，因此，经过初筛得到的柔直环控装置位置即为满足用户可靠性需求阈值的现有分段、联络开关位置。细筛是指通过确定详细的评估指标，对初筛方案进行一个详细的综合排序和评估，确定最终的选址方案。细筛指标如下：

1）可靠性。柔直环控装置接入不同的位置，对电网可靠性提升作用不同，可靠性指标用以评估 10kV 柔直环控装置接入电网后，对电网可靠性指标提升的作用。

2）最大供电能力（TSC）。配电网供电能力定义为所有馈线 $N-1$ 校验和变电站主变 $N-1$ 校验均满足时，该配电网所能带的最大负荷。

3）$N-1$ 通过率。柔直环控装置接入电网后，可以增加负荷的转带路径，该指标用以评估柔直环控装置接入后，对电网 $N-1$ 通过率的影响。

4）网损率。柔直环控装置接入后，能够使馈线潮流均匀分布，降低网损、改善电压，该指标用以评估柔直环控装置接入后，对电网网损率的影响。

5）主变压器负载均衡度。该指标用以衡量柔直环控装置接入后，主变压器的负载均衡程度。

（2）10kV柔直环控装置容量规划。

1）基于现状净负荷的定容方法：考虑端口容量满足现状电网净负荷转供需求，分别求解出各端口的流入容量需求及各端口的容量流出需求，最终求解出端口的容量，如图19-8所示。

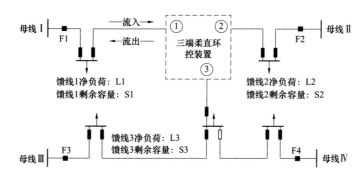

图19-8　基于现状净负荷的定容方法示意图

馈线净负荷：馈线总负荷-馈线上 DG 出力馈线

剩余容量：min{该馈线所有馈线段剩余容量}

■ 出口断路器（常闭）；■ 分段开关（常闭）；▢ 分段开关（常开）

2）基于直连馈线段的定容方法：由于考虑柔直环控装置各端口的流入、流出功率都是通过与其直接连接的馈线段提供，因此，各端口容量不应大于与其直连馈线段的额定容量。通过该定容方法确定的各端口容量为各端口直连馈线段的额定容量，如图19-9所示。

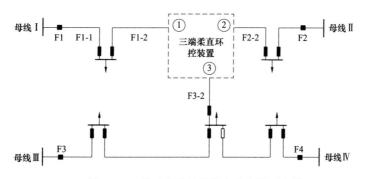

图19-9　基于直连馈线段定容方法示意图

■ 出口断路器（常闭）；■ 分段开关（常闭）；▢ 分段开关（常开）

3）基于直连馈线的定容方法：与基于直连馈线段的定容方法类似，仅需通过简单的计算便可确定各端口容量，确定的端口容量除了满足现状负荷外，还考虑了远景年电网的增容。

19.3 交直流混合配电网示范工程

19.3.1 国内外应用现状

近年来，电力电子技术发展迅速，为解决城市电网传统问题带来了新思路。美国 Trans Bay Cable 柔直工程实现对旧金山城市中心供电；大连柔直工程实现两路电源向市区南部"北电南送"；厦门柔直工程为岛内负荷中心提供了新的供电通道。

目前，我国已进入了柔性直流技术大规模研发和工程推广应用阶段。2011 年 7 月，亚洲首个柔性直流输电示范工程（上海南汇±30kV 柔性直流输电示范工程）的顺利投运，其中关键设备由国家电网公司智能电网研究院研制，使国家电网公司成为世界上第三家具备柔性直流系统总成套能力的企业。2013 年 12 月，世界首个多端柔性直流输电示范工程（广东汕头南澳±160kV 多端柔性直流输电示范工程）并网试运行。另外，浙江舟山±200kV 五端联网工程于 2014 年 6 月投运，福建厦门±320kV、额定容量 1000MW 柔性直流输电科技示范工程于 2015 年 12 月投运。张北柔性直流输电示范工程于 2018 年开工建设，预计 2020 年将全面建成投产，将成为世界首个±500kV 多端柔性直流电网输电项目。典型的柔性直流工程见表 19−1。

表 19−1　　　　　世界范围内已经投运和在建的柔性直流工程的主要技术指标

示范工程名	地点	投运时间	交流电压	额定功率	直流电压	主要功能	设备厂商	长度
EAGLE PASS	美国 – 墨西哥	2000	132kV	36MW/±36Mvar	±15.9kV	系统互联，电力交易，两端异步电网	ABB	背靠背
Borwin1	德国	2009	380kV/170kV	400MW	±150kV	连接海上风电场至电网	ABB	200km
Transbar	美国	2010	230kV	400MW	±200kV	大城市供电	Siemens	88km
MACKI NAC	美国	2014	138kV	200MW	±71kV	潮流控制、弱电网	ABB	背靠背

19.3.2 中国交直流混合配电网示范工程

中国已将交直流混合配电网关键技术作为国家高技术研究发展计划（863 计划）的研究方向。2016 年，863 项目"交直流混合配电网关键技术"在浙江、北京等地进行工程示范。下面对北京延庆智能电网创新示范区柔直示范工程进行简要介绍。

2018 年，国家电网公司在北京延庆智能电网创新示范区开工建设 10kV 三端柔直环网控制示范工程。利用柔性直流互联装置，连接开闭站三段母线，起到闭环运行的等效效果，并提供动态无功支撑。实现开闭站三段母线之间的潮流灵活控制和母线功率平衡，均衡三路进线的负载率，实现母线间有功支援和无功支撑能力，平抑分布式电源和负荷的波动，减少分布式电源和负荷与配电网之间的功率交换。示范工程可以提高母线间负载率的均衡水平，提升分布式电源渗透率、设备利用率、供电可靠性和电能质量。开闭站采用 3 段 10kV 母线设计，每段母线具有 1 回交流电源进线、10 回馈线，采用基于柔性环网互联装置的单环网闭环运行方式，线路的每个区段和用户发生事故后都可以迅速切除，以隔离故障区段。

交直流混联开闭站示意图如图 19-10 所示。

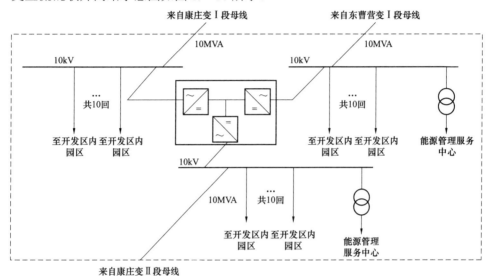

图 19-10　交直流混联开闭站示意图

20 网格化规划

　　配电网网格化规划是指与城市总体规划和城市控制性详细规划紧密结合,以地块用电需求为基础,以目标网架为导向,将配电网供电区域划分为若干供电网格,并进一步细化为供电单元,形成"供电区域、供电网格、供电单元"三级网络,分层分级开展的配电网规划。

　　配电网网格化规划将复杂的配电网划分为多个相对独立的供电网格,实现目标网架规划标准化及差异化、项目库管控精细化,有效发挥了规划在配电网建设中的引领作用,是加强精益规划、精准投资的重要手段。网格化规划的内容主要包括供电网格(单元)划分、现状电网评估、负荷预测、上级电网边界条件描述、目标网架研究、过渡方案制定、规划成效评估等。当前,网格化规划理念已在国内城市配电网规划中逐步普及,在目标网架构建方面,国外早在 20 世纪 80 年代便提出了空间负荷预测的方法,并应用于电网远景规划,这些为以网格化规划思路构建配电网目标网架提供了理论和实践支撑。

　　本章从网格化规划基本原则及规划流程、规划区域网格划分、负荷预测、现状电网分析、网格化规划方案、成效分析六方面,分析介绍网格化规划的一般流程和内容。

20.1　基本原则及规划流程

20.1.1　基本原则

　　(1)网格化规划应以远期规划指导近期规划,并注重远近期、上下级衔接,远期宜为饱和负荷年,近期规划应与配电网近期规划年限保持一致。

　　(2)网格化规划应以区域性用地规划为基础,与国民经济和社会发展规划、城乡总体规划、土地利用规划、控制性详细规划、修建性详细规划、电力设施布局规划等相协调,保证配电网项目与政府各项规划无缝衔接,实现多规合一,保证配电网项目的顺利实施。

　　(3)网格化规划应贯彻"标准化""差异化""精益化"要求,通过网格化构建目标网架,分解和优选项目,实现配电网精准投资和项目精益管理。

　　(4)网格化规划应坚持各级电网协调发展原则,注重上下级电网之间协调,注重一次与二次系统协调,注重电网规模、装备水平和管理组织的协调,注重配电网可靠性和效率效益的协调。

（5）网格化规划应以供电单元为单位开展，深入研究各功能区块的发展定位和用电需求，分析配电网存在问题，制定配电网目标网架和过渡方案，实现现状电网到目标网架的顺利过渡。

（6）网格化规划内容应按负荷的实际变动和规划的实施情况逐年滚动修正。当上级电网规划、用地规划或经济社会发展规划有重大调整时，应对网格化规划进行重新修编。

20.1.2　规划流程

配电网网格化规划应参照标准化、差异化的规划标准构建目标网架。规划基本流程如下：

（1）资料收集。收集规划所需的各项资料。

（2）供电网格（单元）划分。依据划分标准将供电区域逐级划分为供电网格、供电单元。

（3）现状电网分析。包括区域配电网设施布局分析、现状负荷分布分析、配电网运行评估，提出现状电网存在的主要问题。

（4）负荷预测。采用空间负荷预测为主的方法，自下而上逐级测算供电单元、供电网格饱和负荷以及各规划水平年负荷，并根据饱和负荷预测结果对供电网格（单元）划分进行校核。

（5）目标网架规划。依据负荷预测结果，结合上级电网规划成果，制定各供电网格饱和年中压配电网目标网架。结合目标网架规划结果，优化供电网格（单元）划分，提出上级电源点的站点布局建议。

（6）近期网架确定。依据目标网架，结合现状网架及规划水平年负荷预测结果，确定各供电单元规划水平年网架规划方案。

（7）明确项目方案及建设时序。细化各规划水平年过渡方案，明确年度建设方案和建设时序。

（8）规划成效分析。根据项目年度建设方案，明确投资估算情况，并开展成效分析，重点分析规划后各供电单元在电网结构、装备水平、供电能力和供电质量等方面的提升情况。

20.2　规划区域网格划分

20.2.1　网格划分原则

（1）供电网格（单元）划分要按照目标网架清晰、电网规模适度、管理责任明确的原则，主要考虑供电区相对独立性、网架完整性、管理便利性等需求。

（2）供电网格（单元）划分是以城市规划中地块功能及开发情况为依据，根据饱和负荷预测结果进行校核，并充分考虑现状电网改造难度、街道河流等因素，划分应相对稳定，具有一定的近远期适应性。

（3）供电网格（单元）划分应保证网格之间或单元之间不重不漏。

（4）供电网格（单元）划分宜兼顾规划设计、运维检修、营销服务等业务的管理需要。

20.2.2　划分层次结构

（1）网格结构。

规划区域网格划分按照目标网架清晰、电网规模适度、管理责任明确的原则，划分为"供电区域、供电网格、供电单元"三级网络，如图 20-1 所示。

图 20-1　三级网络关系图

1）供电区域：依据地区行政级别及负荷发展情况，参考经济发达程度、用户重要性、用电水平、GDP 等因素，参照相关技术标准，划定的条件相似供电范围，分为 A+、A、B、C、D、E 六类。

2）供电网格：在配电网供电区域划分的基础上，与控制性详细规划、区域性用地规划等城乡规划及行政区域划分相衔接，以市政道路、河流、山丘等地理条件为界，综合考虑配网运维抢修、营销服务等因素进一步划分而成的若干相对独立的网格。供电网格是制定目标网架规划，统筹廊道资源及变电站出线间隔的基本单位。

3）供电单元：指在供电网格基础上，结合供电网格内地块的功能定位、用地属性、负荷密度、供电特性等因素划分的若干相对独立的单元。供电单元是网架分析、规划项目方案编制的基本单元。

（2）网格属性。

网格属性可按照地区开发深度、供电区域类别等维度进行确定，用以指导网格内配电网的规划目标、建设模式与标准的选取。

1）网格的供电区域属性应参照《配电网规划设计技术导则》（DL/T 5729）的相关要求，可划分为 A+、A、B、C、D、E 类。

2）依据控制性详细规划或城乡总体规划，供电网格可根据地区开发深度分为规划建成区、规划建设区、自然发展区三类区域。

a. 规划建成区：是指城市行政区内实际已成片开发建设，市政公用设施和公共服务设施基本具备的地区。区域内电力负荷已经达到或即将达到饱和负荷。

b. 规划建设区：是指规划区域正在进行开发建设，区域内电力负荷增长较为迅速，一般具有地方政府控制性详规。

c. 自然发展区：是指政府已实行规划控制，发展方向待明确，电力负荷保持自然增长的区域。

（3）规划层级。

供电区域、供电网格、供电单元三级对应不同电网规划层级，各层级间相互衔接、上下配合。网格化规划层次结构如图 20-2 所示。

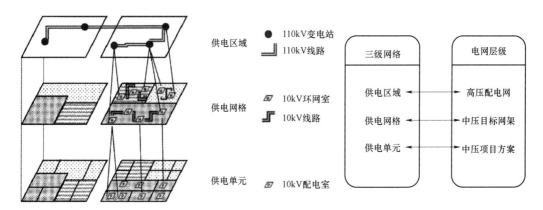

图 20-2 网格化规划层次结构

1）供电区域层面重点开展高压网络规划，主要明确高压配电网变电站布点和网架结构。

2）供电网格层面重点开展中压配电网目标网架规划，主要从全局最优角度，确定区域饱和年目标网架结构，统筹上级电源出线间隔及通道资源。

3）供电单元层面重点落实供电网格目标网架，确定配电设施布点和中压线路建设方案。供电单元是配电网规划的最小单位。

20.2.3 供电网格划分

（1）供电网格一般结合道路、河流、山丘等明显的地理形态进行划分，与控制性详细规划及区域性用地规划等城乡规划相适应。

（2）供电网格划分宜综合考虑区域内多种类型负荷用电特性，兼顾分布式电源及多元化负荷发展，提高设备利用率。

（3）供电网格应遵循电网规模适中且供电范围相对独立的原则，远期一般应包含 2～4 座具有 10kV 出线的上级公用变电站。

（4）供电网格原则上不应跨越供电区域（A+～E 类）。

（5）在满足上述条件下，为便于运维检修、营销服务管理权限落实，可按照供电营业部（供电所）管辖地域范围作为一个供电网格，当管辖区域较大、供电区域类型不一致时，可拆分为多个供电网格。

20.2.4 供电单元划分

（1）供电单元一般由若干个相邻的、开发程度相近、供电可靠性要求基本一致的地块（或用户区块）组成。

（2）供电单元划分应与城乡控制性详细规划分区分片相协调，不宜跨越城乡分区分片，不宜跨越控规边界；对于无控规的区域，可按主供电源点供电范围划分供电单元。

（3）供电单元的划分应贯彻中压配电网供电区不交叉、不重叠的原则，同时考虑饱和年变电站的布点位置、容量大小、间隔资源等影响，远期供电单元内线路一般应具备 2 个及以上主供电源，以 1～3 组 10kV 典型接线为宜，高负荷密度地区可适当增加线路数量。（注：主供电源可不位于供电单元内）

20.2.5　命名及编码规则

（1）供电网格（单元）命名原则。

1）供电网格（单元）应具有唯一的名称。

2）供电网格命名宜体现省、地市、县（区）、代表性特征等信息。代表性特征命名宜选择片区名称、代表建筑、供电所名称等，例如济南西客站片区为一个供电网格，建议命名为"山东省济南市槐荫区西客站网格"，在县（区）级规划中可简称"西客站网格"。

3）供电单元命名应在供电网格名称基础上，体现供电单元序号、单元属性等信息。

a. 供电单元属性包含目标网架接线类型、供电区域类别、区域发展属性三种信息。

b. 目标网架接线类型代码如表 20-1 所示。

c. 供电区域类别分为 A+、A、B、C、D、E 六类。

d. 按照区域发展属性程度分为规划建成区、规划建设区、自然增长区三类，分别用数字 1、2、3 代码表示。

表 20-1　　　　　　　　　　目标网架接线类型代码表

接线模式	接线模式代码
架空多分段单联络	J1
架空多分段两联络	J2
架空多分段三联络	J3
电缆单环网	D1
电缆双环网	D2

（2）供电网格（单元）编码规则。

1）为了便于数字化存储和识别，每个供电网格（单元）应在唯一命名基础上具有唯一的命名编码。

2）供电网格命名编码形式应为：省份编码—地市编码—县（区）编码—代表性特征编码。

a. 省份、地市、县（区）编码参照公司 SAP 系统中的编码，如河南省编码为 HA，郑州市编码为 ZZ，二七区编码为 EQ。

b. 代表性特征编码使用代表性地名中文拼音的大写英文缩写字母。如火车站网格代表性特征编码为 HCZ。

c. 供电单元命名编码形式为：网格编码—供电单元序号—目标网架接线代码/（供电区域类别+区域发展属性代码）。例如，河南省郑州市二七区火车站网格 002 单元（目标网架单环网、A 类建成区），编码为 HA-ZZ-EQ-HCZ-002-D1/A1。

供电网格（单元）编码示意图和南通崇川区供电网格及供电单元划分与编码情况分别如图 20-3 和图 20-4 所示。

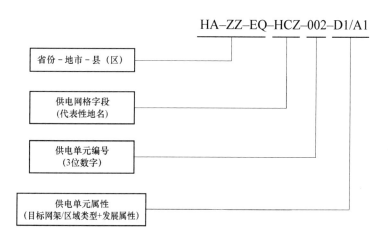

图 20-3　供电网格（单元）编码示意图

图 20-4　南通崇川区供电网格及供电单元划分与编码情况

20.3 现 状 电 网 分 析

现状分析主要分析区域配电网设施布局、现状负荷分布分析、配电网运行评估，提出现状电网存在的主要问题。

（1）区域配电网设施布局分析。绘制现状地理接线图及相对应的拓扑结构图，地理接线图应绘制到配变和开关层次，电缆线路、架空线路、开关站、环网站、杆配变等配电网主要设施分别位于不同图层，单独颜色区分；拓扑结构图应绘制到站点母线段，能清晰简明反映电网网架结构，可统计不同站点每段母线或线路分段的用户数量及容量。区域配电网布局分析可采用基于拓扑结构分析和地理接线分析相结合的方法，对设备、管道等问题采用实地调研排查的方式，以形成准确、量化、"点对点"式的现状问题列表。

（2）现状负荷分布分析。在进行空间负荷预测时，若事先对空间电力负荷现状进行分析，可改善空间负荷预测的精度。在网格（单元）划分的基础上对供电单元进行空间负荷特性分析，主要有以下几个方面：一是供电单元负荷 S 型增长特性。对供电单元进行负荷预测其实就是对地块负荷从增长速度为零，到高速发展，再到低速发展的阶段的确定。二是负荷特性分析，计算供电网格（单元）的负荷特性指标，如日负荷率、月负荷率、负荷密度、最大负荷利用小时数等，为后续空间负荷预测提供依据。

（3）现状配电网评估。可采用配电网综合评估方法，从电网结构、供电质量、供电能力、装备水平等方面，构建相应的诊断指标体系，深层次地分析现状电网存在的问题，掌握现状电网的薄弱环节，以便于有针对性的提出网格化规划建设方案。

20.4 负 荷 预 测

网格化规划的负荷预测主要分为饱和负荷预测和近期负荷预测，饱和负荷预测是目标网架规划的基础，近期负荷预测用于指导项目安排。负荷预测时应遵循的一般原则包括：

（1）网格的负荷预测应遵循"自下而上"原则 ，以供电单元为基本单元，逐级考虑同时率，汇总测算供电网格和供电区域负荷。

（2）负荷预测年份应与电网规划水平年保持一致，近期预测结果应逐年列出，远期宜着重考虑饱和负荷情况。

（3）负荷预测时应分析区域多种能源互补融合、需求侧响应引起的用户用电方式和负荷特性变化，并考虑分布式电源以及电动汽车、储能等新型电源及负荷接入对预测结果的影响。

20.4.1　饱和负荷预测

（1）具有城乡控制性详细规划或者总体规划的网格（单元）饱和负荷预测宜开展空间负荷预测，采用负荷密度指标法；如存在大型用电用户，宜选用需要系数法、利用系数法、单位指标法或由有关专业部门、设计单位提供负荷资料。

（2）不具备城乡控制性详细规划或者总体规划的区域可采用产值用电单耗法、综合用电水平法等方法进行预测。

（3）饱和负荷预测应确定一种主要的预测方法，并采用其他预测方法进行校核。

各负荷预测方法详见第 2 章。

20.4.2　近期负荷预测

（1）近期负荷预测应根据区域的发展阶段及产业发展，选用综合用电水平法、平均增长率法等多种预测方法，依据现状年负荷情况以及饱和负荷预测结果，结合开发建设情况及发展成熟度，确定规划水平年负荷预测结论。

（2）近期负荷预测应综合考虑分布式电源、电动汽车等对负荷预测结果和负荷特性的影响。

20.5　网 格 化 规 划 方 案

20.5.1　目标网架规划

网格化规划应坚持与地方城市规划紧密、有机衔接，高、中压配电网协调发展，并针对网格定位及发展程度的不同，制定差异化的规划改造原则。网格化的目标网架规划一般应遵循以下原则：

（1）目标网架规划应在饱和负荷预测的基础上，结合现状电网、电力需求情况，以上级电网规划为边界条件，构建区域饱和年目标网架。水平年网架可结合现状网架、地区建设情况和负荷发展水平，由现状网架向目标网架逐步过渡。

（2）目标网架选择应满足供电可靠、运行灵活、降低网络损耗的要求，配电网各层级应相互匹配、强简有序、相互支援，以实现配电网技术经济整体最优。

（3）目标网架规划应包括网架接线形式、线路路径、建设型式等，宜从供电能力、负荷转供、间隔统筹、设备选型、负荷接入、廊道预留等方面论述目标网架规划的科学性和合理性。

（4）目标网架方案应参照 DL/T 5729《配电网规划设计技术导则》、《配电网典型供电模式》等相关要求制定，饱和年供电单元内宜形成 1～3 组 10kV 标准接线组，每个供电单元原则上应至少由 2 个上级电源供电。

（5）网格内配电网结构规划时，应依据网格的供电区域属性，选取典型结构。

（6）不同类型供电区域应确定差异化的目标网架。同一级别、同一类别供电区域的网格，宜采用统一的网络结构。若同一级别相邻网格所属不同供电区域属性，宜采用较高类别供电区域的网络结构。

（7）高压配电网应依据网格供电区域属性，采用如下电网结构：

1）A+、A、B 类供电区域高压配电网宜采用链式结构，上级电源点不足时可采用双环网结构，在上级电网较为坚强且中压配电网具有较强的站间转供能力时，也可采用双辐射结构。

2）C 类供电区域高压配电网宜采用链式、环网结构，也可采用双辐射结构。

3）D 类供电区域高压配电网可采用单辐射结构，有条件的地区也可采用双辐射或环网结构。

4）E 类供电区域高压配电网可采用单辐射结构。

5）变电站接入方式可采用 T 接或 Π 接方式。

（8）中压配电网应依据网格供电区域属性，推荐采用表 5–4 所列的电网结构。

（9）低压配电网宜采用以配电变压器为中心的辐射式接线，相邻配电变压器的低压母线之间可装设联络开关。

（10）规划建设区的网架建设宜以满足供电能力需求为导向，应依托土地建设开发按目标网架预留站址和廊道规模，并制定合理的分期建设方案；规划建成区和自然发展区的网架建设宜以提升网架互联互通能力为导向，将现状网架逐步改造发展为目标网架。

20.5.2　近期过渡方案

（1）近期网架规划应在近期负荷预测的基础上，根据区域内变电站建设时序，统筹变电站间隔资源分配，科学制定现状电网到目标网架的近期过渡方案。

（2）制定供电单元近期过渡方案时，应明确各供电单元接线随负荷变化的过程，提出 10kV 主干网架近期过渡方案，同时应满足配电自动化（含通信）建设需求。

（3）各供电单元的近期方案应与高压配电网规划方案相衔接，与规划水平年高压主变容量及间隔分配相协调。

（4）应根据配电网发展成熟度，对规划建成区、规划建设区和自然发展区采用差异化规划策略。规划原则如下：

1）规划建成区。

a. 对于已形成标准接线的供电单元，应按供电区域的规划目标网架，进一步优化网架结构，合理调整分段，控制分段接入容量，提升联络的有效性，加强变电站之间负荷转移，逐步向电缆环网、架空多分段适度联络的目标网架过渡。

b. 对于网架结构复杂、尚未形成标准接线的区域，应按远期目标网架结构，适度简化线路接线方式，取消冗余联络及分段，逐步向标准接线建设改造。

2）规划建设区。

在固化现有线路利用方式的基础上，结合变电站资源、用户用电时序、市政配套通道建设情况、中压线路利用率等因素按照投资最小、后期建设浪费最少的原则逐步向电缆环网、架空多分段适度联络网架过渡。

3）自然发展区。

对于城市规划暂不明确，无法确定负荷增长点的区域，依据供电单元内现状电网分析结论，重点解决电网突出问题，提升短板指标，并结合负荷发展情况，构建电缆单环网、架空多分段适度联络等标准接线。

20.5.3 规划成果

网格化规划成果应以县（区）为单位汇总成册，应形成指导电网规划和项目安排的"两图两表"。"两图"分别为细化到网格的 10kV 目标网架图、规划期前三年分年度网架规划地理接线图；"两表"分别为规划期的电网建设规模和投资总表、规划期前三年逐年细化的项目建设时序表。

20.6 成 效 分 析

网格化规划能以网格内规划方案评价规划目标实现程度，由下至上系统调整、优化方案，同时以全网目标实现程度验证各网格供电方案的整体合理性。网格化规划成效分析应包含以下内容：

（1）应按照规划水平年、饱和年分析规划方案实施后配电网改善效果，包含配电网现状问题的解决情况和配电网规划目标的完成情况。

（2）应以供电网格为单位，从电网结构、供电质量、供电能力、装备水平等方面，对比分析规划实施前后 10kV 电网主要技术指标的提升情况，包括供电可靠率、线路联络率、线路最大负载率平均值、变电站平均负荷转供比例等。

附　录

附录 A　35～110kV 设备常用图形符号

35～110kV 设备常用图形符号见表 A1。

　　　　　　　　　　35～110kV 设备常用图形符号

符号	名称	符号	名称
	站内接地装置		站内带电显示器
	站内故障指示器		双绕组变压器
	三绕组变压器		站内所用变压器
	接地变压器		站内电压互感器
	电容式电压互感器		站内电流互感器
	电抗器		电抗器组
	电熔丝		电力电缆
	电容器		耦合电容器
	电力电容器		组合电容器
	电容器组		熔断器
	放电线圈		阻波器
	避雷器		组合避雷器

	消弧线圈		消谐器
	电阻		接地电阻
	组合式接地电阻	(Wh)	电能表
TTU	站内综合测试仪		站内隔离开关
	站内接地开关		站内断路器
	小车		小车开关
	小车刀闸		小车 TV

附录 B　10kV 及以下设备常用图形符号

10kV 及以下设备常用图形符号见表 B1。

表 B1　　　　　　　　　　　10kV 及以下设备常用图形符号

○	木杆	⊘	水泥杆（直线型）
●	水泥杆（耐张型）	⊗	钢管杆（直线型）
⊗	钢管杆（耐张型）	⊠	铁塔（直线型）
⊠	铁塔（耐张型）	⊗	钢管塔（直线型）
⊠	钢管塔（耐张型）	KG	开关站
XB	箱式变电站	DF	电缆分支箱
HW	环网单元	PZ	配电室
	避雷器		故障指示器
	电容器		组合式互感器
	变压器		交叉跨越
	交叉跨越（河流）		交叉跨越（铁路）
	交叉跨越（公路）	▶	电缆终端头
	电缆中间头		电缆井（圆井）
	电缆井（方井）		负荷开关
	断路器		跌落式熔断器
	隔离开关		重合器
	用户专变		自动开关（低压断路器）
	直流/直流变换器		整流器
	逆变器		

附录 C　配电网规划设计主要收资内容

社会经济收资与调查表见表 C1。

表 C1　　　　社会经济收资与调查表

年份	经济发展						城乡总体规划			人口		
	国内生产总值 GDP（亿元）	GDP增长率	（GDP 的组成）			城乡居民人均可支配收入	用地性质	用地面积	容积率	人口数	户数	城镇化率
			一产	二产	三产							
××												
××												
××												

电源装机收资与调查表见表 C2。

表 C2　　　　电源装机收资与调查表

编号	电源名称	接入电压等级	电源类型	主接线形式	并网容量（MW）	发电机台数	机组参数	无功补偿（kvar）	年发电量（kWh）	
									××年	……	××年
1	××厂									
	一期									
	二期									
2	××厂									
	一期									
	……									

注　"电源类型"：火电、风电、水电、太阳能、生物质能、地热、潮汐、垃圾发电等。

110（66）、35kV 变电站收资与调查表见表 C3。

表 C3　　　　110（66）、35kV 变电站收资与调查表

编号	变电站名称	电压等级	用户属性	变电站建设型式	所在供电分区	主变压器台数（台）	变电容量（MVA）	最大负载率	10（20）kV 馈出线间隔（公用）		运行年限
									总数	剩余间隔数	
1	××站							—			—
	1 号主变压器	—	—	—	—	—	—				
	2 号主变压器	—	—	—	—	—	—				
	……										
2	××站							—			—
	1 号主变压器	—	—	—	—	—	—				
	……										

注　1. "用户属性"：公用、专用。

　　2. "变电站建设型式"：全户内、半户外、全户外。

　　3. "10（20）kV 馈出线间隔"列中"间隔总数"对应公用变电站的 10（20）kV 出线间隔，即已有配电设备、具备配出功能的间隔，包括 10（20）kV 公用线路间隔和专用线路间隔。

　　4. "10（20）kV 馈出线间隔"列中"剩余间隔数"对应公用变电站中已有配电设备、具备配出功能但未接线路的间隔。

地区 110（66）、35kV 线路收资与调查表见表 C4。

表 C4 地区 110（66）、35kV 线路收资与调查表

编号	线路名称	电压等级	用户属性	所在供电分区	电网结构	线路总长度（km）	架空线路		电缆线路		最大负载率	运行年限
							长度（km）	导线型号	长度（km）	导线型号		
1	××线											
2	××线											
……												

注 1. "用户属性"：公用、专用。

2. "电网结构"：链式（三链、双链、单链）、环网（双环网、单环网）和辐射（双辐射、单辐射）。

3. 线路电压等级按实际运行情况填写，考虑降压运行。

4. 线路长度均按折算成单回路长度统计。

5. 线路条数一般只考虑变电站出线以及"T"接线。

10kV 配电变压器收资与调查表见表 C5。

表 C5 10kV 配电变压器收资与调查表

编号	配电变压器名称	电压等级	用户属性	所在供电分区	容量（kVA）	设施类型	型号	最大负载率	无功补偿容量（kvar）	运行年限
1	××变压器									
2	××变压器									
……										

注 1. "设施类型"：箱式变压器、配电室中的配电变压器、柱上变压器。

2. "型号"：S7（S8）系列及以下、S9、S11、S13 配电变压器。

3. "无功补偿容量"：配电变压器低压侧补偿容量。

10kV 配电线路收资与调查表见表 C6。

表 C6 10kV 配电线路收资与调查表

编号	线路名称	电压等级	用户属性	配电自动化	电网结构	线路总长度（km）	架空线路		电缆线路			最大负载率	运行年限
							长度（km）	导线型号	长度（km）	导线型号	敷设方式		
1	××线												
2	××线												
……													

注 1. "用户属性"：公用、专用。

2. "配电自动化"：分为三遥终端、标准型二遥终端、动作型二遥终端、基本型二遥终端。

3. "电网结构"：架空线路分多联络、单联络、辐射式；电缆线路分双环网、单环网、辐射式及其他。

0.4kV 配电线路收资与调查表见表 C7。

表 C7　　　　　　　　　**0.4kV 配电线路收资与调查表**

编号	线路名称	电压等级	用户属性	所在供电分区	供电制式	线路总长度（km）	架空线路		电缆线路		最大负载率	运行年限
							长度（km）	导线型号	长度（km）	导线型号		
1	××线											
2	××线											
	……											

注　"用户属性"：公用、专用。

开关设施及开关设备收资与调查表见表 C8。

表 C8　　　　　　　　　**开关设施及开关设备收资与调查表**

编号	开关类设施名称	开关设施类型	电压等级	开关名称	开关类型	开关容量	开断容量	运行年限
1	××			—	—	—	—	
	—	—	—	1 号开关				
	—	—	—	……				
2	××			—	—	—	—	
	—	—	—	1 号开关				
	—	—	—	……				
……								

注　1. 只统计公用电网。

　　2. "开关设施类型"：开关站、环网柜、电缆分支箱、柱上开关。

　　3. "开关类型"：断路器、负荷开关。

　　4. 开关设施统计应按照开关设施名称统计，开关统计应按照开关名称统计。

无功补偿设备收资与调查表见表 C9。

表 C9　　　　　　　　　**无功补偿设备收资与调查表**

编号	补偿对象	电压等级	补偿容量（kvar）	安装地点	安装方式	运行年限
1	××					
	—	—	—			
	—	—	—			
2	××					
	—	—	—			
	—	—	—			
……						

注　1. 只统计公用电网。

　　2. "补偿对象"：变电站、配电变压器、配电室、线路。

电网运行资料收集表见表 C10。

表 C10　　　　　　　　　　　　电网运行资料收集表

序号	元件名称	电压等级	输入电量	输出电量	线损率	最大负荷	最大负载率	8760h 负荷
1	××							
2	××							
……								

时间	(8760h 负荷)					电量					供电质量			线损
	供电区	变电站	变压器	配电站室	线路	供电区	变电站	变压器	配电站室	线路	可靠性数据	电压质量数据	电能质量数据	

注　1. "元件名称"：变电站、变压器、配电室、箱式变电站、柱上变、配电变压器、线路。

2. "8760h 负荷"：全年整点负荷。

现状电力用户收资与调查表见表 C11。

表 C11　　　　　　　　　　现状电力用户收资与调查表

编号	用户名称	所属行业	用户重要等级	接入电压等级	接入回路数	主接线形式	接入容量	主变压器容量 (kVA)		用电量 (kWh)	
								××年	……	××年	……
1	××										
2	××										
……											

规划水平年及规划期内电力用户收资与调查表见表 C12。

表 C12　　　　　规划水平年及规划期内电力用户收资与调查表

编号	用户名称	所属行业	用户重要等级	用电性质	投产年限	接入容量	接入回路数	年用电负荷	年用电量	用电单耗	安装地点
1	××										
2	××										
……											

规划执行情况资料收集表见表 C13。

表 C13　　　　　　　　　　规划执行情况资料收集表

序号	项目名称	电压等级	原规划			规划投产时间	项目进展情况	实际规模			实际投产时间
			变电容量	线路长度	规划投资			变电容量	线路长度	规划投资	
1	××										
2	××										
……											

注　该表主要用于 35kV 及以上电压等级规划项目。

附录D　典型城市负荷密度指标

典型城市负荷密度指标参考值见表D1。

表D1　　　　　　　　　典型城市负荷密度指标参考值

用 地 名 称			单位占地面积的负荷密度指标（MW/km²）		单位建筑面积的负荷密度指标（W/m²）	
			低方案	高方案	低方案	高方案
R	居住用地（以小区为单位测得）	R1	一类居住用地	—	—	25	35
		R2	二类居住用地	—	—	15	25
		R3	三类居住用地	—	—	10	15
C	公共设施用地（以用户为单位测得）	C1	行政办公用地	—	—	50	65
		C2	商业金融用地	—	—	60	85
		C3	文化娱乐用地	—	—	40	55
		C4	体育用地	—	—	20	40
		C5	医疗卫生用地	—	—	40	50
		C6	教育科研用地	—	—	20	40
		C9	其他公共设施	—	—	25	45
M	工业用地（以用户为单位测得）	M1	一类工业用地	45	65	—	—
		M2	二类工业用地	30	45	—	—
		M3	三类工业用地	20	30	—	—
W	仓储用地（以用户为单位测得）	W1	普通仓储用地	5	10	—	—
		W2	危险品仓储用地	10	15	—	—
S	道路广场用地	S1	道路用地	2	2	—	—
		S2	广场用地	2	2	—	—
		S3	公共停车场	2	2	—	—
U	市政设施用地	—	—	30	40	—	—
T	对外交通用地	T1	铁路用地	2	2	—	—
		T2	公路用地	2	2	—	—
		T23	长途客运站	2	2	—	—
G	绿地	G1	公共绿地	1	1	—	—
		G21	生产绿地	1	1	—	—
		G22	防护绿地	0	0	—	—
E	河流水域	—	—	0	0	—	—
特殊区域							
—	大型展览馆	—	—	20	25	50	70

注　表中数据基于2000～2010年上海市电力公司典型用户最高负荷日实测统计。

附录 E 配电网技术经济评价主要指标

配电网技术经济评价主要指标见表 E1。

表 E1 配电网技术经济评价主要指标

一级指标	二级指标	三级指标	指标定义和计算方法
供电质量	供电可靠性	用户年平均停电时间（可靠率）	根据 DL/T 836《供电系统用户供电可靠性评价规程》，该指标用户在统计期间内的平均停电小时数，记作 AIHC – 1（h/户）。 指标值=每户每次停电时间之和/总用户数（h）
		用户年平均停电次数	根据 DL/T 836《供电系统用户供电可靠性评价规程》，用户在统计期间内的平均停电次数，记作 AITC – 1（次/户）。 指标值=每次停电用户数之和/总用户数（次）
		故障停电时间占比	即统计期间（一年）内，故障停电时间占总停电时间的比重。 故障停电时间占比=（故障停电时间/总停电时间）×100%
	电压质量	综合电压合格率	根据 GB/T 12325《电能质量供电电压偏差》，电压合格率是实际运行电压偏差在限制范围内累计运行时间与对应的总运行统计时间的百分比。 指标值=0.5×A 类监测点合格率+0.5×［（B 类监测点合格率+C 类监测点合格率+D 类监测点合格率）/3］。 监测点电压合格率=［1 –（电压超上限时间+电压超下限时间）/电压监测总时间］×100%
		"低电压"用户数占比	指标值=发生"低电压"现象的户数/所有用户数×100% 注：用户均指低压终端用户
电网结构	高压配电网结构	单线或单变站占比	指标值=单线或单变站座数/变电站总座数×100% 注：单线或单变站座数是指某一电压等级仅有单条电源进线的变电站与单台主变压器的变电站座数合计
		标准化结构占比	指标值=采用推荐的电网结构的 110kV 线路条数/线路总条数×100%
		N–1 通过率	计算主变压器 $N-1$ 通过率和线路 $N-1$ 通过率。 主变压器 $N-1$ 通过率=（满足 $N-1$ 的主变压器数/总主变压器数）×100% 线路 $N-1$ 通过率=（满足 $N-1$ 的线路条数/线路总条数）×100% 计算所有通过 $N-1$ 校验元件的比例，反映 110（66）kV 或 35kV 电网中任一元件（主变压器、线路）停运，本级及下一级电网的转供能力（应满足供电安全标准要求）
	中压配电网结构	中压配电线路平均供电半径	指标值=∑中压公用配电线路供电半径/中压公用配电线路总条数（km） 注："中压线路供电半径"指从变电站二次侧出线到其供电的最远负荷点之间的线路长度
		中压架空配电线路平均分段数	指标值=中压公用架空线路总分段数/中压公用架空线路总条数 注：中压公用架空线路包括架空线长度超过 50%的混合线路

一级指标	二级指标	三级指标	指标定义和计算方法
电网结构	中压配电网结构	中压配电网标准化结构占比	指标值=采用推荐的电网结构的中压公用配电线路条数/中压公用配电线路总条数×100%
		中压配电线路联络率	指标值=存在联络的中压公用线路条数/中压公用配电线路总条数×100%
		中压配电线路站间联络率	设置该项是基于供电安全性考虑，重点考察中压配电网在结构上对上级电网的支撑能力。 指标值=存在站间联络的中压公用配电线路条数/中压公用配电线路总条数×100%
		中压配电线路 $N-1$ 通过率	设置该项也是基于供电安全性考虑，在供电的任意一个断面，针对一组预想故障，电网能够保持对负荷正常持续供电的能力。 指标值=（满足 $N-1$ 线路条数/线路总条数）×100% 注：“满足 $N-1$ 线路”指任一线路停运时，其所带负荷（故障段负荷除外）均能够被相邻联络线路传供的线路，为检验线路转供能力和简化计算，可只计算 10kV 线路变电站出口断路器后第一段故障情况
装备水平	高压配电网设备标准化水平	高压线路标准化率	衡量高压线路标准化程度。 指标值=采用标准化导线截面的高压线路条数/高压线路总条数 注：“标准化导线截面”指在导则规定截面选择范围内，且符合公司运检部制定的标准化目录的导线截面
		高压主变压器标准化率	衡量主变压器标准化程度。 指标值=标准化主变压器台数/主变压器总台数 注：“标准化主变压器”指在导则规定容量配置范围内，且符合电网企业制定的标准化目录的主变压器
	高压配电网设备年限	高压在运设备平均投运年限	指标值=∑（当年每类高压在运设备的平均投运年限×所占的权重）（年） 当年每类高压在运设备的平均投运年限=∑当年该类高压设备投运年限/设备总数 注：权重分布：变压器 0.4，线路 0.3，断路器 0.2，GIS 内部断路器 0.1
	中压配电网设备标准化水平	中压线路标准化率	衡量中压公用配电线路标准化程度。 指标值=采用标准化导线截面的中压公用配电线路条数/中压公用配电线路总条数 注：“标准化导线截面”指在导则规定截面选择范围内，且符合电网企业制定的标准化目录的导线截面
		中压配电变压器标准化率	衡量中压公用配电变压器标准化程度。 指标值=标准化中压公用配电变压器台数/中压公用配电变压器总台数 注：“标准化中压公用配电变压器”指在导则规定容量配置范围内，且符合电网企业制定的标准化目录的中压公用配电变压器
	中压配电网设备年限	中压在运设备平均投运年限	指标值=∑（当年每类中压在运设备平均投运年限×所占的权重）（年） 当年每类中压在运设备的平均投运年限=∑当年该类中压在运设备投运年限/设备总数 注：权重分布：中压线路 0.4，配电变压器 0.3，环网单元 0.1，箱式变压器 0.1，柱上变压器 0.05，电缆分支箱 0.05
	中压配电网设备概况	中压线路电缆化率	指标值=（中压公用配电线路电缆线长度/中压公用配电线路总长度）×100%
		中压架空线路绝缘化率	指标值=（中压公用配电线路架空绝缘线路长度/中压公用配电线路架空线路总长度）×100%
		高损配电变压器占比	指标值=（高损公用配电变压器台数/公用配电变压器总台数）×100%
		非晶合金配电变压器占比	指标值=（非晶合金公用配电变压器台数/公用配电变压器总台数）×100%

续表

一级指标	二级指标	三级指标	指标定义和计算方法
供电能力	高压配电网供电能力	高压变电容载比	指标值=相应电压等级年最大负荷日在役运行的变电总容量/该电压等级最大负荷日最大负荷×100% 注：计算变电容载比时，相应电压等级的计算负荷需要从总负荷中扣除上一级电网的直供负荷和该电压等级以下的电厂直供负荷，下同
		变电站可扩建主变压器容量占比	指标值=现有变电站可扩建容量/该电压等级现有变电站已投运容量之和 注：变电站可扩建容量=Σ（某变电站规划最终主变压器容量－目前已投运主变压器容量）
		变电站负载不均衡度	$$B_{\mathrm{S}} = \frac{\sqrt{\dfrac{\sum\limits_{i=1}^{N}(L_{\mathrm{S-}i} - \bar{L}_{\mathrm{S}})}{N}}}{L_{\mathrm{S}}}$$ 式中，B_{S}为负载不均衡度；$L_{\mathrm{S-}i}$为单一变电站负载率；$\bar{L}_{\mathrm{S}}$为变电站负载率平均值；N为变电站座数
		高压线路最大负载率平均值	指标值=Σ高压线路最大负载率/高压线路总条数 其中："高压线路最大负载率"为单条高压线路年最大负载率
		高压线路负载不均衡度	$$B_{\mathrm{S}} = \frac{\sqrt{\dfrac{\sum\limits_{i=1}^{N}(L_{\mathrm{S-}i} - \bar{L}_{\mathrm{S}})}{N}}}{L_{\mathrm{S}}}$$ 式中，B_{S}为负载均衡度；$L_{\mathrm{S-}i}$为单一高压线路负载率；$\bar{L}_{\mathrm{S}}$为高压线路负载率平均值；N为线路条数
		高压重载线路占比	指标值=高压重载线路条数/高压线路总条数×100% 注：高压重载线路指最大负载率>80%的高压线路
		高压重载主变压器占比	指标值=高压重载主变压器台数/高压主变压器总台数×100% 注：高压重载主变压器指最大负载率>80%的主变压器
		高压轻载线路占比	指标值=高压轻载线路条数/高压线路总条数×100% 注：高压轻载线路指最大负载率<20%的高压线路
		高压轻载主变压器占比	指标值=高压轻载主变压器台数/高压主变压器总台数×100% 注：高压轻载主变压器指最大负载率<20%的主变压器
	中压配电网供电能力	中压线路出线间隔利用率	指标值=已用10（20）kV馈出线间隔数/10（20）kV馈出线间隔总数×100% 注："10（20）kV馈出线间隔数"对应110（66）kV公用变电站的10（20）出线间隔，即已有配电设备、具备配出功能的间隔，包括10（20）公用线路间隔和专用线路间隔
		中压线路最大负载率平均值	指标值=Σ中压公用配电线路最大负载率/中压公用配电线路总条数 其中："中压公用配电线路最大负载率"为单条中压公用配电线路年最大负载率
		中压线路负载不均衡度	$$B_{\mathrm{S}} = \frac{\sqrt{\dfrac{\sum\limits_{i=1}^{N}(L_{\mathrm{S-}i} - \bar{L}_{\mathrm{S}})}{N}}}{L_{\mathrm{S}}}$$ 式中，B_{S}为负载均衡度；$L_{\mathrm{S-}i}$为单一中压线路负载率；$\bar{L}_{\mathrm{S}}$为中压线路负载率平均值；N为线路条数

一级指标	二级指标	三级指标	指标定义和计算方法
供电能力	中压配电网供电能力	中压重载线路占比	指标值＝中压重载公用配电线路条数/中压公用配电线路总条数×100% 注：中压重载公用配电线路指最大负载率>80%的中压公用配电线路
		中压轻载线路占比	指标值＝中压轻载公用配电线路条数/中压公用配电线路总条数×100% 注：中压轻载公用配电线路指最大负载率<20%的中压公用配电线路
		中压配电变压器最大负载率平均值	指标值＝$\sum$中压公用配电变压器最大负载率/中压公用配电变压器总台数 其中："中压公用配电变压器最大负载率"为单台中压公用配电变压器年最大负载率
		中压配电变压器负载不均衡度	$$B_{\mathrm{S}} = \frac{\sqrt{\dfrac{\sum\limits_{i=1}^{N}(L_{\mathrm{S}-i} - \bar{L}_{\mathrm{S}})}{N}}}{L_{\mathrm{S}}}$$ 式中，B_{S} 为负载均衡度；$L_{\mathrm{S}-i}$ 为单一配电变压器负载率；$\bar{L}_{\mathrm{S}}$ 为配电变压器负载率平均值；N 为配电变压器台数
		中压重载配电变压器占比	指标值＝中压重载公用配电变压器台数/中压公用配电变压器总台数×100% 注：中压重载公用配电变压器指最大负载率>80%的中压公用配电变压器
		中压轻载配电变压器占比	指标值＝中压轻载公用配电变压器台数/中压公用配电变压器总台数×100% 注：中压轻载公用配电变压器指最大负载率<20%的中压公用配电变压器
		户均配电变压器容量	指标值＝公用配电变压器容量/低压用户数（kVA/户）
智能化水平	变电站智能化水平	110（66）kV智能变电站占比	指标值＝110（66）kV智能变电站座数/110（66）kV变电站总座数×100%
		35kV变电站光纤覆盖率	指标值＝光纤覆盖的35kV变电站座数/35kV变电站总座数×100%
	配电自动化水平	配电自动化有效覆盖率	考虑线路的终端配置要求，定义为配电自动化有效覆盖率，记作DAR–2。 指标值＝区域内符合终端配置要求的中压公用配电线路条数/区域内中压公用配电线路总条数×100%
		采用光纤通信方式的配电站点占比	指标值＝采用光纤通信方式的配电站点数/配电站点总数×100%
	用户互动化水平	配电变压器信息采集率	指标值＝实现信息采集的公用配电变压器台数/公用配电变压器总台数×100%
		智能电表覆盖率	区域内安装的智能电表数占评估区域电网总电表数的比例。 指标值＝智能电表数/总电表数×100%
		可控负荷容量占比	指标值＝装有负控等可对负荷进行控制的装置的负荷容量/负荷总容量×100% 不局限于负控，能够通过智能互动化手段实现负荷控制的所有负荷都应考虑，是智能电网互动化特性的重要体现
	环境友好水平	分布式电源渗透率	用来表征分布式电源的利用程度。 指标值＝分布式电源装机容量/区域年最大负荷×100%
		电动汽车充换电设施密度	区域内每100km² 电动汽车充换电设施容量（MVA/100km²）。 指标值＝电动汽车充换电设施容量/（总面积/100）

续表

一级指标	二级指标	三级指标	指标定义和计算方法
电网效率	高压配电网设备利用率	高压线路负载率平均值	指标值＝∑单条高压线路平均负载率/高压线路总条数 注：单条高压线路平均负载率＝单条高压线路实际供电量/单条高压线路额定输送电量×100%
		高压主变压器负载率平均值	指标值＝∑单台高压主变压器平均负载率/高压主变压器总台数 注：单台高压主变压器平均负载率＝单台高压主变压器实际供电量/单台高压主变压器额定输送电量×100%
	中压配电网设备利用率	中压线路负载率平均值	指标值＝∑单条中压公用配电线路平均负载率/中压公用配电线路总条数 注：单条中压公用配电线路平均负载率＝单条中压公用配电线路实际供电量/单条中压公用配电线路额定输送电量×100%
		中压配电变压器负载率平均值	指标值＝∑单台中压公用配电变压器平均负载率/中压公用配电变压器总台数 注：单台中压公用配电变压器平均负载率＝单台中压公用配电变压器实际供电量/单台中压公用配电变压器额定输送电量×100%
	电能损耗	110kV及以下综合线损率	指标值＝[（110kV及以下配电网供电量 − 110kV及以下配电网售电量）/110kV及以下配电网供电量]×100%
		10kV及以下综合线损率	指标值＝[（10kV及以下配电网供电量 − 10kV及以下配电网售电量）/10kV及以下配电网供电量]×100%
电网效益	投资占比	配电网投资占比	指标值＝110kV及以下配电网总投资/750kV及以下电网总投资×100%
	投资效益	单位投资增供负荷	指标值＝（期内出现年供电最大负荷−期初年供电最大负荷）/规划期内电网投资（kW/元） 注：投资对应公用网投资
		单位投资增供电量	指标值＝∑（第i年供电量−第$i−1$年供电量）/规划期内电网投资（kWh/元） 注：投资对应公用网投资

附录 F　35kV 油浸式电力变压器设备规范及电气参数

35kV 油浸式电力变压器设备规范及电气参数见表 F1～表 F3。

表 F1　　　　　　50～1600kVA 三相双绕组无励磁调压配电变压器

额定容量 （kVA）	电压组合及分接范围			联结组 标号	空载损耗 （kW）	负载损耗 （kW）	空载电流	短路阻抗
	高压 （kV）	高压分接 范围	低压 （kV）					
50					0.21	1.27/1.21	2.00%	
100					0.29	2.12/2.02	1.80%	
125					0.34	2.50/2.38	1.70%	
160					0.36	2.97/2.83	1.60%	
200					0.43	3.50/3.33	1.50%	
250					0.51	4.16/3.96	1.40%	
315	35	±5%	0.4	Dyn11 Yyn0	0.61	5.01/4.77	1.40%	6.5%
400					0.73	6.03/5.76	1.30%	
500					0.86	7.28/6.93	1.20%	
630					1.04	8.28	1.10%	
800					1.23	9.90	1.00%	
1000					1.44	12.15	1.00%	
1250					1.76	14.67	0.90%	
1600					2.12	17.55	0.80%	

注　1. 对于额定容量为 500kVA 及以下的变压器，表中斜线上方的负载损耗值适用于 Dyn11 联结组，斜线下方的负载值
　　 适用于 Yyn0 联结组。
　　2. 根据用户需要，可提供高压分接范围为 ±2×2.5% 的变压器。

表 F2　　　　　　630～31500kVA 三相双绕组无励磁调压电力变压器

额定容量 （kVA）	电压组合及分接范围			联结组标号	空载损耗 （kW）	负载损耗 （kW）	空载电流
	高压 （kV）	高压分接范围	低压 （kV）				
630					1.04	8.28	1.10%
800					1.23	9.90	1.00%
1000			3.15 6.3 10.5		1.44	12.15	1.00%
1250	35	±5%			1.76	14.67	0.90%
1600					2.12	17.55	0.80%
2000				Yd11	2.72	19.35	0.70%
2500					3.20	20.70	0.60%
3150			3.15 6.3 10.5		3.80	24.30	0.56%
4000	35～38.5	±5%			4.52	28.80	0.56%
5000					5.40	33.03	0.48%
6300					6.56	36.90	0.48%
8000					9.00	40.50	0.42%
10000			3.15 3.3 6.3 6.6 10.5 11		10.88	47.70	0.42%
12500					12.60	56.70	0.40%
16000	35～38.5	±2×2.5%		YNd11	15.20	69.30	0.40%
20000					18.00	83.70	0.40%
25000					21.28	99.00	0.32%
31500					25.28	118.80	0.32%

注　1. 额定容量为 6300kVA 及以下的变压器，可提供高压分接范围为 ±2×2.5% 的产品。
　　2. 对于低压电压为 10.5kV 和 11kV 的变压器，可提供联结组标号为 Dyn11 的产品。
　　3. 额定容量为 3150kVA 及以上的变压器，−5% 分接位置为最大电流分接。

表 F3   2000～20 000kVA 三相双绕组有载调压电力变压器

额定容量（kVA）	电压组合及分接范围			联结组标号	空载损耗（kW）	负载损耗（kW）	空载电流	短路阻抗
	高压（kV）	高压分接范围	低压（kV）					
2000	35	±3×2.5%	6.3 10.5	Yd11	2.88	20.25	0.80%	6.5%
2500					3.40	21.73	0.80%	
3150	35～38.5	±3×2.5%	6.3 10.5		4.04	26.01	0.72%	7.0%
4000					4.84	30.69	0.72%	
5000					5.80	36.00	0.68%	
6300					7.04	38.70	0.68%	
8000	35～38.5	±3×2.5%	6.3 6.6 10.5 11	YNd11	9.84	42.75	0.60%	7.5%
10 000					11.60	50.58	0.60%	
12 500					13.68	59.85	0.56%	
16 000					16.46	74.02	0.54%	8.0%
20 000					19.46	87.14	0.54%	

注   1. 对于低压电压为 10.5kV 和 11kV 的变压器，可提供联结组标号为 Dyn11 的产品。

2. 最大电流分接为 −7.5% 分接位置。

附录 G　35kV 干式电力变压器设备规范及电气参数

35kV 干式电力变压器设备规范及电气参数见表 G1～表 G3。

表 G1　　　　　　　　50～2500kVA 三相双绕组无励磁调压配电变压器

额定容量（kVA）	电压组合			联结组标号	空载损耗（W）	不同的绝缘耐热等级下的负载损耗（W）			空载电流	短路阻抗
	高压（kV）	高压分接范围	低压（kV）			B（100℃）	F（120℃）	H（145℃）		
50					500	1420	1500	1600	2.8%	
100					700	2080	2200	2350	2.4%	
160					880	2790	2960	3170	1.8%	
200					980	3300	3500	3750	1.8%	
250					1100	3750	4000	4280	1.6%	
315					1310	4480	4750	5080	1.6%	
400					1530	5360	5700	6080	1.4%	
500	35～38.5	±5%±2×2.5%	0.4	Dyn11 Yyn0	1800	6570	7000	7450	1.4%	6.0%
630					2070	7650	8100	8700	1.2%	
800					2400	9000	9600	10 250	1.2%	
1000					2700	10 400	11 000	11 800	1.0%	
1250					3150	12 700	13 400	14 300	0.9%	
1600					3600	15 400	16 300	17 400	0.9%	
2000					4250	18 100	19 200	20 500	0.9%	
2500					4950	21 700	23 000	24 600	0.9%	

注　负载损耗为括号内参考温度（见 GB 1094.11 的规定）下的值。

表 G2　　　　　　　800～20 000kVA 三相双绕组无励磁调压电力变压器

额定容量（kVA）	电压组合			联结组标号	空载损耗（W）	不同的绝缘耐热等级下的负载损耗（W）			空载电流	短路阻抗
	高压（kV）	高压分接范围	低压（kV）			B（100℃）	F（120℃）	H（145℃）		
800					2500	9400	9900	10 600	1.1%	
1000			3.15 6 6.3 10 10.5 11		2970	10 800	11 500	12 300	1.1%	6.0%
1250	35～38.5	±5%±2×2.5%		Dyn11 Yd11 Yyn0	3480	12 800	13 600	14 500	1.0%	
1600					4100	15 400	16 300	17 400	1.0%	
2000					4700	18 100	19 200	20 600	0.9%	7.0%
2500					5400	21 700	23 000	24 600	0.9%	

续表

额定容量（kVA）	电压组合			联结组标号	空载损耗（W）	不同的绝缘耐热等级下的负载损耗（W）			空载电流	短路阻抗
	高压（kV）	高压分接范围	低压（kV）			B（100℃）	F（120℃）	H（145℃）		
3150	35～38.5	±5% ±2×2.5%	3.15 6 6.3 10 10.5 11	Dyn11 Yd11 Yyn0	6700	24 300	25 800	27 500	0.8%	8.0%
4000					7800	29 400	31 000	33 000	0.8%	
5000					9300	34 700	36 800	39 300	0.7%	
6300					11 000	40 500	43 000	45 900	0.7%	
8000				Dyn11 Yd11 YNd11	12 600	45 700	48 500	51 900	0.6%	9.0%
10 000					14 400	55 500	58 500	62 600	0.6%	
12 500			6 6.3 10 10.5 11		17 500	64 000	68 000	72 700	0.5%	
16 000					21 500	75 500	80 000	84 800	0.5%	
20 000					25 500	85 000	90 000	96 300	0.4%	10.0%

注　负载损耗为括号内参考温度（见 GB 1094.11 的规定）下的值。

表 G3　　　　　　　　　2000～20 000kVA 三相双绕组有载调压电力变压器

额定容量（kVA）	电压组合			联结组标号	空载损耗（W）	不同的绝缘耐热等级下的负载损耗（W）			空载电流	短路阻抗
	高压（kV）	高压分接范围	低压（kV）			B（100℃）	F（120℃）	H（145℃）		
2000	35～38.5	±4×2.5%	6 6.3 10 10.5 11	Dyn11 Yd11	5000	18 900	20 000	21 400	0.9%	7.0%
2500					5800	22 500	23 800	25 500	0.9%	
3150					7000	25 300	26 800	28 700	0.8%	
4000					8200	30 300	32 100	34 400	0.8%	
5000					9700	35 800	38 000	40 600	0.7%	8.0%
6300					11 500	41 500	44 000	47 000	0.7%	
8000					13 200	47 200	50 000	53 500	0.6%	
10 000					15 100	56 800	60 200	64 500	0.6%	9.0%
12 500					18 300	67 000	70 000	76 000	0.5%	
16 000					22 500	77 600	82 400	88 100	0.5%	
20 000					26 500	87 500	92 700	99 200	0.4%	10.0%

注　负载损耗为括号内参考温度（见 GB 1094.11 的规定）下的值。

附录 H　66kV 油浸式电力变压器设备规范及电气参数

66kV 油浸式电力变压器设备规范及电气参数见表 H1 和表 H2。

表 H1　　　　　　　630～63 000kVA 三相双绕组无励磁调压电力变压器

额定容量 （kVA）	电压组合及分接范围			联结组 标号	空载损耗 （kW）	负载损耗 （kW）	空载电流	短路阻抗
	高压 （kV）	高压分接 范围	低压 （kV）					
630					1.6	7.5	1.40%	
800					1.9	9.0	1.35%	
1000					2.2	10.4	1.30%	
1250				Yd11	2.6	12.6	1.30%	
1600	63 66 69	±5%	6.3 6.6 10.5 11		3.1	14.8	1.25%	
2000					3.6	17.5	1.20%	8%
2500					4.3	20.7	1.10%	
3150					5.1	24.3	1.05%	
4000					6.0	28.8	1.00%	
5000					7.2	32.4	0.85%	
6300					9.2	36.0	0.75%	
8000					11.2	42.7	0.75%	
10 000					13.2	50.4	0.70%	
12 500					15.6	59.8	0.70%	
16 000	63 66 69	±2×2.5%	6.3 6.6 10.5 11	YNd11	18.8	73.5	0.65%	
20 000					22.0	89.1	0.65%	
25 000					26.0	105.3	0.60%	9%
31 500					30.8	126.9	0.55%	
40 000					36.8	148.9	0.55%	
50 000					44.0	184.5	0.50%	
63 000					52.0	222.3	0.45%	

注　额定容量 3150kVA 及以上的变压器，−5%分接位置为最大电流分接。

表 H2　　　　　　　6300～63 000kVA 三相双绕组有载调压电力变压器

额定容量 （kVA）	电压组合及分接范围			联结组 标号	空载损耗 （kW）	负载损耗 （kW）	空载电流	短路阻抗
	高压 （kV）	高压分接 范围	低压 （kV）					
6300					10.0	36.0	0.75%	
8000	63 66 69	±8×1.25%	6.3 6.6 10.5 11	YNd11	12.0	42.7	0.75%	9%
10 000					14.2	50.4	0.70%	

续表

额定容量 （kVA）	电压组合及分接范围			联结组 标号	空载损耗 （kW）	负载损耗 （kW）	空载电流	短路阻抗
	高压 （kV）	高压分接 范围	低压 （kV）					
12 500					16.8	59.8	0.70%	
16 000					20.2	73.5	0.65%	
20 000					24.0	89.1	0.65%	
25 000	63 66 69	±8×1.25%	6.3 6.6 10.5 11	YNd11	28.4	105.3	0.60%	9%
31 500					33.7	126.9	0.55%	
40 000					40.3	148.9	0.55%	
50 000					47.6	184.5	0.50%	
63 000					56.2	222.3	0.45%	

注　除用户另有要求外，−10%分接位置为最大电流分接。

附录 I　110kV 油浸式电力变压器设备规范及电气参数

110kV 油浸式电力变压器设备规范及电气参数见表 I1～表 I5。

表 I1　6300～180 000kVA 三相双绕组无励磁调压电力变压器

额定容量(kVA)	电压组合及分接范围 高压(kV)	电压组合及分接范围 低压(kV)	联结组标号	空载损耗(kW)	负载损耗(kW)	空载电流	短路阻抗
6300				9.3	36	0.77%	
8000				11.2	45	0.77%	
10 000				13.2	53	0.72%	
12 500				15.6	63	0.72%	
16 000	6.3 6.6 10.5 11			18.8	77	0.67%	
20 000				22.0	93	0.67%	10.5%
25 000				26.0	110	0.62%	
31 500	110±2×2.5% 121±2×2.5%		YNd11	30.8	133	0.60%	
40 000				36.8	156	0.56%	
50 000				44.0	194	0.52%	
63 000				52.0	234	0.48%	
75 000				59.0	278	0.42%	
90 000	13.8 15.75 18 20			68.0	320	0.38%	
120 000				84.8	397	0.34%	12%～14%
150 000				100.2	472	0.3%	
180 000				112.5	532	0.23%	

注　1. −5%分接位置为最大电流分接。
　　2. 对于升压变压器，宜采用无分接结构，如运行有要求，可设置分接头。

表 I2　6300～63 000kVA 三相三绕组无励磁调压电力变压器

额定容量(kVA)	电压组合及分接范围 高压(kV)	电压组合及分接范围 中压(kV)	电压组合及分接范围 低压(kV)	联结组标号	空载损耗(kW)	负载损耗(kW)	空载电流(%)	短路阻抗 升压	短路阻抗 降压
6300					11.2	47	0.82		
8000					13.3	56	0.78		
10 000					15.8	66	0.74	高−中 17.5% ～ 18.5%; 高−低 10.5%; 中−低 6.5%	高−中 10.5%; 高−低 17.5%～ 18.5%; 中−低 6.5%
12 500					18.4	78	0.70		
16 000	110±2×2.5% 121±2×2.5%	35 37 38.5	6.3 6.6 10.5 11	YNyn0d11	22.4	95	0.66		
20 000					26.4	112	0.65		
25 000					30.8	133	0.60		
31 500					36.8	157	0.60		
40 000					43.6	189	0.55		
50 000					52.0	225	0.55		
63 000					61.6	270	0.50		

注　1. 高、中、低压绕组容量分配为（100/100/100）%。
　　2. 根据需要联结组标号可为 YNd11y10。
　　3. 根据用户要求，中压可选用不同于表中的电压值或没分接头。
　　4. −5%分接位置为最大电流分接。
　　5. 对于升压变压器，宜采用无分接结构，如运行有要求，可设置分接头。

表 I3   6300～63 000kVA 三相双绕组有载调压电力变压器

额定容量（kVA）	电压组合及分接范围		联结组标号	空载损耗（kW）	负载损耗（kW）	空载电流	短路阻抗
	高压（kV）	低压（kV）					
6300				10.0	36	0.80%	
8000				12.0	45	0.80%	
10 000				14.2	53	0.74%	
12 500				16.8	63	0.74%	
16 000				20.2	77	0.69%	
20 000	110±8×1.25%	6.3 6.6 10.5 11	YNd11	24.0	93	0.69%	10.5%
25 000				28.4	110	0.64%	
31 500				33.8	133	0.64%	
40 000				40.4	156	0.58%	
50 000				47.8	194	0.58%	
63 000				56.8	234	0.52%	

注 1. 对于有载调压变压器暂提供降压结构产品。

    2. 根据用户要求，可提供其他电压组合的产品。

    3. −10%分接位置为最大电流分接。

表 I4   6300～63 000kVA 三相三绕组有载调压电力变压器

额定容量（kVA）	电压组合及分接范围			联结组标号	空载损耗（kW）	负载损耗（kW）	空载电流	短路阻抗（%）
	高压（kV）	中压（kV）	低压（kV）					
6300					12.0	47	0.95%	
8000					14.4	56	0.95%	
10 000					17.1	66	0.89%	
12 500					20.2	78	0.89%	高−中 10.5%;
16 000					24.2	95	0.84%	高−低
20 000	110±8×1.25%	35 37 38.5	6.3 6.6 10.5 11	YNyn0d11	28.6	112	0.84%	17.5%～18.5%;
25 000					33.8	133	0.78%	中−低
31 500					40.2	157	0.78%	6.5%
40 000					48.2	189	0.73%	
50 000					56.9	225	0.73%	
63 000					67.7	270	0.67%	

注 1. 对有载调压变压器，暂提供降压结构产品。

    2. 高、中、低压绕组容量分配为（100/100/100）%。

    3. 根据需要联结组标号可为 YNd11y10。

    4. −10%分接位置为最大电流分接。

    5. 根据用户要求，中压可选用不同于表中的电压值或没分接头。

表 I5　6300～63 000kVA 三相双绕组低压为 35kV 无励磁调压电力变压器

额定容量（kVA）	电压组合及分接范围		联结组标号	空载损耗（kW）	负载损耗（kW）	空载电流	短路阻抗
	高压（kV）	低压（kV）					
6300				10.0	39	0.84%	
8000				12.0	47	0.84%	
10 000				14.0	55	0.78%	
12 500				16.4	66	0.78%	
16 000				19.6	81	0.72%	
20 000	110±2×2.5% 121±2×2.5%	35 37 38.5	YNd11	23.2	99	0.72%	10.5%
25 000				27.4	116	0.67%	
31 500				32.4	140	0.67%	
40 000				38.6	164	0.61%	
50 000				46.2	204	0.61%	
63 000				54.6	245	0.56%	

注　1. −5%分接位置为最大电流分接。

　　2. 对于升压变压器，宜采用无分接结构，如运行有要求，可设置分接头。

附录 J　10kV 油浸式配电变压器设备规范及电气参数

10kV 油浸式配电变压器设备规范及电气参数见表 J1～表 J3。

表 J1　　　　　　　　　　30～1600kVA 三相双绕组无励磁调压配电变压器

额定容量（kVA）	电压组合及分接范围			联结组标号	空载损耗（kW）	负载损耗（kW）	空载电流	短路阻抗
	高压（kV）	高压分接范围	低压（kV）					
30	6 6.3 10 10.5 11	±5%	0.4	Dyn11 Yzn11 Yyn0	0.13	0.63/0.60	2.3%	4.0%
50					0.17	0.91/0.87	2.0%	
63					0.20	1.09/1.04	1.9%	
80					0.25	1.31/1.25	1.9%	
100					0.29	1.58/1.50	1.8%	
125					0.34	1.89/1.80	1.7%	
160					0.40	2.31/2.20	1.6%	
200					0.48	2.73/2.60	1.5%	
250					0.56	3.20/3.05	1.4%	
315					0.67	3.83/3.65	1.4%	
400					0.80	4.52/4.30	1.3%	
500					0.96	5.41/5.15	1.2%	
630				Dyn11 Yyn0	1.20	6.20	1.1%	4.5%
800					1.40	7.50	1.0%	
1000					1.70	10.30	1.0%	
1250					1.95	12.00	0.9%	
1600					2.40	14.50	0.8%	

注　1. 对于额定容量为 500kVA 级以下的变压器，表中斜线上方的负载损耗值适用于 Dyn11 或 Yzn11 联结组，斜线下方的负载损耗适用于 Yyn0 联结组。

　　2. 根据用户需要，可提供高压分接范围为 ±2×2.5% 的变压器。

　　3. 根据用户需要，可提供低压为 0.69kV 的变压器。

表 J2　　　　　　　　　　630～6300kVA 三相双绕组无励磁调压电力变压器

额定容量（kVA）	电压组合及分接范围			联结组标号	空载损耗	负载损耗	空载电流	短路阻抗
	高压（kV）	高压分接范围	低压（kV）					
630	6 6.3 10 10.5 11	±5%	3 3.15 6.3	Yd11	1.03%	7.29%	1.1%	5.5%
800					1.26%	8.91%	1.0%	
1000					1.48%	10.44%	1.0%	
1250					1.75%	12.42%	0.9%	

续表

额定容量 (kVA)	电压组合及分接范围			联结组 标号	空载损耗	负载损耗	空载电流	短路阻抗
	高压 (kV)	高压分接 范围	低压 (kV)					
1600	6 6.3 10 10.5 11	±5%	3 3.15 6.3	Yd11	2.11%	14.85%	0.8%	5.5%
2000					2.52%	17.82%	0.8%	
2500					2.97%	20.70%	0.8%	
3150					3.51%	24.30%	0.7%	
4000	10 10.5 11		3.15 6.3		4.32%	28.80%	0.7%	
5000					5.13%	33.03%	0.7%	
6300					6.12%	36.90%	0.6%	

注　根据用户需要，可提供高压分接范围为±2×2.5%的变压器。

表 J3　　　　　　　　200～1600kVA 三相双绕组有载调压配电变压器

额定容量 (kVA)	电压组合及分接范围			联结组 标号	空载损耗 (kW)	负载损耗 (kW)	空载电流	短路阻抗
	高压 (kV)	高压分接 范围	低压 (kV)					
200	6 6.3 10	±4×2.5%	0.4	Dyn11 Yyn0	0.48	3.06	1.5%	4.0%
250					0.56	3.60	1.4%	
315					0.67	4.32	1.4%	
400					0.80	5.22	1.3%	
500					0.96	6.21	1.2%	
630					1.20	7.65	1.1%	
800					1.40	9.36	1.0%	
1000					1.70	10.98	1.0%	4.5%
1250					1.95	13.05	0.9%	
1600					2.40	15.57	0.8%	

注　1. 根据用户需要，可提供高压绕组电压为 10.5kV 和 11kV 的变压器。

　　2. 根据用户需要，可提供低压为 0.69kV 的变压器。

附录 K　10kV 干式配电变压器设备规范及电气参数

10kV 干式配电变压器设备规范及电气参数见表 K1～表 K3。

表 K1　　　　　　　30～2500kVA 三相双绕组无励磁调压配电变压器

额定容量(kVA)	电压组合及分接范围			联结组标号	A 组					B 组					短路阻抗
	高压(kV)	高压分接范围	低压(kV)		空载损耗(kW)	不同的绝缘耐热等级下的负载损耗(kW)			空载电流	空载损耗(kW)	不同的绝缘耐热等级下的负载损耗(kW)			空载电流	
						B(100℃)	F(120℃)	H(145℃)			B(100℃)	F(120℃)	H(145℃)		
30					0.22	0.71	0.75	0.80	2.4%	0.205	0.74	0.78	0.83	2.3%	
50					0.31	0.99	1.06	1.13	2.4%	0.285	1.06	1.12	1.20	2.2%	
80					0.42	1.37	1.46	1.56	1.8%	0.38	1.48	1.55	1.66	1.7%	
100					0.45	1.57	1.67	1.78	1.8%	0.41	1.70	1.80	1.93	1.7%	
125					0.53	1.84	1.96	2.10	1.6%	0.47	1.98	2.10	2.25	1.5%	
160					0.61	2.12	2.25	2.41	1.6%	0.55	2.25	2.45	2.62	1.5%	4.0%
200					0.70	2.51	2.68	2.87	1.4%	0.65	2.70	2.85	3.05	1.3%	
250					0.81	2.75	2.92	3.12	1.4%	0.74	3.06	3.25	3.48	1.3%	
315					0.99	3.46	3.67	3.93	1.2%	0.88	3.65	3.90	4.18	1.1%	
400	6 6.3				1.10	3.97	4.22	4.52	1.2%	1.00	4.34	4.60	4.90	1.1%	
500	6.6 10	±2×2.5%	0.4	Dyn11 Yyn0	1.31	4.86	5.17	5.53	1.2%	1.18	5.16	5.47	5.85	1.1%	
630	10.5 11				1.51	5.85	6.22	6.66	1.0%	1.35	6.15	6.50	6.95	0.9%	
630					1.46	5.94	6.31	6.75	1.0%	1.30	6.30	6.70	7.17	0.9%	
800					1.71	6.93	7.36	7.88	1.0%	1.54	7.36	7.80	8.35	0.9%	
1000					1.99	8.10	8.61	9.21	1.0%	1.75	8.73	9.25	9.90	0.9%	
1250					2.35	9.63	10.26	10.98	1.0%	2.03	10.40	11.00	11.80	0.9%	6.0%
1600					2.76	11.70	12.40	13.27	1.0%	2.70	12.70	13.50	14.40	0.9%	
2000					3.40	14.40	15.30	16.37	0.8%	3.00	15.30	16.20	17.40	0.7%	
2500					4.00	17.10	18.18	19.46	0.8%	3.50	18.40	19.50	20.80	0.7%	
1600					2.76	13.00	13.70	14.66	1.0%	2.70	13.70	14.50	15.50	0.9%	
2000					3.40	15.90	16.90	18.00	0.8%	3.00	16.70	17.70	19.00	0.7%	8.0%
2500					4.00	18.80	20.00	21.40	0.8%	3.50	19.80	21.00	22.50	0.7%	

注　负载损耗为括号内参考温度（见 GB 1094.11 的规定）下的值。

表 K2　　　　　　　**630～6300kVA 三相双绕组无励磁调压电力变压器**

额定容量（kVA）	电压组合及分接范围			联结组标号	空载损耗（W）	不同的绝缘耐热等级下的负载损耗（W）			空载电流	短路阻抗
	高压（kV）	高压分接范围	低压（kV）			B（100℃）	F（120℃）	H（145℃）		
630					1600	6300	6700	7150	1.2%	
800					1800	7400	8000	8400	1.2%	
1000	6 6.3 6.6 10 10.5 11	±5% ±2×2.5%	3 3.15 6 6.3	Dyn11 Yd11 Yyn0	2160	8730	9250	9900	1.0%	6.0%
1250					2600	10 400	11 000	11 700	1.0%	
1600					3100	12 600	13 400	14 300	1.0%	
2000					4000	15 100	16 000	17 050	0.8%	
2500					4700	17 700	18 800	20 100	0.8%	
3150					5600	20 800	22 000	23 500	0.7%	
4000	10 10.5 11				6700	25 000	26 500	28 300	0.7%	7.0%
5000					8000	29 500	31 300	33 500	0.6%	
6300					9450	35 100	37 200	39 800	0.6%	

注　表中所列的负载损耗为括号内参考温度（见 GB 1094.11 的规定）下的值。

表 K3　　　　　　　**315～2500kVA 三相双绕组有载调压配电变压器**

额定容量（kVA）	电压组合及分接范围			联结组标号	空载损耗（kW）	不同的绝缘耐热等级下的负载损耗（kW）			空载电流	短路阻抗
	高压（kV）	高压分接范围	低压（kV）			B（100℃）	F（120℃）	H（145℃）		
315					1.10	3.60	3.80	4.10	1.4%	
400					1.25	4.25	4.50	4.80	1.4%	4.0%
500					1.44	5.15	5.50	5.85	1.4%	
630	6 6.3 6.6 10 10.5 11	±4×2.5%	0.4	Dyn11 Yyn0	1.66	6.10	6.50	6.95	1.2%	
630					1.60	6.25	6.70	7.10	1.2%	
800					1.90	7.40	7.90	8.40	1.2%	
1000					2.20	8.70	9.25	9.90	1.0%	
1250					2.60	10.4	11.0	11.8	1.0%	6.0%
1600					3.03	12.3	13.1	14.0	1.0%	
2000					3.80	15.1	16.0	17.1	0.8%	
2500					4.40	18.0	19.1	20.4	0.8%	

注　表中所列的负载损耗为括号内参考温度（见 GB 1094.11 的规定）下的值。

附录 L　10kV 非晶合金配电变压器设备规范及电气参数

10kV 非晶合金配电变压器设备规范及电气参数见表 L1。

表 L1　　　　　　　10kV 非晶合金配电变压器设备规范及电气参数

额定容量（kVA）	电压组合及分接范围			联结组标号	空载损耗（W）	不同的绝缘耐热等级下的负载损耗（W）			空载电流	短路阻抗
	高压（kV）	高压分接范围	低压（kV）			B（100℃）	F（120℃）	H（145℃）		
30					70	670	710	760	1.5%	
50					90	940	1000	1070	1.4%	
80					120	1290	1380	1480	1.3%	
100					130	1480	1570	1690	1.2%	
125					150	1740	1850	1980	1.1%	
160					170	2000	2130	2280	1.1%	4.0%
200					200	2370	2530	2710	1.0%	
250					230	2590	2760	2960	1.0%	
315					280	3270	3470	3730	0.9%	
400	6 6.3 6.6 10 10.5 11	±5% ±2×2.5%	0.4	Dyn11	310	3750	3990	4280	0.8%	
500					360	4590	4880	5230	0.8%	
630					420	5530	5880	6290	0.7%	
630					410	5610	5960	6400	0.7%	
800					480	6550	6960	7460	0.7% *	
1000					550	7650	8130	8760	0.6%	
1250					650	9100	9690	10 370	0.6%	6.0%
1600					760	11 050	11 730	12 580	0.6%	
2000					1000	13 600	14 450	15 560	0.5%	
2500					1200	16 150	17 170	18 450	0.5%	
1600					760	12 280	12 960	13 900	0.6%	
2000					1000	15 020	15 960	17 110	0.5%	8.0%
2500					1200	17 760	18 890	20 290	0.5%	

注　1. 负载损耗为括号内绝缘耐热等级所对应的参考温度（见 GB 1094.11 的规定）下的值。

　　2. 当采用其他联结组标号时，具体要求由制造方与用户协商确定。

附录 M　架空线路电气参数及其电压损失

架空线路电气参数及其电压损失见表 M1～表 M3。

表 M1　　　　　　　　**35kV 三相平衡负荷架空线路的电压损失**

型号	截面（mm²）	电阻 $\theta=55℃$（Ω/km）	感抗 $D_j=3m$（Ω/km）	环境温度 35℃ 时的允许负荷（MVA）	电压损失 [%/（MW·km）]			按经济电流的负荷（MVA）		
					cosφ			最大负荷利用小时（h/a）		
					0.8	0.85	0.9	2000	4000	6000
TJ	35	0.602	0.440	11.8	0.076	0.071	0.066	2.80	2.44	1.65
	50	0.423	0.429	14.4	0.061	0.056	0.051	4.00	3.49	2.36
	70	0.300	0.415	18.2	0.050	0.045	0.041	5.60	4.88	3.31
	95	0.221	0.405	22.1	0.045	0.041	0.036	7.60	6.62	4.49
	120	0.176	0.398	25.8	0.039	0.034	0.030	9.60	8.37	5.67
	150	0.138	0.390	30.4	0.035	0.031	0.027	12.00	10.46	7.09
	185	0.114	0.383	34.4	0.033	0.029	0.025	14.80	12.90	8.75
	240	0.088	0.375	41.4	0.030	0.026	0.022	19.20	16.73	11.35
LGJ	35	0.938	0.434	9	0.103	0.098	0.094	1.11	0.84	0.66
	50	0.678	0.424	11.7	0.081	0.077	0.072	1.59	1.20	0.95
	70	0.481	0.413	13.8	0.064	0.060	0.055	2.28	1.68	1.32
	95	0.349	0.399	17.9	0.053	0.049	0.044	3.02	2.28	1.80
	120	0.285	0.392	20.3	0.047	0.043	0.039	3.82	2.88	2.27
	150	0.221	0.384	23.7	0.042	0.038	0.033	4.77	3.60	2.84
	185	0.181	0.378	27.5	0.038	0.034	0.030	5.89	4.44	3.50
	240	0.138	0.369	32.5	0.034	0.030	0.026	7.64	5.76	4.59

表 M2　　　　　　　　**10kV 三相平衡负荷架空线路的电压损失**

型号	截面（mm²）	电阻 $\theta=55℃$（Ω/km）	感抗 $D_j=1.25m$（Ω/km）	环境温度 35℃ 时的允许负荷（MVA）	电压损失 [%/（MW·km）]			按经济电流的负荷（MVA）		
					cosφ			最大负荷利用小时（h/a）		
					0.8	0.85	0.9	2000	4000	6000
TJ	16	1.321	0.410	1.97	1.625	1.573	1.520	0.37	0.28	0.22
	25	0.838	0.395	2.74	1.131	1.080	1.027	0.57	0.43	0.34
	35	0.602	0.385	3.36	0.887	0.838	0.786	0.80	0.61	0.47
	50	0.423	0.374	4.12	0.700	0.652	0.602	1.14	0.87	0.68
	70	0.300	0.360	5.20	0.568	0.522	0.473	1.60	1.21	0.95
	95	0.221	0.350	6.32	0.509	0.464	0.416	2.17	1.65	1.28
	120	0.176	0.343	7.38	0.431	0.387	0.341	0.74	2.08	1.62

型号	截面(mm²)	电阻 θ=55℃ (Ω/km)	感抗 D_j=1.25m (Ω/km)	环境温度35℃时的允许负荷(MVA)	电压损失[%/(MW·km)] cosφ			按经济电流的负荷(MVA) 最大负荷利用小时(h/a)		
					0.8	0.85	0.9	2000	4000	6000
TJ	150	0.138	0.335	8.68	0.389	0.348	0.301	3.43	2.60	2.03
	185	0.114	0.328	9.82	0.361	0.318	0.274	4.23	3.20	2.50
	240	0.088	0.320	11.74	0.328	0.286	0.243	5.49	4.16	3.24
LJ	16	2.054	0.408	1.59	2.358	2.305	2.250	0.15	0.11	0.086
	25	1.285	0.395	2.06	1.578	1.527	1.474	0.23	0.17	0.14
	35	0.950	0.385	2.60	1.235	1.186	1.134	0.32	0.24	0.19
	50	0.660	0.373	3.27	0.936	0.888	0.838	0.46	0.34	0.27
	70	0.458	0.363	4.04	0.727	0.680	0.632	0.64	0.48	0.38
	95	0.343	0.350	4.95	0.604	0.559	0.512	0.86	0.65	0.51
	120	0.271	0.343	5.72	0.526	0.482	0.436	1.09	0.82	0.65
	150	0.222	0.335	6.70	0.473	0.430	0.384	1.36	1.03	0.81
	185	0.179	0.329	7.62	0.426	0.384	0.340	1.68	1.27	1.00
	240	0.137	0.321	9.28	0.378	0.337	0.293	2.18	1.65	1.30

表 M3   **380V 三相平衡负荷架空线路的电压损失**

型号	截面(mm²)	电阻 θ=60℃ (Ω/km)	感抗 D_j=0.8m (Ω/km)	环境温度35℃时的允许负荷(kVA)	电压损失[%/(kW·km)] cosφ						电压损失[%/(A·km)] cosφ					
					0.5	0.6	0.7	0.8	0.9	1	0.5	0.6	0.7	0.8	0.9	1
TJ	16	1.344	0.381	75	1.384	1.280	1.198	1.127	1.508	0.931	0.456	0.505	0.552	0.594	0.627	0.613
	25	0.853	0.367	104	1.026	0.926	0.847	0.779	0.712	0.590	0.338	0.366	0.393	0.412	0.422	0.389
	35	0.612	0.357	128	0.847	0.749	0.673	0.607	0.542	0.424	0.279	0.296	0.310	0.320	0.321	0.279
	50	0.430	0.346	157	0.708	0.613	0.539	0.475	0.413	0.298	0.233	0.242	0.249	0.250	0.244	0.196
	70	0.305	0.332	197	0.607	0.516	0.444	0.383	0.322	0.211	0.200	0.204	0.205	0.202	0.191	0.139
	95	0.225	0.322	240	0.540	0.452	0.382	0.322	0.263	0.156	0.178	0.178	0.176	0.170	0.156	0.103
	120	0.179	0.315	280	0.499	0.413	0.345	0.286	0.229	0.124	0.164	0.163	0.160	0.151	0.136	0.081
	150	0.140	0.307	330	0.465	0.380	0.314	0.256	0.201	0.098	0.153	0.150	0.145	0.135	0.119	0.065
	185	0.116	0.300	373	0.440	0.357	0.293	0.237	0.181	0.081	0.145	0.141	0.135	0.125	0.103	0.053
	240	0.089	0.292	446	0.412	0.331	0.268	0.214	0.160	0.063	0.135	0.131	0.124	0.113	0.095	0.041
LJ	16	2.090	0.381	61	1.889	1.795	1.714	1.643	1.574	1.448	0.625	0.709	0.790	0.865	0.932	0.953
	25	1.307	0.367	78	1.340	1.240	1.162	1.094	1.027	0.905	0.441	0.490	0.535	0.576	0.608	0.596
	35	0.967	0.357	99	1.092	1.995	0.918	0.852	0.788	0.669	0.359	0.393	0.423	0.449	0.467	0.441
	50	0.671	0.345	124	0.070	0.780	0.706	0.642	0.579	0.465	0.288	0.308	0.325	0.338	0.343	0.306
	70	0.466	0.335	153	0.719	0.628	0.556	0.494	0.434	0.323	0.235	0.248	0.256	0.260	0.257	0.212

型号	截面 (mm²)	电阻 $\theta=60℃$ (Ω/km)	感抗 $D_j=0.8m$ (Ω/km)	环境 温度 35℃ 时的 允许 负荷 (kVA)	电压损失 [%/(kW·km)]						电压损失 [%/(A·km)]					
					cosφ						cosφ					
					0.5	0.6	0.7	0.8	0.9	1	0.5	0.6	0.7	0.8	0.9	1
LJ	95	0.349	0.322	188	0.626	0.537	0.468	0.408	0.349	0.242	0.206	0.212	0.216	0.215	0.207	0.159
	120	0.275	0.315	217	0.566	0.480	0.412	0.353	0.296	0.191	0.186	0.190	0.190	0.186	0.175	0.126
	150	0.225	0.307	255	0.524	0.439	0.373	0.316	0.260	0.157	0.172	0.175	0.172	0.166	0.154	0.103
	185	0.183	0.301	290	0.486	0.404	0.539	0.283	0.228	0.128	0.160	0.159	0.156	0.149	0.135	0.084
	240	0.140	0.293	371	0.447	0.367	0.303	0.249	0.196	0.098	0.147	0.142	0.140	0.131	0.116	0.064

附录 N 电缆线路电气参数及其电压损失

电缆线路电气参数及其电压损失见表 N1～表 N5。

表 N1   35kV 交联聚乙烯绝缘电缆的电压损失

	截面 （mm²）	电阻 $\theta=75℃$ （Ω/km）	感抗 （Ω/km）	埋地 25℃时 的允许 负荷 （MVA）	明敷 30℃时 的允许 负荷 （MVA）	电压损失 [%/（kW·km）]			电压损失 [%/（kA·km）]		
						cosφ			cosφ		
						0.8	0.85	0.9	0.8	0.85	0.9
铜	3×50	0.428	0.137	7.76	10.85	0.043	0.042	0.039	2.009	2.158	2.202
	3×70	0.305	0.128	9.64	13.88	0.033	0.031	0.029	1.589	1.613	1.638
	3×95	0.225	0.121	11.46	16.79	0.026	0.025	0.022	1.250	1.262	1.267
	3×120	0.178	0.116	12.97	19.52	0.022	0.020	0.018	1.049	1.049	1.044
	3×150	0.143	0.112	14.67	22.49	0.019	0.017	0.015	0.896	0.896	0.881
	3×185	0.116	0.109	16.49	25.70	0.016	0.015	0.013	0.782	0.772	0.752
	3×240	0.090	0.104	19.04	30.31	0.014	0.013	0.011	0.663	0.653	0.624
	3×300	0.072	0.103	21.40	34.98	0.012	0.011	0.009	0.593	0.571	0.544
	3×400	0.054	0.103	24.07	39.46	0.011	0.010	0.008	0.519	0.496	0.465
铝	3×50	0.702	0.137	6.06	8.24	0.066	0.064	0.062	3.188	3.312	3.423
	3×70	0.500	0.128	7.46	10.55	0.049	0.047	0.045	2.360	2.437	2.503
	3×95	0.370	0.121	8.85	12.79	0.038	0.036	0.034	1.824	1.875	1.909
	3×120	0.292	0.116	10.06	14.85	0.031	0.030	0.028	1.503	1.530	1.552
	3×150	0.234	0.112	11.40	17.16	0.026	0.025	0.023	1.258	1.277	1.286
	3×185	0.189	0.109	12.79	19.58	0.022	0.021	0.019	1.071	1.080	1.076
	3×240	0.146	0.104	14.73	23.03	0.018	0.017	0.015	0.888	0.885	0.873
	3×300	0.117	0.103	16.67	26.55	0.016	0.015	0.013	0.769	0.761	0.742
	3×400	0.088	0.103	19.03	29.94	0.014	0.012	0.011	0.654	0.639	0.614

表 N2   10kV 交联聚乙烯绝缘电缆的电压损失

	截面 （mm²）	电阻 $\theta=80℃$ （Ω/km）	感抗 （Ω/km）	埋地 25℃时 的允许 负荷 （MVA）	明敷 35℃时 的允许 负荷 （MVA）	电压损失 [%/（kW·km）]			电压损失 [%/（A·km）]		
						cosφ			cosφ		
						0.8	0.85	0.9	0.8	0.85	0.9
铜	16	1.359	0.133			1.459	1.441	1.423	0.020	0.021	0.022
	25	0.870	0.120	2.338	2.165	0.960	0.944	0.928	0.013	0.014	0.015
	35	0.622	0.113	2.771	2.737	0.707	0.692	0.677	0.010	0.010	0.011
	50	0.435	0.107	3.291	3.326	0.515	0.501	0.487	0.007	0.007	0.008
	70	0.310	0.101	3.984	4.070	0.386	0.373	0.359	0.005	0.006	0.006

截面 （mm²）		电阻 θ=80℃ （Ω/km）	感抗 （Ω/km）	埋地 25℃时 的允许 负荷 （MVA）	明敷 35℃时 的允许 负荷 （MVA）	电压损失 [%/（kW·km）]			电压损失 [%/（A·km）]		
						cosφ			cosφ		
						0.8	0.85	0.9	0.8	0.85	0.9
铜	95	0.229	0.096	4.763	4.902	0.301	0.289	0.276	0.004	0.004	0.004
	120	0.181	0.095	5.369	5.733	0.252	0.240	0.227	0.004	0.004	0.004
	150	0.145	0.093	6.062	6.564	0.215	0.203	0.190	0.003	0.003	0.003
	185	0.118	0.090	6.842	7.482	0.186	0.174	0.162	0.003	0.003	0.003
	240	0.091	0.087	7.881	8.816	0.156	0.145	0.133	0.002	0.002	0.002
铝	16	2.230	0.133			2.330	2.312	2.294	0.032	0.034	0.036
	25	1.426	0.120	1.819	1.749	1.516	1.500	1.484	0.021	0.022	0.023
	35	1.019	0.113	2.165	2.078	1.104	1.089	1.074	0.015	0.016	0.017
	50	0.713	0.107	2.511	2.581	0.793	0.779	0.765	0.011	0.012	0.012
	70	0.510	0.101	3.118	3.152	0.586	0.573	0.559	0.008	0.008	0.009
	95	0.376	0.096	3.724	3.828	0.448	0.436	0.423	0.006	0.006	0.007
	120	0.297	0.095	4.244	4.486	0.368	0.356	0.343	0.005	0.005	0.005
	150	0.238	0.093	4.763	5.075	0.308	0.296	0.283	0.004	0.004	0.004
	185	0.192	0.090	5.369	5.906	0.260	0.248	0.236	0.004	0.004	0.004
	240	0.148	0.087	6.235	6.894	0.213	0.202	0.190	0.003	0.003	0.003

表 N3　　　　1kV 交联聚乙烯绝缘电力电缆用于三相 380V 系统的电压损失

截面 （mm²）		电阻 θ=80℃ （Ω/km）	感抗 （Ω/km）	电压损失 [%/（A·km）]					
				cosφ					
				0.5	0.6	0.7	0.8	0.9	1
铜	4	5.332	0.097	1.253	1.494	1.733	1.971	2.207	2.430
	6	3.554	0.092	0.846	1.006	1.164	1.321	1.476	1.620
	10	2.175	0.085	0.529	0.626	0.722	0.816	0.909	0.991
	16	1.359	0.082	0.342	0.402	0.460	0.518	0.574	0.619
	25	0.870	0.082	0.231	0.268	0.304	0.340	0.373	0.397
	35	0.662	0.080	0.173	0.199	0.224	0.249	0.271	0.284
	50	0.435	0.079	0.130	0.148	0.165	0.180	0.194	0.198
	70	0.310	0.078	0.101	0.113	0.124	0.134	0.143	0.141
	95	0.229	0.077	0.083	0.091	0.098	0.105	0.109	0.104
	120	0.181	0.077	0.072	0.078	0.083	0.087	0.090	0.083
	150	0.145	0.077	0.063	0.068	0.071	0.074	0.075	0.060
	185	0.118	0.078	0.058	0.061	0.063	0.064	0.064	0.054
	240	0.091	0.077	0.051	0.053	0.054	0.054	0.053	0.041
	4	8.742	0.097	2.031	2.246	2.821	3.214	3.605	3.985

截面 （mm²）		电阻 θ=80℃ （Ω/km）	感抗 （Ω/km）	电压损失 [%/（A·km）]					
				cosφ					
				0.5	0.6	0.7	0.8	0.9	1
铜	6	5.828	0.092	1.365	1.627	1.889	2.150	2.409	2.656
	10	3.541	0.085	0.841	0.999	1.157	1.314	1.469	1.614
	16	2.230	0.082	0.541	0.640	0.738	0.836	0.931	1.016
	25	1.426	0.082	0.357	0.420	0.482	0.542	0.601	0.650
	35	1.019	0.080	0.264	0.308	0.351	0.393	0.434	0.464
	50	0.713	0.079	0.194	0.224	0.253	0.282	0.308	0.325
	70	0.510	0.078	0.147	0.168	0.188	0.207	0.225	0.232
	95	0.376	0.077	0.116	0.131	0.145	0.158	0.170	0.171
	120	0.297	0.077	0.098	0.109	0.120	0.129	0.137	0.135
	150	0.238	0.077	0.085	0.093	0.101	0.108	0.113	0.108
	185	0.192	0.078	0.075	0.081	0.087	0.091	0.094	0.080
	240	0.148	0.077	0.064	0.069	0.072	0.075	0.076	0.067

表 N4　　　　　　1kV 聚氯乙烯绝缘氯乙烯护套单芯电缆或分支电缆用于
三相 380V 系统的电压损失

截面 （mm²）		电阻 θ=60℃ （Ω/km）	感抗 （Ω/km）	电压损失 [%/（A·km）]					
				cosφ					
				0.5	0.6	0.7	0.8	0.9	1
铜芯	16	1.272	0.164	0.355	0.407	0.459	0.510	0.552	0.580
	25	0.814	0.159	0.248	0.280	0.312	0.340	0.366	0.371
	35	0.581	0.156	0.194	0.216	0.236	0.255	0.283	0.265
	50	0.407	0.154	0.154	0.167	0.180	0.191	0.197	0.186
	70	0.291	0.147	0.124	0.134	0.141	0.146	0.149	0.133
	95	0.214	0.144	0.105	0.111	0.115	0.117	0.117	0.098
	120	0.169	0.142	0.095	0.098	0.099	0.100	0.098	0.077
	150	0.136	0.141	0.087	0.089	0.089	0.088	0.083	0.062
	185	0.110	0.140	0.080	0.081	0.081	0.078	0.073	0.050
	240	0.085	0.138	0.074	0.073	0.072	0.069	0.062	0.039
	300	0.068	0.138	0.066	0.069	0.067	0.062	0.055	0.031
	400	0.055	0.135	0.066	0.064	0.062	0.057	0.049	0.025
	500	0.042	0.137	0.064	0.061	0.058	0.053	0.044	0.019
	630	0.033	0.136	0.061	0.059	0.055	0.049	0.041	0.015

表 N5　　　　　1kV 聚氯乙烯绝缘氯乙烯护套单芯电缆或分支电缆用于
三相 380V 系统的电压损失

截面 （mm²）		电阻 $\theta=60℃$ （Ω/km）	感抗 （Ω/km）	电压损失 [%/（A·km）]					
				$\cos\varphi$					
				0.5	0.6	0.7	0.8	0.9	1
铜	2.5	7.891	0.100	1.858	2.219	2.579	2.938	3.294	3.638
	4	4.988	0.093	1.174	1.398	1.622	1.844	2.065	2.274
	6	3.325	0.093	0.795	0.943	1.091	1.238	1.383	1.516
	10	2.035	0.087	0.498	0.588	0.678	0.766	0.852	0.928
	16	1.272	0.082	0.322	0.378	0.433	0.486	0.538	0.580
	25	0.814	0.075	0.215	0.250	0.284	0.317	0.349	0.371
	35	0.581	0.072	0.161	0.185	0.209	0.232	0.253	0.265
	50	0.407	0.072	0.121	0.138	0.153	0.168	0.181	0.186
	70	0.291	0.069	0.094	0.105	0.115	0.125	0.133	0.133
	95	0.214	0.069	0.076	0.084	0.091	0.097	0.102	0.098
	120	0.169	0.069	0.066	0.071	0.076	0.081	0.083	0.077
	150	0.136	0.070	0.059	0.063	0.066	0.069	0.070	0.062
	185	0.110	0.070	0.053	0.056	0.058	0.059	0.059	0.050
	240	0.085	0.070	0.047	0.049	0.050	0.050	0.049	0.039
铝	2.5	13.085	0.100	3.022	3.615	4.208	4.799	5.388	5.964
	4	8.178	0.093	1.901	2.270	2.640	3.008	3.373	3.728
	6	5.452	0.093	1.279	1.525	1.770	2.014	2.255	2.485
	10	3.313	0.087	0.789	0.938	1.085	1.232	1.376	1.510
	16	2.085	0.082	0.508	0.600	0.692	0.783	0.872	0.950
	25	1.334	0.075	0.334	0.392	0.450	0.507	0.562	0.608
	35	0.954	0.072	0.246	0.287	0.328	0.368	0.406	0.435
	50	0.668	0.072	0.181	0.209	0.237	0.263	0.288	0.305
	70	0.476	0.069	0.136	0.155	0.175	0.192	0.209	0.217
	95	0.351	0.069	0.107	0.121	0.135	0.147	0.158	0.160
	120	0.278	0.069	0.091	0.101	0.111	0.120	0.128	0.127
	150	0.223	0.070	0.078	0.087	0.094	0.101	0.105	0.102
	185	0.180	0.070	0.069	0.075	0.080	0.085	0.088	0.082
	240	0.139	0.070	0.059	0.064	0.067	0.070	0.071	0.063

参 考 文 献

[1] 电力工业部电力规划设计总院. 电力系统设计手册. 北京：中国电力出版社，1998.

[2] 水电部西北电力设计院. 电气工程电气设计手册. 北京：中国电力出版社，1989.

[3] 中国航空规划设计研究总院有限公司. 工业与民用供配电设计手册（第四版）. 北京：中国电力出版社，2016.

[4]《中国电力百科全书》编辑委员会，《中国电力百科全书》编辑部. 中国电力百科全书（第三版）. 北京：中国电力出版社，2014.

[5] 中华人民共和国发展和改革委员会，中华人民共和国住房和城乡建设部发布. 建设项目经济评价方法与参数（第三版）. 北京：中国计划出版社，2006.

[6] 何仰赞，温增银. 电力系统分析（第三版）. 武汉：华中理工大学出版社，2001.

[7] 郭永基. 电力系统可靠性分析. 北京：清华大学出版社，2003.

[8] 肖湘宁. 电能质量分析与控制. 北京：中国电力出版社，2004.

[9] 方向晖. 中低压配电网规划与设计基础. 北京：中国水利水电出版社，2004.

[10] 肖国泉，王春，张福伟. 电力负荷预测. 北京：中国电力出版社，1997.

[11] 张保会，尹项根. 电力系统继电保护（第2版）. 北京：中国电力出版社，2010.

[12]（美）威利斯. 配电系统规划参考手册（第2版）. 范明天，等译. 北京：中国电力出版社，2013.